Martin Janner

Der Wald der Zukunft

MARTIN JANNER

DER WALD DER ZUKUNFT

Ein Förster berichtet vom Kampf um unsere Bäume

Unter Mitarbeit von Margret Trebbe-Plath

Mit 26 farbigen Abbildungen

PIPER

Mehr über unsere Autorinnen, Autoren und Bücher:
www.piper.de

MIX
Papier | Fördert gute Waldnutzung
FSC® C014496

ISBN 978-3-492-07173-4
2. Auflage 2025

Für einen direkten Kontakt und Fragen zum Produkt
wenden Sie sich bitte an: *info@piper.de*
Satz: Eberl & Koesel Studio, Kempten
Gesetzt aus der Dante MT
Litho: Lorenz & Zeller, Inning am Ammersee
Druck und Bindung: GGP Media GmbH, Pößneck
Printed in Germany

INHALT

WARUM DIESES BUCH?

Rekorde üben einen gewissen Reiz auf mich aus. Mit Faszination schaue ich mir Tabellen an, auf denen die Bestwerte einer bestimmten Disziplin aufgeführt sind: das größte Schiff, das schnellste Flugzeug, der höchste Sprung, den ein Athlet nach jahrelangem Training absolviert hat.

Aber jetzt?

Ich sitze im August des Jahres 2022 in meinem Büro und beobachte, wie die Bäume und Sträucher im Garten vor meinem Fenster schon heute damit beginnen, ihr Laub zu verlieren. Das magere Gras unter den Bäumen ist längst verdorrt, und die Singvögel nehmen das bereitgestellte Wasser in der Vogeltränke dankbarer an als das Futter, das es bei mir ganzjährig gibt.

Auf dem Bildschirm meines Mobiltelefons erläutern mir die Meteorologen, die mich mindestens zweimal am Tag über die Wetterentwicklungen informieren, dass der August 2022 sich anschickt, der wärmste je gemessene August seit 1881 zu werden. Gleichzeitig reden wir vom geringsten Niederschlag in den Sommermonaten im gleichen Zeitraum und dem niedrigsten je gemessenen Pegelstand des Rheins seit ewigen Zeiten.

Das Jahr 2022 ist auf Rekordjagd! Doch die Faszination, die Höchstwerten innewohnt, ist dem Grauen gewichen: Im

August wurden die bislang meisten Temperaturhöchstwerte und zugleich die meisten Niederschlagstiefstwerte in den gesamten 2000er-Jahren registriert. Hier gibt es nichts zu feiern, hier werden all meine Befürchtungen bestätigt, all die Sorgen holen mich ein. Immer mehr beschleicht mich das Gefühl, von den Ereignissen geradezu überrollt zu werden. Die Veränderung des weltweiten Klimas macht die Erde zu einer »Sauna ohne Ausgangstür«, so jedenfalls hat es Eckart von Hirschhausen vor Kurzem beschrieben.

Wir befinden uns im Strudel der Klimakatastrophe, der sich hier in Mitteleuropa mal etwas schneller und katastrophaler dreht, mal etwas unauffälliger vonstattengeht und uns für einige Zeit in dem trügerischen Glauben lässt, es komme womöglich doch alles nicht so schlimm wie befürchtet. Bis wir dann wenig später daran erinnert werden, dass es auch noch viel dramatischer kommen kann, als wir es uns in unseren ärgsten Befürchtungen ausgemalt haben. Wer hätte gedacht, dass die Schifffahrt auf dem Rhein eines Tages wegen Niedrigwasser eingestellt werden muss und deshalb die Versorgung Süddeutschlands mit verschiedensten Rohstoffen infrage gestellt ist?

Ich denke darüber nach, welche Katastrophe schlimmer ist: eine, die man über einen langen Zeitraum hinweg kommen sieht, ohne etwas dagegen zu unternehmen, oder eine, die wie der Blitz aus heiterem Himmel zuschlägt. Für mich ist es die langsame und stetig anschwellende Gewissheit, auf ein Unheil zuzusteuern, die mich stark verunsichert. Der Schrecken, den eine Katastrophe auslöst, mischt sich dann nämlich mit dem schlechten Gewissen und dem Zorn auf die eigene Untätigkeit.

Es gehört zum Handwerkszeug eines Försters und einer Försterin, lange Zeiträume zu überschauen, denn die Entwicklungen im Wald gehen langsam vonstatten. Und so versetzt mich der Blick einige Jahrzehnte nach vorn in Schrecken, habe ich doch die Erinnerung an die Wälder, die in den letzten fünf Jahren in meinem Revier abgestorben sind, noch immer gut vor Augen. Ein Fünftel der von mir betreuten Waldfläche ist seit 2018 infolge Trockenheit und Hitze zerstört, und da sich die Klimakatastrophe in Deutschland vermutlich manifestiert, muss ich mir nun auch Sorgen um die noch halbwegs intakten Buchenwälder in meinem Revier machen.

Vor mittlerweile drei Jahren dachte ich erstmals darüber nach, in einem Buch zusammenzufassen, was mich als Revierförster in unmittelbarer Nähe zum Mittelrheintal in Zeiten der Klimakatastrophe und absterbender Wälder umtreibt. Ich wollte schildern, wie wir in den Wäldern im Herzen Europas auf diese folgenschweren Veränderungen reagieren müssen, und welche Maßnahmen wir Forstleute bereits seit Jahren dagegen ergreifen. Damals durchaus motiviert durch viele teils unsachliche Vorwürfe gegen unsere Arbeit in den Wäldern, wollte ich mein und unser Handwerk schildern und Verständnis wecken.

Doch nach den dramatischen Entwicklungen in der Ukraine seit dem Februar 2022 und den unmittelbaren Auswirkungen auf unseren Alltag drängen sich plötzlich ganz andere Fragen dazwischen. Unversehens finden wir uns in der Lage wieder, Menschen mit Heizmaterial für den Winter versorgen zu müssen, da bei der Bevölkerung – in der Stadt wie auch hier auf dem Land – zunehmend die Furcht um sich greift, die Gasrechnung nicht mehr begleichen zu können. Da rücken die Sorge um den Wald, den weltweiten Handel mit Rohstoffen und auch den fatalen Glauben an eine stetig wachsende Weltwirtschaft, die mich seit Jahrzehnten wie eine dunkle Ahnung begleiten, auf einmal ganz nah.

Meine Gedanken, die Sie mit diesem Buch in Händen halten, sollen keine Richtung vorgeben. Das Erteilen von Ratschlägen an Waldbesitzende oder Kollegen und Kolleginnen liegt mir sehr fern, denn ich weiß, dass jeder Wald, jede Örtlichkeit ganz eigene Rahmenbedingungen und Zielsetzungen hat. Ich möchte Sie schlicht einladen, mich bei meinen Überlegungen für die weitere Waldentwicklung zu begleiten. Auch möchte ich Ihnen die eine oder andere Erklärung geben, die Ihnen womöglich hilft, besser zu verstehen, was Sie bei Ihren Waldspaziergängen sehen und beobachten können. Und diese Erklärungen sind nötig. Denn neben der Verpflichtung dazu, langfristige Strategien für den Wald aufzustellen, müssen wir Forstleute auch in komplexen Zusammenhängen Entscheidungen treffen, auf die viele Einflussgrößen einwirken. Diese sind oft genug für den Moment schwer nachvollziehbar und ergeben doch Sinn, wenn man den Gesamtzusammenhang betrachtet.

Der pflegende und steuernde Eingriff in den Jungwald von heute hat den klimastabilen Wald von morgen zum Ziel, und das erklärt, warum heute auch mal junge, gesunde Bäume gefällt werden müssen. Bei der Ernte einer abgestorbenen Fichte denke ich weniger an den Ertrag, den ich durch den Verkauf des anfallenden Holzes erzielen kann, als vielmehr an die Sicherheit meiner Mitarbeiter, die genau auf dieser Waldfläche in Zukunft arbeiten müssen, um klimastabile Eichen in ihrem Wuchs zu begünstigen. Die abgestorbene Fichte darf für meine Mitarbeiter nicht zur lebensbedrohenden Klappfalle werden. Deswegen wird der Baum gefällt – abgeschnitten, wie wir Forstleute auch sagen. Die Pflanzung einer Elsbeere, das Begünstigen einer jungen Eiche oder die Wertastung eines Kirschbaums – wobei am stehenden jungen Baum bis auf 6 Meter Höhe nach und nach die Äste entfernt werden, sodass in den Folgejahren »astreines« Wertholz heranwächst – werden sich zu meiner Dienstzeit finanziell nicht mehr positiv auswirken. Auf lange Sicht aber können diese Bäume zu wichtigen Pfeilern eines klimastabilen Waldes werden und damit dem Wald eine Zukunft bescheren.

Und solche Eingriffe sind dringend nötig, denn wir müssen uns beeilen. Wir können nicht verharren. Wir können es uns aufgrund des rasant voranschreitenden Klimawandels nicht leisten, den Wald einfach sich selbst zu überlassen und den natürlichen Prozess der Wiederbewaldung in aller epischen Breite auszukosten.

Die Wälder nach der letzten Eiszeit hatten Tausende von Jahren Zeit, sich auf die Veränderung des Klimas einzustellen. Aufgrund des rücksichtslosen Verhaltens der Menschen verändert sich das Klima mittlerweile aber in einem solchen Tempo, dass die Wälder heute einfach nicht mehr hinterherkommen. Wollen wir Wald also so erhalten, dass auch unsere Enkel und Urenkel damit noch etwas anfangen können, müssen wir ihm gewissermaßen auf die Sprünge helfen.

Dabei geht es zum einen um die Schutzfunktion des Waldes für den Wasserhaushalt, eine Tierartenvielfalt und das Regionalklima und zum anderen um einen wachsenden Bedarf am Rohstoff Holz – auch dabei sollten wir uns nichts vormachen. Die bisher geübte Praxis, im Zweifel Holz irgendwo auf dem Globus zu kaufen und dann nach Deutschland zu verschiffen, ist nach den Bränden in Sibirien, Kanada oder im Amazonasgebiet keine moralisch vertretbare Lösung mehr, von dem klimaschädlichen Transport einmal ganz abgesehen. Und an weltpolitische Auseinandersetzungen rund um die Rohstoffe habe ich dabei noch nicht einmal gedacht. Wir kommen nicht darum herum: Wir müssen uns Gedanken machen, wie wir in unseren Wäldern möglichst bald auch solche Baumarten etablieren können, die lange wachsen, auf weitere klimatische Veränderungen vorbereitet sind und trotzdem dick werden.

Wir Förster und Försterinnen denken wie gesagt in langen Zeiträumen, und der Generationenvertrag, dessen Bestand in der Sozialpolitik immer wieder für Diskussionen sorgt, wird in unserer Branche gelebt. Auch deshalb ist das großflächige Absterben der ausgedehnten Fichtenwälder für heute aktive Forstleute belastend. Fichtenreinbestände, wie sie jahrzehntelang in unseren Wäldern auf großen Flächen bestimmend waren, haben im Wald der Zukunft keinen Platz. Dennoch führen die Hintergründe, Gedanken und die Arbeit, die in all den Waldflächen steckt, die wir Forstleute heute betreuen, zu großem Respekt gegenüber unseren Vorgängern, und es stimmt uns bisweilen traurig, wenn wir ihre Arbeit in gewissem Sinne auslöschen, um ganz von vorn anzufangen. Jeden von uns beschleicht dann die Frage: Wie wird man später einmal mit unserer Arbeit umgehen, wie wird man sie bewerten?

Die Dimension dieser Langfristigkeit, die dem vom Wald vorgegebenen Takt folgt, wird ganz anschaulich, wenn man sich die Mühe macht und die Jahresringe eines Baumes zählt, den man im Wald nach reiflicher Überlegung hat fällen lassen. Im Jahr 2013 ernteten meine Mitarbeiter auf meine Anweisung eine Eiche, deren Alter ich auf diese Weise gut bestimmen konnte: Der Baum war genau 200 Jahre alt. Mehrere Förstergenerationen hatten den Waldbereich gepflegt, und für alle war das Ziel klar gewesen: Hier sollen dicke, gerade und gesunde Eichen heranwachsen. Und dann sollte die eine oder andere geerntet werden. Das habe ich getan und dabei genügend Bäume zurückgelassen, damit mein Nachfolger oder meine Nachfolgerin später eine 250 Jahre alte Eiche ernten kann. Das ist die Abmachung, die zwischen den Förstergenerationen heute noch genauso gilt wie schon vor Jahrzehnten und Jahrhunderten.

Sicher haben Sie schon einmal Baumscheiben gesehen, auf denen anhand der Jahrringe besondere historische Ereignisse kenntlich gemacht wurden, um die zeitliche Dimension zu verdeutlichen. Als »meine« Eiche in ihrem ersten Jahr wuchs, hatte Feldmarschall Blücher gerade den Rhein überschritten, um Napoleon in Richtung Frankreich zu verfolgen. Einige Monate zuvor war mit der Völkerschlacht bei Leipzig der Beginn des Untergangs der Grande Armée eingeläutet worden, Beethoven hatte *Wellingtons Sieg* komponiert und damit einen grandiosen Erfolg erzielt – derweil im Wald der Gemeinde Niederwallmenach unweit der Loreley eine kleine Eiche die ersten beiden Blätter entwickelte.

Voller Bewunderung schauen wir heute auf die Standhaftigkeit, die der Baum bewiesen hat, ist doch viel geschehen in der Zeit zwischen 1813 und heute. Doch nicht nur der Baum war standhaft und beständig, sondern auch das Klima, in dem die Eiche aufwuchs, gab ihr einen vergleichsweise sicheren Rahmen. Jahresdurchschnittstemperatur und Niederschlag blieben bis ins Jahr 1990 nahezu unverändert. Die Eiche konnte sich aufs Wetter verlassen.

Heute kann das kein Baum mehr, und es ist schon erschreckend, wie wenig wir als Gesellschaft dagegen unternommen haben, wenn man bedenkt, wie lange sich die Klimakatastrophe bereits angekündigt hat.

So kann ich mich noch lebhaft an einen denkwürdigen Abend erinnern, den ich in Gesellschaft meines Vaters Mitte der 1980er-Jahre verbracht habe. Es war dunkel, als wir aus dem großen Saal eines Hotels namens Erholung an die frische Luft traten. Schweigend gingen wir durch die Straßen unserer Heimatstadt Alsfeld, und erst kurz bevor wir zu Hause ankamen, tauschten wir ein paar Worte über dies und das, in erster Linie wohl, um die Stille zu beenden. Der Vortrag, den wir gerade gehört hatten, hatte uns schlichtweg die Sprache verschlagen.

Ein weltweiter Anstieg der Temperaturen, so war uns anschaulich erklärt worden, würde die Lebensbedingungen für Mensch, Tier und Vegetation so dramatisch verändern, dass sich gerade auch Gesellschaften in südlicheren Gefilden womöglich nicht mehr ausreichend mit Lebensmitteln aus eigener Produktion würden versorgen können, sich gar neue Völkerwanderungen entwickelten. Jedes einzelne grüne Blatt, so sagte es der damals weithin bekannte Wetterfrosch des ZDF, Dieter Walch, würde dann ungemein wichtig sein, um die Temperaturen in den Städten auch nur annähernd im erträglichen Bereich halten zu können.

Solche Aussagen ließen uns alle schweigend zurück – bis auf ein paar wenige Besucher, die ihrem Erschrecken in heftiger Gegenrede Luft verschafften. Dieter Walch antwortete ruhig und stets freundlich, genau so, wie wir ihn aus dem Fernsehen kannten. Lächelnd erörterte er uns seine Prognosen, die sich in den 40 Jahren, die seitdem vergangen sind, nur zu deutlich bewahrheitet haben.

Er behielt recht – das können wir heute nüchtern festhalten –, ebenso wie zum Beispiel Hoimar von Ditfurth, ein früher Harald Lesch, der bereits Ende der 1970er-Jahre wissenschaftliche Berechnungen aus der Meteorologie vortrug, die sehr exakt den zu erwartenden Anstieg der Durchschnittstemperaturen beschrieben. Fast aufs Grad genau hatte man damals Szenarien entwickelt, die heute absolut zuverlässig eingetreten sind.

Genau in dieser Zeit der bunt gemusterten Krawatten, also Ende der 70er-Jahre, fiel mein Entschluss, Revierförster zu werden. Und so begleitet mich das Sterben der Wälder im Herzen Europas schon sehr lange. Heute müssen wir erkennen, dass eine fehlgeleitete forstliche Bewirtschaftung, befeuert durch den Klimawandel, zu genau den Bildern geführt hat, die uns prognostiziert wurden. Ja, auch ich habe noch gelernt, wie man Fichtenkulturen von allem sonstigen Bewuchs befreit, und auch ich habe noch Douglasien auf Kahlschlagsflächen gepflanzt und dabei im Lichte meines heutigen Wissens alles verkehrt gemacht, was man nur verkehrt machen kann.

Doch wenn sich heute die Blätter von immer mehr Bäumen mitten im Sommer braun verfärben, weil es seit Monaten schon nicht mehr ausreichend geregnet hat, müssen wir festhalten: Unsere Einsicht kommt sehr spät! Das Klima verändert sich derart schnell, dass Anpassungsprozesse bei unserer Lebensweise ebenso dringend nötig sind wie Anpassungsprozesse in unseren Wäldern. Allein auf die Selbstheilungskräfte der Waldökosysteme zu hoffen reicht schon lange nicht mehr aus. Wir müssen dem Wald dabei helfen, sich an die Veränderungen anzupassen, die unsere Gesellschaft zu verantworten hat. Und das müssen wir heute mindestens so verantwortungsvoll betreiben, wie wir der Klimakatastrophe in den letzten Jahrzehnten verantwortungslos zugesehen haben.

Eine Bemerkung ist mir an dieser Stelle noch sehr wichtig: Ich habe mich darum bemüht, in diesem Buch geschlechterneutral zu schreiben. Ich bitte aber um Verständnis dafür, dass ich darauf verzichtet habe, wenn es mir aus Gründen der Lesbarkeit nicht möglich schien. Wo also nicht alle genannt sind, sind dennoch alle gemeint.

1

DER WALD IN SCHWIERIGEN ZEITEN

Sagt Ihnen das Wort *crunchy* etwas? Viele denken jetzt wahrscheinlich sofort an Kartoffelchips oder Frühstückscerealien, dabei bedeutet der Begriff eigentlich »knackig«. Aber bei *crunchy* kann man sich direkt ein Geräusch vorstellen. Das nämlich, das entsteht, wenn man in eine Scheibe Knäckebrot beißt oder wenn man versehentlich auf ein paar heruntergefallene Kartoffelchips tritt.

So ähnlich hört es sich mittlerweile an, wenn ich durch den Wald gehe, den ich nun seit über 20 Jahren betreuen darf. *Crunchy!* Bei jedem Schritt knackt und knistert es unter meinen Füßen, und selbst mein uralter Hund wirbelt mit seinen langsamen Schritten Staub auf den ausgedörrten Forstwegen auf. Im nunmehr fünften Sommer in Folge hört sich das Rauschen der Blätter im Wind nicht mehr an wie das Rauschen von Blättern im Wind, sondern wie das Rascheln von Pergamentpapier. Denn auch wenn das Jahr 2021 uns leidlich mit Niederschlägen beschenkt hat, so sehen wir uns doch seit 2018 einer andauernden Dürre ausgesetzt. Seit ebendiesen fünf Jahren begrüßen sich Bauern, Förster und Gärtner nach einem Gewitterregen mit der Frage, wie viel Millimeter denn gefallen seien. Gemeint ist der Regen.

Brunnen und Bäche versiegen hier im Westen Deutschlands

genauso wie in der märkischen Sandbüchse Brandenburgs oder anderen Teilen Nordostdeutschlands. Das Futter für das Vieh der Bauern wird langsam knapp, und das Wild in den Wäldern muss teils weite Wege zu einer Wasserstelle in Kauf nehmen. Viele, über Jahre gepflegte Feuchtbiotope sind vertrocknet, und der Ruf der Gelbbauchunke an einer Stelle meines Reviers hat mich in diesem Jahr noch deutlich mehr erfreut als sonst. Werde ich sie im nächsten Jahr wieder hören?

DÜRREJAHRE UND IHRE FOLGEN

Ich betreue einen Wald, der jedes Jahr bis zu 30 Prozent weniger Wasser bekommt, als es im langjährigen Mittel der Jahre 1961 bis 1990 der Fall war, und dabei haben die Bäume permanent mit einem deutlichen Anstieg der Durchschnittstemperatur zu kämpfen. Das hat sichtbare Konsequenzen. Schon in den ersten Jahren meiner Arbeit als Förster hier hat eine Reihe von Veränderungen in den Wäldern meines Reviers schleichend begonnen, die sich jetzt, 20 Jahre später, womöglich in galoppierender Geschwindigkeit fortsetzt.

Ende der 90er-Jahre war es für mich als jungen Forstingenieur ein Traum, ein Revier übernehmen zu können. Nachdem ich die Gestaltungsmöglichkeiten in einem rheinland-pfälzischen Kommunalwald kennengelernt hatte, war der ursprüngliche Plan, Leiter eines staatlichen Reviers mit Forsthaus in der Einsamkeit der abgelegenen Wälder im Hunsrück mit Staatsjagd und Hirschbrunft vor der Haustür, schnell zu den Akten gelegt. Nein, die waldbaulichen Möglichkeiten in einem Revier in Sichtweite des Loreleyfelsens boten weitaus großartigere Aussichten.

Mein Revier war nach einer Umorganisation auf rund 1500 Hektar angewachsen und von einer Vielfalt, die mich bis heute begeistert. Und damit meine ich nicht nur die zahlreichen Baumarten in den Wäldern, sondern auch das bewegte Landschaftsbild. Wälder wechseln sich mit Feldern oder Wiesenabschnitten ab. Auf der nach Nordosten weisenden Revierseite leiten sanfte Täler das Wasser mit einem Umweg über die Lahn in den Rhein, und auf der anderen Seite der bis zu 480 Meter hoch gelegenen Wasserscheide geht es in tief eingeschnittenen Bachtälern direkt zum Strom, der sich hier im Mittelrheintal rund um den Loreleyfelsen geradezu spektakulär präsentiert. Der breite Fluss, den wir aus seinen Ober- und Unterläufen kennen, rauscht zumeist mit hohem Tempo durch eine ganz besondere Felslandschaft und hat die Gegend weltbekannt gemacht.

Über die Jahrtausende hat sich eine Landschaft gebildet, die an manchen Stellen regelrechte Trockenwälder auf felsigem Untergrund trägt und manchmal nur wenige Hundert Meter entfernt Täler mit besten Böden und dicken Eschen- oder Ahornwäldern aufweist. Hier im Bundesland Rheinland-Pfalz hat der Wald, der 42 Prozent der Landesfläche bedeckt, eine ganz besondere Bedeutung. Noch dazu liegt er an einem der ältesten unserer Weinanbaugebiete. War die Wärme, die die Felsen des Rheintals speichern, für die Römer noch ein Argument dafür, an den Hängen Wein anzubauen, so bekommen wir die Temperaturen heute auch oberhalb des Rheingrabens in meinem Revier zu spüren. Eine Wärme, die für die Wälder zunehmend beängstigend wird.

Im Jahr 1990 waren die Wälder in meinem Revier an der einen oder anderen Stelle durch die Stürme Vivian und Wiebke leicht ramponiert, dann aber in weiten Teilen recht vielgestaltig wiederaufgeforstet worden. Die Stürme hatten vor allem etwas anderes durcheinandergewirbelt: Mein Vorgänger, der 38 Jahre lang das Gesicht der Wälder geprägt hatte, beschloss, alle Pläne für die damals durchaus noch üblichen Kahlschläge fallen zu lassen. Damit war er seiner Zeit weit voraus, denn erst im Jahr 2000 wurde diese zerstörerische Praxis in Rheinland-Pfalz gesetzlich nahezu untersagt. In jenem Jahr wurde das Landesforstgesetz zum Landeswaldgesetz – eine Änderung der Begrifflichkeit, die weit mehr als eine Kleinigkeit darstellte, denn mit dem Begriff Forst ist der Nutzungsaspekt viel stärker verknüpft als mit dem Begriff Wald. Durch die Änderung wollte das Parlament deutlich machen, dass man den Wald umfassender betrachten sollte. Gegen teils heftige Widerstände innerhalb der Verwaltung wurde per Gesetz die Kahlschlagsnutzung selbst dort verboten, wo sie bereits beschlossene Sache gewesen war. Es durften grundsätzlich keine Kahlflächen mehr geschlagen werden.

Gerade die Buchenwälder, die gut die Hälfte der Fläche meines Reviers ausmachten, entwickelten sich nun durch die mäßigen, pflegenden Baumentnahmen auf großer Fläche vorzüglich, und auch die Fichten waren vom Team meines Vorgängers gegen zukünftige Stürme klug gewappnet worden. Eine stabile Bestandsstruktur begann sich zu etablieren.

Neben den beiden wichtigsten Baumarten Buche und Fichte gibt es in meinen Wäldern zum Glück große Flächen mit Eichen und Douglasien unterschiedlichen Alters. Aber über die Jahrzehnte hatte mein Vorgänger auch die Etablierung und Pflege von Bergahorn, Esche, verschiedenen Tannenarten oder Kiefern nicht vernachlässigt. Selbst der Birke hatte er zumindest auf kleineren Flächen Entwicklungsmöglichkeiten eingeräumt, was für einen Forstmann dieser Generation bemerkenswert ist, denn die Birke galt lange Zeit als Unkraut. Auch seltenere Baumarten wie Esskastanie, Hemlocktanne oder Weymouthskiefer sind vertreten, und so fand ich eine Baumartenvielfalt vor, von der ich lernen konnte. Schließlich sind es fast 40 Baumarten, die in den von mir betreuten Wäldern wachsen! Ich hatte also ein gut aufgestelltes Revier übernommen, in dem viele Gestaltungsmöglichkeiten auf mich warteten, und die für mich so wichtigen Schlagworte »Vielfalt im Wald«, »Kein Kahlschlag« und »Bestandsstruktur durch Nutzung« waren weder für die Waldbesitzenden noch für die Mitarbeiter Neuland.

In den ersten Jahren nach meinem Amtsantritt folgten die Arbeiten wie in jedem Forstrevier zwischen Rhein, Lahn und Main einem ziemlich gleichmäßigen Jahresverlauf: Im Spätherbst, wenn die Forstwirtschaftspläne mit den Gemeinderäten besprochen waren, begann man mit der Durchforstung in stärkeren Laubwäldern. Als Durchforstung bezeichnet man Maßnahmen zur Pflege des Waldes, bei denen man gezielt eine gewisse Anzahl an Bäumen aus einem Bestand herausnimmt, um anderen mehr Entwicklungsraum zu verschaffen und natürlich auch um Holz zu ernten. Buchen und Eichen als Stammholz für verschiedene Kunden im In- und Ausland wurden in diesen Monaten vorbereitet und verkauft, das anfallende Holz aus den Kronen der Bäume rollte nach und nach in heimische Zellstoff- und Papierwerke, und der eine oder andere Dorfbewohner bereitete sein Brennholz für den übernächsten Winter vor. Damals lag zeitweise noch so viel Schnee, dass die Arbeiten eingestellt werden mussten!

Im zeitigen Frühjahr, nachdem die Laubholzsaison abgeschlossen und das Holz verkauft war, sammelte man all die einzelnen Fichten ein, die infolge der Schneelast oder nach einem Sturm über den Winter umgestürzt waren. Dieser Sammelhieb – ja, so nennen wir das noch heute – hatte vor allem das Ziel, Fichtenstämme zu verkaufen, bevor sich die Borkenkäfer darin ausbreiten konnten und womöglich ein Befallsherd entstand, von dem aus weitere Bäume angegriffen werden könnten.

In meinem Revier wurde in der damaligen Zeit recht wenig gepflanzt, denn es stand schon überall ein Baum. Ich wusste kaum, wo ich hätte pflanzen können, und so widmeten wir uns im fortschreitenden Frühjahr der Ernte von Douglasienstämmen, und im Laufe des Sommers ging es an die Ernte von Fichtenholz. Mal für die Sägewerke der Region, die daraus Bauholz schnitten, mal schwächere Stämmchen für die Produktion verschiedener Papiersorten. Vom Raufaserrohpapier bis zum Bierdeckel!

So beschaulich, wie sich diese knappe Schilderung jetzt liest, nahm ich es womöglich nicht wahr, aber aus der heutigen Perspektive war die Zeit kurz vor der Jahrtausendwende noch ein Stück heile Welt. Damit meine ich, dass unsere Arbeit berechenbar war, geprägt von regelmäßigen Abläufen und einer langfristigen Perspektive. Hatte man im Oktober oder November mit den Waldbesitzenden das Vorgehen des nächsten, aber auch der darauffolgenden Jahre besprochen, konnten diese Pläne abgearbeitet werden. Man legte beispielsweise fest, wie viel Stammholz verkauft werden sollte, und schlug dann die entsprechende Holzmenge – wo und welches Holz, die Entscheidung darüber fällte man gemäß den Bedingungen und Erfordernissen des Bestandes. Da die Entwicklungen im Wald im Großen und Ganzen absehbar waren, konnten wir die geplanten Vorhaben in Ruhe abarbeiten.

Trotz gewisser Unwägbarkeiten war ich als Förster in der Lage zu handeln, und zwar immer auf mein Ziel ausgerichtet: einen gesunden, geschlossenen Waldbestand zu erhalten, der sich selbst mit verschiedenen Baumarten reproduziert und so eine regelmäßige Holznutzung ebenso ermöglicht wie einen konstanten Finanzertrag. Und auch die ökologische Sichtweise, den Wald als Lebensraum für eine Artenvielfalt, als Sauerstofflieferant und Erholungsraum zu erhalten, war fester Bestandteil der Überlegungen.

Selbst die Folgen der Stürme der Jahre 1999 (Lothar) und 2007 (Kyrill) waren in meinem Revier noch beherrschbar gewesen. Sie hatten in anderen Regionen Deutschlands katastrophale Auswirkungen auf die Wälder und auch bei uns bereits einiges mächtig durcheinandergewirbelt. Dennoch konnten wir nach jedem dieser Ereignisse sagen: Wir sind mit einem blauen Auge davongekommen, unsere Wälder hat es kaum betroffen. Wir fühlten uns gut vorbereitet auf kommende Veränderungen, die Wälder waren stabil. Ja, besser noch: Unsere Durchforstung und die Einrichtung dauerhafter Rückegassen, neue Arbeitsmethoden und andere Maßnahmen zeigten Wirkung! Junge Pflänzchen der meisten unserer Baumarten fanden sich auf dem Waldboden – neue Baumgenerationen wuchsen heran. Diese sogenannte natürliche Verjüngung entwickelte sich vielerorts so erfreulich, dass ich mich traute, mir die wunderbaren Plenterwälder des Schwarzwalds zum Vorbild zu nehmen: naturnah bewirtschaftete, stabile Wälder.

Auch zog insbesondere unsere Art der kahlschlagsfreien Arbeit positive Auswirkungen beim Artenschutz nach sich: Der Schwarzstorch kehrte zurück in unsere Region, der Kolkrabe und die Wildkatze folgten. Ich beschäftigte mich mit der Freihaltung von kleinen Waldquellen, um auch dort im eher mikroskopischen Bereich Artenschutz möglich zu machen, und vielem mehr. Immer wieder einmal vorkommende Trockenperioden waren von kurzer Dauer, und unsere Wälder litten kaum Schaden.

Wenn, ja wenn nicht über allem die Angst vor den Auswirkungen des Klimawandels geschwebt hätte. Als ob er hinter dem Vorhang stünde, jederzeit bereit, hervorzutreten. Es war wie ein Luftanhalten. Wenn sich die Veränderungen so entfalten würden, wie Prognosen immer deutlicher herausstellten – das war vielen Kollegen und Kolleginnen klar –, wären die Folgen für unsere Wälder gravierend.

Und dann holte er uns ein: Innerhalb der Jahre 2018 bis 2020 erlebte nicht nur die Region rechts des Mittelrheins eine dramatische Trockenheit, die sich nach einer kurzen Unterbrechung 2021 im Jahr 2022 direkt fortsetzte. Nein, diese Trockenheit in Verbindung mit den üblichen Sekundärschädlingen wie Borken-, Bock- und Prachtkäfern sowie verschiedenen Pilzen machte sich in vielen unserer Reviere bemerkbar. Sie breitete sich bis in die tiefen Bodenschichten aus und führte zu einer Dürre, die nur durch überdurchschnittliche Niederschläge in den nächsten Jahren ausgeglichen werden kann und den Wäldern überall in Deutschland bis heute zu schaffen macht.

Auch in dem kleinen Waldbereich, den ich betreue, erkennt man die Veränderungen von Jahr zu Jahr stärker: Es sind die Quellen, die in den letzten Jahren versiegten, und die vielen abgebrochenen Äste aus den Kronen vormals kerngesunder Altbuchen. Es ist die abnehmende Vitalität gerade der Buchen- und Eichenwälder, vor allem, wenn die Bäume älter als 170 Jahre sind.

Innerhalb kurzer Zeit sind nicht nur die großen Fichtenkomplexe hektarweise abgestorben – leuchtend rot stehen sie wie Mahnmale in der Landschaft –, sondern die traurigen Reaktionen der Wälder auf die Trockenheit verlaufen auch in meinem Revier schleichend: Zuerst sterben die Bäume ab, die auf den felsigen Flächen häufig in schon immer extremer Umgebung über Jahrzehnte ausgehalten haben. Oft nicht höher gewachsen als ein paar Meter und fast malerisch knorrig, sind die Kiefern und vor allem Eichen unter schwierigen Bedingungen doch in jedem Frühjahr wieder grün geworden, bis es ihnen in den Jahren 2019 und 2020 oder etwas später 2022 schlichtweg zu viel wurde. Dies sind beileibe keine wirtschaftlich spürbaren Verluste, jedoch stirbt auch mit diesen Bäumen Wald ab, der Kohlenstoff speichert, Boden und Wasser schützt, das Landschaftsbild prägt.

Ähnlich erschüttert beobachte ich in trockenen Jahren, dass die Laubbäume immer früher ihre Blätter verlieren. Das ist keine normale Herbstfärbung, sondern ein langsames Verdorren. Ja, selbst grüne Blätter werfen die Bäume ab und verlieren damit auch wertvolle Nährstoffe, die in einem normalen Jahr in den Organismus zurückfließen würden. Doch dieser schleichende Prozess wird für die Waldbesuchenden immer erst dann greifbar, wenn einzelne, die Landschaft prägende Bäume darunter leiden. Leider haben wir schon viele dieser Bäume aus Sicherheitsgründen fällen müssen, und kurz darauf erinnert sich keiner mehr daran, dass dieser Baum im Grunde infolge des Klimawandels entfernt werden musste. Es gilt das Motto: »Aus den Augen, aus dem Sinn.«

So beobachte ich zum Beispiel das Siechtum einer Buche, die sich gut 140 Jahre hat entwickeln können, jetzt im vierten Jahr. 2019 waren erste Anzeichen dafür erkennbar, dass sie vom Kleinen Buchenborkenkäfer angegriffen wurde. Sie hatte bereits viel Laub verloren, wirkte aber noch vital, ein rasches Absterben war keineswegs ausgemachte Sache. Im nächsten Jahr entwickelte der Baum erneut Laub, und womöglich wäre die Sache gut für ihn ausgegangen, wenn das Jahr 2020 schön feucht gewesen wäre. War es aber nicht. So hatte der Borkenkäfer leichtes Spiel. Nachdem mittlerweile aus den vielen, durch Befall ausgelösten Wunden die übliche schwarze Soße ausgetreten war – wir nennen das Schleimfluss –, sich ganze Rindenpartien abgelöst hatten und einzelne starke Äste abgestorben waren, werden wir den Baum, der in der Nähe eines Waldweges steht, bei Gelegenheit abschneiden, bevor noch ein Spaziergänger zu Schaden kommt. Dieser Baum hat nach 140 Jahren den Kampf verloren.

ALARMSIGNALE: WALDBRÄNDE UND VERSTEPPUNG

Seit fünf Jahren also wird der klimatische Wandel unübersehbar deutlich. Das wunderbar leuchtende Abendrot im Sommer 2020 sei auch deshalb so beeindruckend gewesen, heißt es, weil Rußpartikel aus den Waldbränden Kaliforniens den Weg bis nach Mitteleuropa gefunden hätten. Ob es auch in diesem Jahr in Sibirien brennt wie 2019, ist keine Meldung mehr wert. In Grönland brechen gewaltige Eismassen ab, und ich fühle mich an einen ebenso massiven Eisberg erinnert, dem wir uns mit großer Geschwindigkeit nähern.

Die Welt ist voller kurz aufleuchtender Alarmsignale, die uns schrill vor Augen führen, dass wir handeln müssen. Doch wo Quartalszahlen oder längstens Legislaturperioden der zeitliche Horizont sind, an dem sich Entscheidungen ausrichten, fühlt man sich als Förster oft fremd mit seinen Gedanken, die in die eine wie in die andere Richtung Jahrzehnte, ja selbst Jahrhunderte überfliegen. Und so wohltuend dieser weite Blick einmal war und so hilfreich er heute sein könnte, so beängstigend ist das Szenario, das sich jetzt zeigt. Immer häufiger geht es darum, kurzfristig Schäden im Wald zu beheben und Katastrophen einzudämmen. Konnte man bis 2018 im Wald noch weitgehend planmäßig arbeiten und agieren, müssen wir heute oft vor allem reagieren, um die Folgen der rasanten Klimaveränderungen aufzufangen.

Den Anfang machten die verheerenden Waldbrände der letzten Jahre. Sowohl 2018 als auch 2019 sind in Deutschland infolge der sommerlichen Trockenheit rund 2500 Hektar Wald schlichtweg abgebrannt! Und für das Jahr 2022 gibt das European Forest Fire Information System (EFFIS) schon Anfang September eine Fläche von 750 000 Hektar abgebrannten Waldes in ganz Westeuropa bekannt.

Zu den verheerenden Waldbränden im Sommer 2022 gehörte auch ein Großfeuer im Süden von Berlin, das die Menschen deshalb besonders aufhorchen ließ, weil es hier schon einmal zu einer Katastrophe gekommen war: Mitte August 2018 entzündete sich in den Wäldern im Raum Treuenbrietzen, einer Kleinstadt im brandenburgischen Landkreis Potsdam-Mittelmark, ein Feuer. In den gleichförmigen Kiefernwäldern der Region entwickelte es sich rasch zu einem Waldbrand mit einer Ausdehnung von 400 Hektar. Über 600 Feuerwehrkräften gelang es erst nach Tagen, den Brand einzudämmen. Mit im Einsatz: die Bundeswehr und einige Hubschrauber, die aus der Luft gerade die Brände bekämpften, in denen man mit alter Munition im Boden rechnen musste.

Einen solch großen Waldbrand hatte es in Deutschland seit Jahren nicht gegeben, entsprechend riesig war die mediale Aufmerksamkeit, und wahrscheinlich können auch Sie sich noch an die Bilder der Zerstörung und die Berichterstattung darüber erinnern. Sicher ging es Ihnen wie mir, denn sofort hatte ich bei dem Waldbrand in Brandenburg die Brände in Kalifornien, Portugal oder Australien vor Augen. 2017 haben in Portugal Waldbrände innerhalb eines Jahres über 90 000 Hektar Baumbestand vernichtet. 2012 verbrannten im Nationalpark Garajonay auf La Gomera urtümliche Wälder ebenso wie hochproblematische Forste aus Eukalyptus und Kiefern-Monokulturen auf dem spanischen Festland.

Und tatsächlich hat es auch bei uns schon Brände dieser Größenordnung gegeben. Auch in Deutschland wurden schon einmal Tausende Hektar Wald durch Flammen pulverisiert, und ich kann mich gut daran erinnern, dass mein Bruder im August

1975 aus dem oberhessischen Alsfeld aufbrach, um die Feuerwehr im niedersächsischen Eschede bei der Brandbekämpfung zu unterstützen. Als kleiner Bub war ich von dem für mich riesigen Tanklöschfahrzeug – einem Magirus Saturn mit immerhin 200 PS – mächtig beeindruckt, das die Feuerwehr nach Norden schickte. Die Bilanz des damaligen Flammenmeers weist eine verbrannte Fläche von 8000 Hektar Nadelwald und 5000 Hektar Heideflächen aus. Und auch die Erinnerung daran, dass fünf Feuerwehrmänner im Wald von den Flammen eingeschlossen wurden und dort ihr Leben lassen mussten, darf ruhig noch einmal geweckt werden. Insgesamt waren bei der Bekämpfung dieser Brände in den Landkreisen Gifhorn, Celle und Lüchow-Dannenberg rund 15 000 Feuerwehrleute und mehr als 11 000 Soldaten sowie Bundeswehrhubschrauber und Löschflugzeuge aus Frankreich im Einsatz.

Großwaldbrände sind also in Deutschland möglich und – man muss es leider sagen – angesichts der klimatischen Entwicklungen zunehmend wahrscheinlich, wie es die vielen Brände des Jahres 2022 eindrucksvoll belegen. Seien es ein Waldbrand am Brocken im Harz oder ein Großfeuer im Berliner Grunewald. In den Sommermonaten brennt es immer wieder in deutschen Wäldern. Der Brand in Treuenbrietzen 2018 jedenfalls war groß und gefährlich, keine Frage. Und es ist den Feuerwehrleuten zu verdanken, dass daraus keine noch größere Katastrophe entstanden ist. Aber im historischen Vergleich innerhalb Deutschlands oder im aktuellen internationalen Vergleich war das Brandgeschehen kaum bemerkenswert. Dennoch muss jeder Brand zum Anlass genommen werden, die Ursachen zu erforschen und Strategien zu entwickeln, wie er verhindert werden kann.

Denn jeder Brand zerstört nicht nur Holz und große Mengen Biomasse, sondern auch Humus, der sich auf teils katastrophal nährstoffarmen Böden angesammelt hat. Das erschwert die Anpflanzung neuer Bäume, zerstört Mikroorganismen und entzieht zahlreichen Tierarten die Lebensgrundlage. Und nicht zuletzt gehen mit den verbrannten Baumbeständen Wasser-

und Kohlenstoffspeicher, Luftfilter, Sauerstoffproduzenten verloren – und für viele Menschen ein Stück Heimat.

Der Begriff Heimat erscheint uns manchmal antiquiert, für einige hat er gar einen reaktionären Klang. Aber im Zusammenhang mit dem Wald tauchen wir ihn doch zumeist in ein mildes grünes Licht. Laut einer Studie des Johann Heinrich von Thünen-Instituts aus dem Jahr 2021 leben etwa 57 Prozent der deutschen Bevölkerung im sogenannten ländlichen Raum. Wer dort aufwächst, hat Kontakt und Verbindung zum Wald. Mal mehr, mal weniger, mal intensiv, mal eher beiläufig, aber bei einem Anteil von 32 Prozent Wald an der Gesamtfläche Deutschlands kann man dem Wald im Grunde kaum aus dem Weg gehen, zumal allen Wäldern per Bundes- und den jeweiligen Landeswaldgesetzen eine besondere Bedeutung im Hinblick auf die Erholungswirkung zugewiesen ist.

Gern wird, um das besondere Verhältnis der deutschen Bevölkerung zum Wald zu beschreiben, auf die Literatur des 19. Jahrhunderts verwiesen. Eichendorff, Storm, Droste-Hülshoff oder Stifter werden angeführt, die dem Wald literarische Denkmäler gesetzt und eine ganze Zeit geprägt haben. Auch fehlt meist der Verweis darauf nicht, dass die Nationalsozialisten die deutsche Waldbegeisterung für ihr krudes Weltbild instrumentalisiert haben. Das und auch das 19. Jahrhundert liegen lange zurück, die Sprache von damals wirkt befremdlich, und mit vielen alten Texten wissen vor allem jüngere Menschen nichts mehr anzufangen.

Und dennoch erlebe ich gerade bei der jüngeren Generation diese große Sorge um den Wald und damit auch um das Gefühl der Heimat. Es sind die Erinnerungen, nicht nur an beschauliche Wanderungen mit Oma und Opa, sondern auch an eine Verabredung, von der nicht jeder etwas wissen sollte, an ein in den Baum geritztes Herz. Der geklaute Weihnachtsbaum gehört ebenso wie das Suchen der Ostereier als kleines Kind in diese Kiste voller Erinnerungen, die viele Menschen wie Schwarz-Weiß-Fotos aus der Vergangenheit mit sich herumtragen. Beim Betrachten dieser Bilder verändert sich ihre Mimik.

Es sind genau diese Erinnerungen, die ihren Bezugspunkt verlieren, wenn Wälder absterben oder schlimmer noch: verbrennen. Dann sind sie dahin und mit ihnen ein Stück der eigenen Geschichte.

Aber nicht nur Brände sind verantwortlich für die Zerstörung riesiger Waldgebiete. Es gibt weitere Alarmsignale, die uns ebenfalls aufrütteln sollten. In den Wäldern mitten in Deutschland werden bereits Bereiche erkennbar, in denen schon mittelfristig keine geregelte Forstwirtschaft mehr möglich sein wird, da flächige Absterbeprozesse eingesetzt haben. In Sichtweite der Bankentürme Frankfurts und innerhalb der Geräuschglocke des größten deutschen Flughafens verschwindet die grüne Lunge des Ballungszentrums Rhein-Main. Zu Tode gestresst durch Trockenheit, Zersiedlung, Zerschneidung und ganz unmittelbar vergiftet von jahrzehntelanger massiver Umweltverschmutzung, sterben ganze Wälder ab. Selbst ehemals trockenresistente Eichen und Kiefern geben in unmittelbarer Nähe zu verschiedenen Autobahnen schlichtweg auf.

So fällt heute in Deutschland immer wieder der Begriff der Versteppung. Auch das Potsdam-Institut für Klimafolgenforschung warnt für Bereiche Brandenburgs vor derartigen Prozessen. Fallende Wasserstände verschiedener Seen und sinkende Grundwasserspiegel können schließlich in Verbindung mit den zurückgehenden Niederschlägen nicht folgenlos bleiben. Und selbst wenn der Begriff der Versteppung unwissenschaftlich ist, so ruft er uns doch dramatische Bilder vor Augen, die trockenliegende Boote am Aralsee zeigen oder durch heiße Winde über den staubigen Boden getriebene, vertrocknete Reisigbälle irgendwo sonst auf der Welt. Fest steht: Zieht man den Zeitrahmen heran, den ein Verantwortlicher im Wald zu überblicken hat, sind derartige Bilder auch bei uns in Zukunft nicht mehr auszuschließen.

WO KEIN WALD MEHR WÄCHST

Im Norden Bayerns, in den Wäldern Frankens und in weiten Teilen Nordostdeutschlands – in vielen Regionen sind Zweifel berechtigt, ob hier bereits mittelfristig noch etwas wachsen wird, was man in Deutschland mit dem Begriff Wald verbindet. Und damit meine ich noch nicht einmal die weiten Flächen abgestorbener Fichtenwälder, die sich vom Rhein im Westen über den Westerwald, das Sauerland bis zum Harz hin erstrecken. Denn hier könnten Wiederbewaldungsmaßnahmen bald Erfolge nach sich ziehen. Nein, es gibt Gebiete, in denen ehemals standortangepasste Eichen und Kiefern viel zu jung absterben.

Seit Beginn der 1980er-Jahre wird der Zustand unserer Wälder mit deutscher Gründlichkeit erhoben und vermessen, und gerade die Jahre 2018 bis 2020 lassen eine deutliche Zunahme an Schädigungen erkennen, zunächst sind das teils massive Nadel- und Blattverluste, die langsam vertrocknende Bäume nun einmal aufweisen. Um eine langfristige Vergleichbarkeit zu erreichen, werden seit Beginn der Erfassung in regelmäßigen Abständen die gleichen Punkte in einem Wald aufgesucht. Dabei hat man sich auf ein Raster von 8 mal 8 Kilometer geeinigt, und in jedem der Felder wird der Zustand von 24 Baumkronen beurteilt. Dafür bemisst man die Belaubung der Krone in 5-Prozent-Stufen: zwischen 0 Prozent Blatt- bzw. Nadelverlust bei einem kerngesunden Baum und 100 Prozent Verlust bei einem Baum, der abgestorben ist. Parallel zu dieser sogenannten Terrestrischen Waldschadenserhebung, bei der man mit Karte und GPS-Empfänger durch die Wälder zieht, werden an den Punkten in größeren zeitlichen Abständen Bodenuntersuchungen vorgenommen und die gewonnenen Daten mit den Ergebnissen aus Untersuchungen speziell ausgewiesener Versuchsflächen abgeglichen.*

* Weitere Informationen dazu im »Waldbericht 2021« des Bundesministeriums für Ernährung und Landwirtschaft (BMEL), in dem die Jahre 2017–2021 erfasst sind.

Doch bei aller Präzision enthalten die amtlichen Statistiken durchaus Möglichkeiten zur Fehlinterpretation, und erst der nähere Blick in die Untersuchungen der einzelnen Bundesländer kann helfen, den wahren Zustand der Wälder zu erfassen. Hier sind Aufbereitung und Darstellung häufig klarer und mit mehr Informationen unterlegt. Ganz besonders tragisch sind die Fehlinterpretationen, die aufgrund des Sterbens eines Baumes entstehen können. Denn beispielsweise wird eine Fichte so lange mitgezählt, wie sie noch Feinreisig in der Krone enthält – mit oder ohne Nadeln. Ist sie ohne Nadeln und damit abgestorben und hat sich womöglich eine jüngere Fichte in direkter Nachbarschaft entwickelt, die in der Statistik bisher noch nicht aufgetaucht ist, kann es leicht passieren, dass nun diese anstelle der vorherigen erfasst wird. Da junge Bäume deutlich gesünder sind als ihre älteren Artgenossen, entsteht nun der Eindruck, die Fichte habe sich sprunghaft von allen Gebrechen erholt. Das Gegenteil ist der Fall. Auf weiten Flächen hat sich der Bestand an Fichten auf diese Weise einfach statistisch verjüngt und wirkt daher gesünder, als er in Wirklichkeit ist.

Eine ähnliche Fehlerquelle ist den unregelmäßig auftretenden Mastjahren der Buchen und Eichen zuzuschreiben. So führen diese Jahre, in denen gerade die Laubbäume kräftig blühen und Samen – man spricht dabei von Mast – produzieren, regelmäßig zu falsch negativen Ergebnissen, da die Bäume ihre Kraft in die Produktion von Samen investieren und die Belaubung dadurch schon mal lichter als normal wirkt. Das Entlaubungsprozent steigt also in einem Mastjahr. Im darauffolgenden Jahr, wenn sich die Belaubung wieder erholt hat, dürfen Politiker eine wundersame Erholung der Wälder feiern. Allerdings ganz ohne menschliches Zutun.

Gut messbar hingegen ist das flächenbezogene Ausmaß des Waldverlustes: Die Satelliten Sentinel-2 und Landsat-8 haben die deutschen Wälder genau vermessen, und im Jahr 2021 vermeldete das Deutsche Zentrum für Luft- und Raumfahrt (DLR), dass im Zeitraum zwischen Januar 2018 und April 2021 501 000 Hektar Wald geschädigt wurden. Ganze 5 Prozent der gesamten Waldfläche Deutschlands müssen für diesen Zeitraum als verloren angesehen werden.

Die Daten für das Jahr 2022 liegen noch nicht vor, aber rasch wird eine Fläche von der Größe des Saarlandes wieder aufzuforsten sein. Das kleinste Flächenbundesland wäre dann abgestorben und muss wiederbewaldet werden. So kann man sich die Dimensionen gut vor Augen führen.

Und auch die Ursachen sind in Zahlen zu erfassen. Da sind vor allem die Hitze und Trockenheit dieser Jahre: Das wärmste Jahr seit Aufzeichnung der Daten ab 1881 war bisher das Jahr 2014 gewesen. Doch 2018 stellte mit einer Mitteltemperatur von 10,5 Grad Celsius einen neuen Rekord auf. Sechs Monate dieses Jahres überstiegen ihre bisherigen Mittelwerte um 3 Grad, und das bei nur 71,6 Prozent des mittleren Niederschlagswertes.* Und wie zum Ende eines jeden Jahres hofft man zum Jahreswechsel, dass doch bitte das nächste irgendwie besser werden würde. Doch obwohl das Jahr 2022 noch nicht vorüber ist, so lässt sich vermuten, dass auch dieses Jahr wieder einen Platz in der Spitzengruppe der Statistik einnehmen wird.

Sowohl wir Forstleute als auch die Landwirtinnen und Landwirte wurden 2019, 2020 und 2022 Jahr um Jahr aufs Neue enttäuscht – für die Wälder waren sie eine Katastrophe. Besserung stellte sich nicht ein, im Gegenteil: Das Jahr 2020 erzielte den zweiten Platz unter den wärmsten Jahren, gleich hinter 2018! Der bisherige Rekord von 2014 war innerhalb kurzer Zeit auf Platz 3 abgerutscht, und mit dem Jahr 2022 wird sich die Hitliste erneut erschreckend verändern. Auch die Niederschläge konnten die Defizite der Trockenjahre nicht ausgleichen, da die Werte ebenfalls unterdurchschnittlich ausfielen.

Die Folge waren neben den großflächigen Absterbeprozessen vor allem eine Massenvermehrung verschiedener Käfer, die den geschwächten Bäumen den Garaus machten. Denn neben der abgestorbenen Waldfläche als Gradmesser für die Wald-

* Präzise und stets aktuelle Daten zu Temperatur- und Niederschlagsentwicklungen findet man beim Deutschen Wetterdienst (DWD).

schäden kann man eine weitere Zahl gut erfassen: In den Jahren 2019 und 2020 sind in Deutschland 171 Millionen Kubikmeter Holz aufgrund Krankheiten und Insektenbefalls infolge der Trockenheit, aber auch durch die Trockenheit selbst eingeschlagen worden, wie das BMEL erfasst hat. Das ist eine größere Holzmenge, als wir in einem ganzen Jahr verbrauchen. Das hört sich harmlos an, ist es aber nicht. Der Jahresverbrauch liegt in etwa bei 127 Millionen Kubikmetern über alle Arten und Holzsorten hinweg. Und das in ganz Deutschland. Die Menge an abgestorbenem Holz entspringt im Wesentlichen einem zentralen Bereich zwischen Rhein und Harz. Und überwiegend handelt es sich dabei um Fichtenholz.

Aber es geht noch weiter: Meine Mitarbeiter und ich beobachten auch eine Veränderung im Verhalten gerade von Insekten, die wir schon lange kennen. Die Borkenkäferarten, die bislang nur von der Fichte lebten, halten Ausschau nach Nahrung in noch ungefährdeten Baumarten wie der Douglasie und der Lärche. Weitere Käfer wie der Kleine Buchenborkenkäfer befallen gemeinsam mit einer ganz anderen Art, dem Buchenprachtkäfer, stehende Buchen, die durch die Trockenheit geschwächt sind. Diese Arten lebten bislang überwiegend in abgebrochenen Ästen und umgestürzten Bäumen. Einen – wir nennen es primären – Befall kannten wir durch diese Insekten nicht. Und im Grunde ist der Befall auch nicht primär, sondern er erfolgt im zweiten Schritt. Der erste waren Hitze und Trockenheit.

KLIMAPROJEKTIONEN: WELCHEM PFAD FOLGEN WIR?

Es ist für uns Forstleute nichts Ungewöhnliches, den Blick 200 Jahre zurück zu werfen, wenn wir es mit einer starken Eiche oder Weißtanne zu tun haben. Folglich ist es nur konsequent und logisch, den gleichen Zeitraum in der Zukunft in den Blick zu nehmen, wenn wir über langfristige Nachhaltigkeit sprechen. Sie sehen: Es bleibt uns gar nichts anderes übrig, als die Erkenntnisse der Klimaforschung ernst zu nehmen.

Dazu müssen wir uns mit sogenannten Klimaprojektionen beschäftigen und uns ganz konkret folgende Frage stellen: »Wie verändert sich das Klima in unserer Region denn nun?« Die führenden Forschenden der dazu erforderlichen Fachdisziplinen tragen ihre Erkenntnisse im Intergovernmental Panel on Climate Change (IPCC) zusammen. In mehreren Veröffentlichungen der letzten Jahre wurde deutlich, auf welch breiten wissenschaftlichen Schultern die Erkenntnisse und Projektionen des IPCC ruhen, deshalb sollten wir uns in meinen Augen einfach mal darauf verlassen und seine Ergebnisse als Basis unserer Überlegungen zur Umgestaltung des Waldes nehmen.

Hierbei gilt es, die Entschlossenheit der Menschheit beim Kampf gegen den Klimawandel einzuschätzen. Das IPCC hat nämlich mehrere Projektionsmodelle für die nächsten 80 Jahre entworfen, die sich in der Frage des Strahlungsantriebs in Watt pro Quadratmeter (W/m^2) unterscheiden. Der Strahlungsantrieb beschreibt im Grunde genommen die Wirkung der Energie aus dem Weltall auf die Erdoberfläche. Das klingt jetzt recht kompliziert, ist es aber nicht: Je mehr von der eingestrahlten Wärmeenergie innerhalb der Atmosphäre durch Treibhausgase wieder zurück auf die Erdoberfläche reflektiert wird, desto höher ist der Strahlungsantrieb, eben der Wert W/m^2. Der wiederum liegt dem repräsentativen Konzentrationspfad RCP zugrunde, der die Szenarien verschiedener Treibhausgaskonzentrationen in der Atmosphäre erfasst. Wir können uns nun also entscheiden, ob wir der Menschheit zutrauen, so entschlossen gegen die Veränderung des Klimas vorzugehen, dass der Strahlungsantrieb auf 2,6 W/m^2 begrenzt bleibt (RCP2.6), oder aber wir gehen davon aus, dass sich im Grunde nichts ändert, und orientieren uns an einem RCP8.5-Szenario, dem »Weiter-so-Szenario«.

Für beide Szenarien liegen sogar schon recht detaillierte Daten vor, die wir bei der Steuerung in den Wäldern nicht außer Acht lassen dürfen. In beiden Fällen nimmt die Jahresmitteltemperatur zu – für das Bundesland Hessen zum Beispiel im

RCP2.6-Szenario um 1,1 Grad, bei einem RCP8.5 um 3,9 Grad. Die Jahresmitteltemperatur allein kann aber nicht der entscheidende Parameter sein, sondern es geht auch um die in den letzten Jahren festgestellte Verschärfung der Extreme. So wird die Anzahl der Hitzetage nach dem »Weiter-so-Modell« RCP8.5 um satte 21 Tage zunehmen.

Das wird für die Wälder insbesondere dann richtig schwierig, wenn wir gleichzeitig davon ausgehen müssen, dass sich die Niederschlagsmenge im Gesamtjahr voraussichtlich zwar kaum ändert, jedoch im Sommer mit einem Niederschlagsminus von mehr als 12 Prozent zu rechnen ist. Dann kann es sein, dass der prognostiziert deutlich ansteigende Winterniederschlag am Ende sogar mehr Probleme mit sich bringt, als man sich heute vorstellen kann.

Schließlich sind Böden, die im Sommer unter einer längeren Trockenheit gelitten haben, oft nicht in der Lage, einen plötzlichen Starkregen aufzunehmen. Im Gegenteil: Starkregen, der auf einen betonharten, ausgedörrten Boden fällt, läuft oberflächig ab, überfordert Gräben, Bäche und Kanäle. Gewaltige Schäden können die Folge sein.

Auch sommerlicher Starkregen kann ganze Landstriche in unermessliches Leid stürzen, wie wir es 2021 in nur einigen Kilometern Entfernung von meinem Revier beobachten mussten. Im Ahrtal war ein Niederschlagsereignis über einen Landstrich hereingebrochen, das nicht bewältigt werden konnte. Tote, Verletzte und zerstörte Existenzen, der Verlust von Kulturgütern, von Infrastruktur und Versorgungsleitungen war die Folge. Trotz einer enormen Hilfsbereitschaft sind die riesigen Schäden noch lange nicht behoben, und viele Bewohner des Ahrtals haben das Gefühl der Geborgenheit in ihrer heimatlichen Umgebung verloren.

Meteorologen warnen schon geraume Zeit davor, dass solche Ereignisse an Häufigkeit und Heftigkeit in Deutschland zunehmen werden. Und auch in unserer Region, in der westlichen Mitte Deutschlands in unmittelbarer Nähe zum Rhein, ist in den letzten Jahren eine Temperaturabweichung im Vergleich zum langjährigen Mittel von 1 bis 3 Grad nach oben zu verzeichnen gewesen, auch hier bei einer gleichzeitig deutlichen Verringerung der Niederschläge – in manchen Jahren bis zu 30 Prozent! Halten wir also fest: Wenn die Klimaveränderungen dem »Weiter-so-Szenario« folgen, werden eine Forstwirtschaft oder ein Waldbau der Methode »Weiter so« in Mitteleuropa in Zukunft nur schwer möglich sein.

Wir müssen uns an den Klimawandel anpassen, und dieser Lernprozess wird anstrengend. Die wenigsten von uns reagieren sofort angemessen, wenn ihnen der Hausarzt freundlich die Hand auf die Schulter legt und ihnen nahezubringen versucht, in Zukunft weniger Schokolade zu futtern oder das Feierabendbier nur noch jeden dritten Tag zu trinken. »Es wird alles nicht so heiß gegessen, wie es gekocht wird«, kommt dann häufig als Reaktion. Obwohl der Ratschlag des Mediziners auf messbare Daten wie dem Cholesterinspiegel oder dem Zuckerwert basiert, gehen wir davon aus, die Sache sei irgendwie verhandelbar.

Bei eindeutig als technischen Vorgang zu beschreibenden Prozessen vertrauen wir hingegen auf die Ergebnisse der Wissenschaft. Der Ingenieur, der an der Konstruktion eines Verkehrsflugzeugs beteiligt war, wird schon richtig gerechnet und die gewonnenen Daten korrekt bewertet haben. Wir steigen ins Flugzeug und legen unser Schicksal in die Hände einiger Konstrukteure, die uns persönlich nicht im Geringsten so nahestehen wie unser Arzt oder unsere Ärztin. Viele Patientinnen und Patienten beginnen nach einer ungünstigen Diagnose die gemachten Empfehlungen selbstständig neu zu bewerten. Diese Freiheit will ich niemandem nehmen, jedoch käme kein Mensch auf die Idee, die Statik einer Autobahnbrücke ohne Fachkenntnisse neu zu interpretieren oder gar das gewählte Verkehrsflugzeug umzugestalten.

Auch beim Thema klimatische Veränderungen werden häufig die gewonnenen Daten nach eigenem Geschmack bewertet. Wie einfach wäre es doch, wenn die zu beobachtenden Horrorszenarien hektarweise absterbender Wälder irgendeine andere Ursache hätten als den Klimawandel!

Sicher kennen Sie das Bild vom Pfeifen im Keller, mit dem wir eine Gefahr, die wir in einer dunklen Ecke vermuten, vertreiben. Dieses Verfahren funktioniert jedoch nur dann zuverlässig, wenn in der finsteren Ecke tatsächlich nur eine eingebildete Gefahr lauert. Nicht auszudenken, was geschieht, wenn die Gefahr real ist! Dann nutzt das Pfeifen oder Trällern unabhängig von Melodie und Lautstärke nur wenig. Im Zweifel schlägt die Gefahr zu.

Es ist mir manchmal unverständlich, warum wir uns beim Klimawandel so gern zum Pfeifen im Keller hinreißen lassen, anstatt einfach das Licht anzumachen. Die Wissenschaft in Form von Physikern, Chemikern, Biologen und Meteorologen ist sich zu 99 Prozent über Hintergründe und Auswirkungen des Klimawandels einig. Unbestechlich haben die Forschenden das Licht im Keller angeknipst, und wir sehen uns der Gefahr gegenüber. Wir könnten handeln, stattdessen hofft man, es gehe schon irgendwie vorüber. Zu bedrohlich ist uns allen die Vorstellung, dass man mit Naturwissenschaften nicht verhandeln kann.

Wir müssen aktiv werden, und wir können nur hoffen, dass wir noch schnell genug Fortschritte machen, um das Erreichen verschiedener Kipppunkte, die die Wissenschaft sehr eindeutig definiert hat, noch zu vermeiden. Die Dramatik ist seit Langem bekannt.

Welchem Klima werden die Wälder, die wir heute pflanzen, im Jahr 2100 ausgesetzt sein? Diese Spanne von nicht einmal 80 Jahren betrachten wir Förster und Försterinnen immerhin als eher mittelfristigen Zeitrahmen. Das Umweltbundesamt geht bis zum Jahr 2100 von einem mittleren globalen Temperaturanstieg zwischen 1,6 und 4,7 Grad Celsius gegenüber dem Zeitraum von 1850 bis 1900 aus. Der Temperaturanstieg »erfolgt mit einer Schnelligkeit, wie sie in den letzten 10 000 Jahren nicht vorkam«, so eine offizielle Mitteilung des Amtes vom

November 2014.* Und jüngste Ergebnisse bestätigen, dass die durchschnittliche Jahrestemperatur in Deutschland 2021 bereits um 1,6 Grad höher ausfällt als 1881.

Uns stellen sich damit viele Fragen: Wie muss der Wald aussehen, damit er den Veränderungen standhält? Wie können wir ihn auf dieses Ziel hin entwickeln, welche Bäume sind geeignet? Und schließlich: Kann ein Wald überhaupt so stabil gebaut werden, dass er in Zukunft besteht?

Der Wald in Deutschland gehört dem Bund (3,5 Prozent der Fläche), den Ländern (29 Prozent), Kommunen (19,5 Prozent) und zahlreichen Privatleuten (48 Prozent). Die Betreuung und Bewirtschaftung dieser Wälder liegt in den Händen ausgebildeter Forstleute, die das Ergebnis ihrer Arbeit den Eigentümern dieser Flächen jährlich zu präsentieren haben.

Die Zielsetzung der Bewirtschaftung der jeweiligen Wälder wird durch den Eigentümer festgelegt. Dabei werden die Waldbesitzenden von betriebsunabhängigen Forstplanern und Forstplanerinnen beraten, außerdem schränken die Waldgesetze manches Vorhaben ein. Die Richtung, in die sich ein Wald entwickelt, aber wird vom Eigentümer bestimmt. Dem einen geht es um den raschen betriebswirtschaftlichen Erfolg, der andere setzt einen eher ökologischen Schwerpunkt. Mit den klimatischen Veränderungen umgehen müssen sie alle. Und damit kommen wir zu meinen eigenen Erfahrungen mit dem Klimawandel und meinen Bemühungen um den Wald zurück. Wir beginnen mit einer Spurensuche.

* https://www.umweltbundesamt.de/themen/klima-energie/klimawandel/zu-erwartende-klimaaenderungen-bis-2100; zu den Ergebnissen von 2021: https://www.umweltbundesamt.de/presse/pressemitteilungen/neue-analyse-zeigt-risiken-der-erderhitzung-fuer, beide abgerufen am 07.11.2022.

2

SPURENSUCHE

Viele von Ihnen werden das Gefühl kennen, das einen beschleicht, wenn der Sohn aus der Schule kommt und man weiß, dass er heute eine Mathearbeit zurückerhalten hat. Lange hat er dafür gelernt, am Tag der Klassenarbeit hat man alle Daumen gedrückt, und nun schaut man aus dem Fenster und versucht an seinem Verhalten, seinem Blick zu ergründen, wie seine Stimmungslage ist. Hoffentlich ist die Sache gut gegangen!

In genau dieser Gefühlslage bin ich in den letzten Jahren nach jedem Sturm losgezogen, um meine Fichtenflächen zu kontrollieren. Vielleicht täusche ich mich, aber meinem Eindruck nach sind Stürme in der Nacht immer stärker als am Tag. Jedenfalls habe ich mich nachts oft genug unruhig im Bett gewälzt, die Fensterläden klappern gehört und bin erst eingeschlafen, wenn der Sturm nachgelassen hat.

Am nächsten Morgen ging es dann meist Schlag auf Schlag: hier ein Baum auf der Straße, dort ein Weg gesperrt und jede Menge zu tun, das Alltägliche in Gang zu setzen, die Forstwirte einzuteilen oder Traktoren zu organisieren. Und irgendwann fand sich dann auch endlich die Zeit, nach den Fichtenflächen zu schauen, wo sich eine vorläufige Sturmschadensbilanz am besten ziehen lässt.

Alle in einem Revier verantwortlichen Forstleute haben wohl ihre feste Runde, die sie an solch einem Morgen abfahren oder ablaufen, um sich einen Überblick zu verschaffen. Da trifft man dann auf Flächen, die den Sturm unbeschadet überstanden haben, an anderen Stellen hingegen scheint die Sonne von einem friedlich blauen Himmel deutlich stärker als am Vortag. Genau dann nämlich, wenn man um eine Kuppe biegt oder hinter einen dichten Jungbestand blickt und feststellt, dass sich die Fichten, die gestern hier noch Schatten warfen, über Nacht in ein gewaltiges Mikadospiel verwandelt haben. Alle Pläne und Überlegungen, wie man mit dieser Waldfläche in den nächsten Jahren umgehen wollte, womöglich um einen sukzessiven Übergang zu einem gemischteren Wald zu bewerkstelligen, sind in diesem Augenblick zunichte.

Und während man die Kontrollfahrt fortsetzt, in das eine Tal oder über die andere Kuppe schaut, beginnt bereits der nächste Gedanke ein Eigenleben zu entfalten: Wie und mit welchen Kräften können wir dieses Mikado aufräumen? Wanderwege freilegen, Holzkapital für den Waldbesitzenden retten, und über allem steht die Sorge, wie man den Wald in Zukunft besser gegen solche Schäden wappnen kann.

Seit dem Beginn der enormen Dürre 2018 begebe ich mich regelmäßig auf solche Kontrollfahrten durch mein Revier, um jüngste Schäden und neue Borkenkäferbefallsherde möglichst früh aufzuspüren. 2019 stellte man eigens Taskforces aus Mitarbeitenden der Landesforstverwaltung zusammen, die von anderen Aufgaben abgezogen und von Stabsstellen versetzt wurden, um uns im Außendienst bei der Waldkontrolle zu unterstützen. Gemeinsam untersuchen wir den Bestand auf Anzeichen von Käferbefall wie Bohrmehl auf der Borke oder rote Nadeln in der Baumkrone. Die Buchdrucker und Kupferstecher – so lauten die Namen der häufigsten Fichtenborkenkäfer – werfen das Holz- und Rindenmehl, das beim Einbohren in den stehenden Stamm anfällt, nämlich einfach aus den Löchern in der Borke heraus. Das Mehl rieselt herunter und sammelt sich in den Schuppen der Borke im unteren Stammbereich oder in Spinnennetzen, die zwischen den Grashalmen oder Brombeerranken unter dem Baum gespannt sind. Findet man nun dieses Mehl, das aussieht wie Kaffeesatz, kann man sicher sein: Dieser Baum wird in den nächsten Wochen absterben.

Manchmal geht es schnell, und die Kronen der Fichten werden rasch rot. Aber wenn sich der Käfer erst im Spätsommer über den Baum hermacht, sind seine Nadeln unter Umständen noch lange grün, während im Bereich direkt unter seiner Krone bereits die Borke in großen Fetzen vom Stamm fällt. So sehen Fichtenwälder für einen eilig vorüberziehenden Spaziergänger manchmal noch kerngesund aus, obwohl ihr Ende schon besiegelt ist.

Finden wir solche Befallsspuren, gilt es, umgehend zu reagieren, in der Hoffnung, den Bestand noch irgendwie retten zu können. Einzelne Bäume oder kleine Gruppen werden gefällt und rasch verkauft. Dann treten die in der Borke festsitzenden Käfer und ihre Eier oder Larven die Fahrt ins Sägewerk an und finden auf dem Haufen abgeschälter Rinde ihr unrühmliches Ende.

Meine Kollegen und ich haben die letzten Jahre immer in der Hoffnung gelebt, den Rest einer Waldfläche auf diese Weise retten zu können. Doch wir waren gegenüber der Gewalt und dem Ausmaß der Katastrophe schier machtlos. Der langsame Absterbeprozess der Fichten wird vermutlich so lange weitergehen, bis die letzte Fichte vertrocknet am Waldweg liegt. Und so komme ich immer wieder in Wälder, die selbst in trockenen Sommern noch etwas Feuchtigkeit im Boden gefunden, sich über Jahrzehnte prächtig entwickelt haben und an die sich meine letzte Hoffnung für die Fichten in meinem Revier klammern. Doch in den allermeisten Fällen bleibt mir nur ein Satz: »Jetzt also auch ihr!«

Ende 2022 werden wir die letzte Fichte in meinem Revier mit einem Alter von über 60 Jahren abgeschnitten haben. Und auch wenn man jubeln könnte, dass eine ökologisch problematische Baumart die Bühne verlässt, versetzt mich diese Feststellung in die Stimmung eines Sportlers, der nach Überqueren der Ziellinie zur Kenntnis nehmen muss, dass sein Training der letzten 30 Jahre nicht ausreichend war. Er hat das Rennen verloren und wird an der nächsten Olympiade nicht mehr teilnehmen können.

Ja, dieses Bild beschreibt die Stimmungslage vieler meiner Kollegen und Kolleginnen, die sich in den letzten Jahrzehnten bemüht haben, Vorkehrungen zu treffen, um den Wald durch die Zeit des Klimawandels zu führen, und doch oft zu spät kamen.

ABGESANG AUF EINE BAUMART

Es gibt Gründe, warum unsere Wälder Stürmen und Schädlingsbefall so wenig entgegenzusetzen haben. Und dabei ist der Dreh- und Angelpunkt in vielen Revieren der Fichtenanbau. Auch meine gesamte Berufszeit wird fast vollständig vom Leiden dieser Baumart dominiert, die so gar nicht zu den klimatischen und geologischen Bedingungen Mitteleuropas passen will und doch in vielen unserer Wälder vorherrschend ist. Schon lange war zu spüren, dass Fichtenreinbestände ein enormes Risiko in sich tragen, und viele meiner Forstkollegen waren sich bereits in den 1980er-Jahren sicher, dass die Anlage von Fichtenmonokulturen nicht der richtige Weg in der Waldentwicklung sein kann. Doch erst mussten Stürme die Wälder und vor allem die Fichte in Schwierigkeiten bringen, bevor ein breiteres Umdenken einsetzte.

Am 23. und 24. November 1984 zog ein Orkantief mit dem außergewöhnlichen Namen Yra über meine oberhessische Heimat hinweg, und die Kombination aus Windstärke 12 und starken Regenfällen sorgte für die ersten Flächenwürfe, die ich bewusst wahrnahm. Fichten waren in großen zusammenhängenden Bereichen umgeknickt wie Streichhölzer oder mitsamt der Wurzel aus dem Boden gerissen worden.

Schnell kamen alle Entscheidungsträger überein: Dies war

ein Jahrhundertereignis! Denn dass ein Starkregen zu einem Jahrhunderthochwasser der Lahn, die in Nordrhein-Westfalen entspringt und 245 Kilometer weiter in den Rhein mündet, geführt und am Tag darauf noch ein Jahrhundertsturm die Fichten aus dem aufgeweichten Boden gerissen hatte, war außergewöhnlich. Es wurden technische Lösungen zur raschen Beseitigung der Schäden entwickelt und vor allem die Nasslagerung von Holz, das in rauen Mengen angefallen war, perfektioniert.

Doch das Ereignis regte auch zum Nachdenken an, denn nicht ohne Grund luden Forstamtsleiter zu Vorträgen über Waldentwicklung ein und Organisationen wie die Schutzgemeinschaft Deutscher Wald erhielten verstärkt Aufmerksamkeit und Zulauf. Irgendetwas veränderte sich. So nahmen es zumindest die im Wald tätigen Forstleute wahr. Aber hatten wir es wirklich mit einem Jahrhundertereignis zu tun?

In den darauffolgenden Jahren wurde der Begriff noch einige Male gebraucht, ja, er kam nahezu inflationär zum Einsatz. Doch wie lange oder besser gesagt wie kurz ein Jahrhundert dauern konnte, wurde uns bereits sechs Jahre später sehr deutlich vor Augen geführt. Im Winter 1989/90 hämmerten insgesamt acht Stürme in kurzer Folge auf Deutschlands Wälder ein, und die beiden letzten, Vivian und Wiebke, richteten ein wahres Werk der Zerstörung an. Vivian, einer der teuersten Winterstürme des 20. Jahrhunderts, erreichte neben enormen Schäden auch die Absage etlicher Rosenmontagszüge und erzielte Spitzenböen von 148 Stundenkilometern. In ganz Europa fielen ihm 64 Menschenleben zum Opfer, davon allein 15 in Deutschland.

Kurz darauf fegte der Sturm Wiebke mit über 150 Stundenkilometern über Rheinland-Pfalz hinweg und beendete eine fast einmonatige Sturmserie, die für die Jahreszeit außergewöhnlich warme Luft nach Mitteleuropa gebracht hatte.

Zu den heftigen Windböen kamen starke Regenfälle, die den Boden aufgeweicht und Bäumen den Halt genommen hatten. Die Folge waren gigantische Schäden in den durch Fichten geprägten Wäldern Südwestdeutschlands. Man geht heute von 60 bis 70 Millionen Festmetern Holz aus, die durch umgestürzte Bäume in Deutschland anfielen. Das entspricht in etwa dem doppelten Jahreseinschlag, der damals planmäßig realisiert wurde.

Genau in jenen Jahren begann ich meine Ausbildung. Zu einer Zeit also, in der der Abgesang auf die Fichte eingeläutet wurde und die Analyse der bisher gemachten Fehler im Wald einsetzte. Um die Wucht der Schäden und die Diskussion über die Gründe, die nun innerhalb der Forstwirtschaft aufbrach, zu verstehen, ist ein Blick in die Geschichte der Fichte in deutschen Wäldern unausweichlich.

WÄLDER AUF DER REISE

Dass wir heute in Mitteleuropa umfangreiche Fichtenbestände haben, geht in erster Linie auf uns selbst zurück. Ohne menschliches Zutun wäre die Fichte in unseren Wäldern wohl kaum vertreten, wie spätestens seit den Debatten um die enormen Trockenschäden in den letzten Jahren allgemein bekannt ist. Doch woher können wir so genaue Aussagen über die Beheimatung der Fichte und die einst vorhandene Baumartenzusammensetzung im deutschen Wald überhaupt treffen? Dabei hilft der Blick in die Geschichte.

Wir Forstleute beziehen unsere Hinweise auf eine ursprüngliche, natürliche Waldzusammensetzung sowohl aus Untersuchungen der Pollenhäufigkeit verschiedener Arten in Mooren als auch aus Darstellungen römischer Offiziere und Naturforscher, die bei ihren Einsätzen im »freien Germanien« von schrecklich dunklen Wäldern und schwer zu durchdringenden Sumpfgebieten berichten.

In unmittelbarer Nähe zum obergermanisch-rätischen Limes lebend, sind für mich zum Beispiel die Ausführungen von Plinius dem Älteren aufschlussreich. Dieser römische Naturforscher bereiste um 50 n. Chr. den Mittel- und Oberrhein und legte mit seiner *Naturae historiarum* im Jahr 77 eine erste Enzyklopädie in lateinischer Sprache vor. Ein Band widmet sich botanischen Themen, und wir können noch heute auf seine Beschreibungen zurückgreifen, da das Werk vollständig erhalten ist. Die Fichte jedenfalls wird für unsere Region darin nicht beschrieben, und auch Pollenuntersuchungen weisen für die Zeit um Christi Geburt keine Fichten im Herzen des heutigen Deutschlands auf.

Stattdessen schreibt Plinius von dichten Buchenwäldern und diversen Eichenarten, die allerdings auf Sonderstandorte beschränkt zu sein schienen. Darauf lassen auch Berichte über die Varusschlacht aus dem Jahre 9 nach Christi Geburt schließen, in der die Römer von den Cheruskern vernichtend geschlagen wurden. Nur selten ist darin die Rede von Eichen, die den Cheruskern als Hinterhalt dienten. Buchenwälder hingegen boten den wilden Gesellen reichlich Schutz und Deckung.

Bei der Betrachtung von Möglichkeiten, einen zukünftig stabilen Wald aufzubauen, mag es durchaus sinnvoll sein, zu überlegen, wie ein ursprünglicher Baumbestand ausgesehen haben könnte. Wenn wir also den Versuch unternehmen, uns in eine Zeit vor jedem menschlichen Einfluss zurückzuversetzen, landen wir notgedrungen bei einem gedanklichen Experiment und der Frage: »Wie sähe unser Wald aus, wenn der Mensch nicht da wäre?« Vermutlich kämen wir zu einem Wald von gewaltigen Ausmaßen, der nahezu in ganz Deutschland ohne Fichten dastünde.

Um eine natürliche, vom Menschen unbeeinflusste Waldgesellschaft beschreiben zu können, ist es zudem nötig, einen Bezugszeitraum festzulegen. Schließlich unterliegen Wälder nicht zuletzt durch klimatische Veränderungen großen Umwälzungen. Deshalb hat man sich bei diesem Modellgedanken darauf geeinigt, einen Zeitraum zu wählen, der neben einer sehr geringen Beeinflussung durch den Menschen klimatische Eckdaten aufweist, die denen ähnlich sind, die wir im 20. Jahrhundert erlebt haben. Dass auch noch genügend Daten und Beschreibungen durch Zeitzeugen für diesen Zeitraum vorliegen, macht das Datum perfekt: Wenn wir also von einer vom Menschen unbeeinflussten Waldgesellschaft sprechen, dann beziehen wir uns auf den Wald im Jahr 0, also Christi Geburt.

Basierend auf dieser Festlegung landen wir früher oder später immer bei einem buchendominierten Laubwald – ebenjenem Wald, den Plinius beschrieben hat. In diesem Zusammenhang spielt auch die Idee vom Schlusswald eine wichtige Rolle, auf die wir noch ausführlicher zurückkommen werden. Der Schlusswald steht am Ende natürlich ablaufender Prozesse in der Entwicklung des Waldes, nachdem dieser viele Stadien der Sukzession, also der Selbstentwicklung, durchlaufen hat. Und dieser Schlusswald – davon geht man zumeist aus – wäre ohne menschliches Zutun eben ein buchendominierter Laubwald. Überließe man unsere Wälder also sich selbst – so die Idee –, würden sie sich nach und nach zu Buchenwäldern entwickeln.

Ob dieses gedankliche Experiment angesichts einer rasanten klimatischen Veränderung noch zeitgemäß ist, muss allerdings bezweifelt werden. Die Sukzession könnte wohl kaum mit der in dramatischem Tempo voranschreitenden Klimakatastrophe mithalten. Hinzu kommt, dass die Wiederbewaldung zunächst auf Flächen starten muss, auf denen über Jahrzehnte Fichten wuchsen, die ihrerseits zu Veränderungen der Böden führten, die das Entstehen neuer, naturnaher Wälder nicht unbedingt einfacher machen.

Zunächst bleibt aber festzuhalten: Das alles ist ein rein gedankliches Experiment, denn wir finden in Deutschland keinen einzigen Quadratmeter Wald, der innerhalb der letzten 2000 Jahre nicht vom Menschen mehr oder minder stark beeinflusst wurde. Überall hat der Mensch gerodet, wieder aufgeforstet, gestaltet, geplant, sich dann an vielen Stellen wieder zurückgezogen oder zumindest die Bewirtschaftung extensiviert. Doch unbeeinflusst blieb der Wald nie.

Wir haben es also, ob wir wollen oder nicht, bei unseren Baumbeständen mit Ersatzgesellschaften zu tun. Wäldern, die sich auf einer Reise befinden. Die Richtung dieser Reise ist jedoch oft noch sehr unbestimmt, und nicht immer sind die Wälder auf dem direkten Weg zu einer stabilen naturnahen Schlusswaldgesellschaft, sondern nehmen womöglich einen verhängnisvollen Umweg. Um das zu verstehen, müssen wir uns mit der Fichte und ihrer unglaublichen Karriere in Deutschland noch einmal genauer befassen.

WIE DIE FICHTE ZU UNS KAM

Die natürlichen Vorgaben für einen Wald und eine Baumart setzen sich aus den sogenannten Standorteigenschaften zusammen. Darunter versteht man die Versorgung mit Wasser und Nährstoffen im Boden ebenso wie die Durchschnittstemperatur, Extremtemperaturen oder auch die Windgeschwindigkeiten sowie die Dauer der Wachstumsperiode im Jahr. Für jeden Standort, jede Kombination von Standorteigenschaften empfiehlt sich eine bestimmte Baumart gewissermaßen als Musterlösung. Dies wäre in Mitteleuropa, wie wir es nicht zuletzt von Plinius gelernt haben, die Buche.

Die Fichte muss also an anderer Stelle eine Musterlösung sein. Da man in Schweden in der Provinz Dalarna eine Fichte gefunden hat, die darauf schließen lässt, dass sie über 9500 Jahre alt ist, scheint die Baumart dort wohl richtig am Platz zu sein. Die Fichte mag es offensichtlich kühl, wohingegen die von ihr lebenden Insekten – zum Beispiel die verschiedenen Borkenkäferarten – durch kühle Temperaturen und eine kurze Vegetationsphase in ihrer Entwicklung und Ausbreitung gebremst werden. Solche Gegebenheiten gehen in Europa oft mit hohen Jahresniederschlägen einher, und es ist daher kaum verwunderlich, dass eine Baumart, die in kühlen Landschaften mit hohen Jahresniederschlägen gut gedeiht, keine besonderen Fähigkeiten bei der Bewältigung von extremen Trockenjahren entwickelt hat.

Und tatsächlich können Fichten, wenn sie entweder in nordischen Gebieten oder aber in höheren Mittelgebirgsregionen im mittleren und östlichen Europa wachsen, beeindruckende Exemplare hervorbringen. Im Norden werden sie bisweilen uralt, andernorts wachsen sie zu riesigen, geraden und imponierenden Baumgiganten heran, wie in den Alpen oder dem Schwarzwald zu bestaunen ist. Fichten kommen unter widrigen Bedingungen mit langen Schneephasen auf Permafrost und Moorböden gut zurecht, so wie in Schweden, Finnland oder Karelien, erreichen dort jedoch infolge der kurzen Vegetationsphase nie solche Wuchshöhen, wie wir sie im vergleichsweise warmen Mitteleuropa in den letzten Jahrzehnten gesehen haben.

Dabei ist die Ausbildung eines flachen Tellerwurzelsystems, das bei Bäumen, die nach einem starken Sturm umgestürzt sind, beeindruckend zum Himmel ragt, nicht unbedingt immer ausgemachte Sache. Fichten können durchaus ein Wurzelwerk mit tief in den Boden greifenden sogenannten Senkerwurzeln entwickeln. Doch das gelingt nur in lockeren und mit viel ziehendem Wasser beschenkten Böden. Böden, wie man sie zum Beispiel in den tiefen Schluchten der Alpen mit lockerem Gestein und gut gemischtem Bodensubstrat vorfindet. Hier fließt Wasser durch den Boden, ohne sich darin zu stauen. Stauende Nässe führt nämlich zu einer regelrecht blockierenden Bodenschicht mit Wasser, die für Fichtenwurzeln undurchdringbar ist.

Allerdings finden Wälder eher selten wünschenswerte Bedingungen hinsichtlich der Wasserversorgung vor. In weiten Teilen Deutschlands sind die Böden mangelhaft durchlüftet, was für einen Baum wie die Fichte langfristig schwer zu kompensieren ist. Und zu allem Überfluss verstärkt die Baumart die Probleme, die ein Boden für sie bereithält, oft auch noch selbst. Das tut sie über ihren Hang zur Versauerung des Oberbodens und den merkwürdigen Vorgang des Feststampfens einer wasserundurchlässigen Bodenschicht beim Schaukeln im Wind. Dabei setzt sich das Schwingen des Baumes im Wind bis in die Wurzeln fort. Während tiefer in die Böden greifende Wurzeln sich nur kaum merklich bewegen, kann man das Heben und Senken einer Fichten-Flachwurzel sehr deutlich spüren, wenn man beim Sturm darauf steht.

Diese Eigenschaften und Fähigkeiten haben in den ursprünglichen Herkunftsgebieten der Fichte durchaus eine Funktion, erweisen sich in zentralen Bereichen Deutschlands jedoch für den Baum als sehr problematisch. Es fragt sich also, warum diese Gegebenheiten nicht beachtet wurden, als die Fichte auf den ihr fremden Flächen in weiten Teilen Deutschlands von Forstleuten gepflanzt und gesät wurde. Warum hat man nicht auf die Jahresdurchschnittstemperatur und den Nährstoffgehalt im Boden geachtet, bevor man die Fichte in den Mittelgebirgslandschaften zwischen dem Saarland und Sachsen in Reih und Glied pflanzen ließ?

Dafür gibt es eine ganze Reihe von Gründen. Zum einen wurden viele Zusammenhänge, die uns heute so gelassen über die Lippen gehen, erst lange nach der Fichtenpflanzung erkannt. Ja, gerade der Sturm im Jahr 1990 hat nicht nur bereits erworbenes Wissen über die Eigenschaften der Fichte und der Böden nach oben gespült, sondern er hat der Forschungsarbeit auf diesem Gebiet tatsächlich erst den nötigen Rückenwind verliehen.

Zum anderen waren die technischen Eigenschaften des Fichtenholzes einerseits und die sich daraus ergebenden ökonomischen Möglichkeiten andererseits für Waldeigentümer zu allen Zeiten wertvoll. Besonders in den Gründerjahren um 1900 herrschte ein enormer Rohstoffbedarf, und viele ehemalige Waldflächen hatten sich im 17. und 18. Jahrhundert zu heruntergewirtschafteten Schafweiden entwickelt. Man brauchte eine Baumart zur Wiederbewaldung, die alle Schwierigkeiten einer Kahlfläche meistern konnte: kurzzeitige Hitze, lang anhaltende Kälte, Schnee, Nässe und im Zweifel auch mal Verbiss durch ein Schaf. Das alles kann die Fichte aushalten und dennoch im Anschluss daran ein vielfältig verwertbares Holz produzieren. Von einem ökologischen Idealzustand im heutigen

Sinn entfernten sich die Flächen durch die Pflanzung von Fichten im Reinbestand allerdings schon damals.

In den 30er-Jahren des letzten Jahrhunderts wurden die Nutzung und Anbauten in unseren Wäldern schließlich mit dem Ziel der autarken Rohstoffversorgung geradezu perfektioniert. Adolf Hitler wird der Satz zugeschrieben, dass »kein Quadratmeter deutschen Bodens unbebaut« bleiben dürfe, und so legten sich die Forstleute mächtig ins Zeug. Die billigen Arbeitskräfte des Reichsarbeitsdienstes bauten Waldwege, zogen Entwässerungsgräben um Flächen, auf denen es bislang auch der Fichte zu nass war, um sie für den Anbau mit genau dieser Baumart vorzubereiten. Wälder wurden mit Gliederungslinien durchzogen, und mit der Errichtung von Brücken und Verladerampen konnten Flächen, die bislang nur mühselig zu erreichen gewesen waren, nunmehr effizient bewirtschaftet werden.

Auf sehr nasse Wiesen, deren Gras kaum zu ernten gewesen war und in denen Kühe und Pferde bis zum Bauch im Morast versanken, pflanzte man zunächst Pappeln und später wiederum Fichten. Die Pappeln halfen dabei, die Fläche zu entwässern und so das Feld für die Fichte und ihr wertvolles Holz vorzubereiten. Das Holz der Pappeln wiederum wurde zu Zellstoff verarbeitet. Gerade der Anbau der Pappel zeigt deutlich, wie intensiv jede sich bietende Gelegenheit genutzt wurde, um Rohstoff für die inländische Versorgung zu produzieren. Und dieser Gedanke fand mit Kriegsende noch lange keinen Schlusspunkt. So wurde *Das Pappelbuch* im Auftrag des Deutschen Pappelvereins, herausgegeben von Herbert Hesmer aus dem Jahr 1951, welches zahlreiche Hinweise zum Anbau und der Bewirtschaftung dieser schnell wachsenden Baumart enthielt, vielsagender Weise von deutschen Zellstoffproduzenten und der Zündholzindustrie finanziert.

Ähnlich verhielt es sich mit der Nutzung der Kiefer, deren plantagenartiger Anbau vor allem in weiten Teilen Nordostdeutschlands bis heute vielerorts noch erkennbar ist – und immer wieder deutliche Kritik hervorruft. Nicht nur das Holz der Kiefer fand schon damals seine Kundschaft, sondern auch ihr Harz hatte größte Bedeutung für die Volkswirtschaft. In Deutschland wurde die Nutzung von Kiefernharz während des Ersten Weltkriegs schließlich optimiert.

Die Technik, Bäume anzuritzen, ihr Harz zu sammeln und weiterzuverarbeiten, war zwar in Europa schon sehr lange bekannt, jedoch führte erst die Blockade der Importe aus Übersee ins Deutsche Reich dazu, dass man die einheimischen Rohstoffe nutzen musste – bis dahin war deren Gewinnung schlichtweg zu kostspielig gewesen im Vergleich zur Einfuhr aus Amerika. Doch ab 1916 war der Rohstoff – aus Harz kann man Terpentinöl und Kolophonium gewinnen – nicht mehr verfügbar. An dieser Situation änderte sich zumindest auf dem Gebiet der ehemaligen DDR bis 1990 im Grunde genommen nichts. Ein Rohstoff, der im eigenen Land erzeugt werden konnte, kostete auf dem Weltmarkt keine Devisen, und so erreichte die Produktion von Baumharzen erst in der DDR ihren eigentlichen Höhepunkt.

Nach dem Zweiten Weltkrieg ging es erneut darum, riesige Waldflächen aufzuforsten. Die Völker Europas, die unter der deutschen Besatzung gelitten hatten, brauchten Waren und Güter, die ihre Schäden zumindest annähernd kompensieren konnten. Man entschied sich im Westen Deutschlands, die noch vorhandenen Industrieanlagen vor Ort zu belassen, und versuchte, durch Holz die Schäden in Belgien, Frankreich, Dänemark und anderen Ländern auszugleichen. Im Osten Deutschlands wanderte neben dem Holz auch manche Industrieanlage in Richtung UdSSR.

Die durch die »Reparationshiebe« entstandenen Kahlflächen wurden erneut mit Fichten und in manchen Regionen Deutschlands mit Kiefern aufgeforstet. Und dies geschah wieder aus den gleichen Gründen wie Jahrzehnte zuvor, denn erneut hatten es die Förster mit entwaldeten Flächen zu tun, auf die im Sommer die Sonne herunterbrannte und im Winter der Frost das Wasser gefrieren ließ. An die Beschaffung von ökologisch womöglich besser geeigneten Pflanzen wie Elsbeere und Eiche, aber auch selbst Buche, war oftmals nicht im Traum zu denken, schließlich gab es damals noch keine so anspruchsvoll arbeitenden Forstbaumschulen wie heute. Zudem war der Transport frischer Pflanzen meist nicht machbar, da die Transportlösungen fehlten. Jungpflanzen wurden oft direkt im Wald vorgezogen – eine Wissenschaft für sich. Und auch die Jagd zum Schutz der kleinen Bäume war den Forstleuten nach dem Krieg oft über längere Zeit nicht gestattet. So versuchten meine Kollegen vor mehr als 70 Jahren mit bescheidenen Mitteln eines zu erreichen: einen Wald zu gestalten, der den Bürgerinnen und Bürgern schnell Rohstoffe zur Verfügung stellte, damit sie sich ein Dach über dem Kopf errichten konnten und Papier für Zeitungen und Bücher zur Verfügung hatten.

Und der Bedarf war riesig, denn viele Städte in Europa waren kaputt gebombt, die Menschen fanden nur in Kellern oder Behelfsbehausungen Schutz und Obdach. Das Ausmaß der Zerstörungen am Wohnungsbestand in deutschen Städten wurde nach Kriegsende penibel erfasst und ist erschütternd: In Hamburg waren bis 1945 nahezu 300 000 Wohnungen zerstört, in Köln waren es mit 176 000 Wohnungen 69,4 Prozent des Vorkriegsbestandes. So führte es Arthur Dähn, ein damaliger Mitarbeiter der Hamburger Baubehörde, 1953 in dem Bericht *Hamburg und seine Bauten 1929–1953* aus, der vom Architekten- und Ingenieur-Verein Hamburg veröffentlicht wurde.

Die Forstleute jener Zeit hatten das drängende Problem, für viele Menschen schnell Wohnraum zu schaffen, also unmittelbar vor Augen. Und es waren nicht nur die großen Städte, in denen Wohnungen fehlten, sondern auch die kleinen Ortschaften und Gemeinden platzten förmlich aus allen Nähten, da Flüchtlinge einquartiert werden mussten. Benötigt wurde nicht nur starkes Bauholz, sondern auch Holz für Gerüste oder Leitern, und die jungen Fichtenwälder konnten schon recht bald Stangen für deren Herstellung liefern.

Der Bau von Wohnraum würde ein Projekt der nächsten Jahrzehnte werden, und der Rohstoff dazu musste aus den Wäldern kommen. Dass gerade die Bundesrepublik so bald wieder am internationalen Handel teilnehmen würde, konnte in den späten 40er-Jahren niemand erwarten. Es war damals weder denkbar, ein solches Massenprodukt wie Holz in der nötigen Menge in aller Welt einzukaufen, noch konnte sich ein Förster jener Zeit vorstellen, dass sich etwas so Gewaltiges wie das Klima jemals ändern würde.

Meinen Vorgängern galt das Klima als ein eher statischer Standortfaktor. Ja, es schien berechenbar und zuverlässig zu sein. Einzelne Ausreißer wie das Jahr 1947 mit Trockenheit und gutem Wein bestätigten im Grunde nur die Regelmäßigkeit, die all die Jahre davor und auch noch danach zu beobachten war. Denn sowohl die Niederschläge als auch die Temperaturen bewegten sich im Großen und Ganzen über lange Zeiträume immer im gleichen Rahmen. Veränderungen, wie wir sie in den letzten 20 Jahren erlebt haben und die die Rahmenbedingungen für das Wachstum der Fichte in Deutschland weiter verschlechterten, hätten die Vorstellungskraft der damaligen Kollegen restlos gesprengt.

WENN DER WALD ZUM ACKER WIRD

Doch es ist unredlich, die Forstleute nur als Spielball der Zeitläufte darzustellen. Nein, der großflächige Anbau von Fichten war ein süßes Gift für unsere Waldeigentümer und die Forstpartie Deutschlands. Wir Forstleute haben gelernt, dass man mit der Fichte gutes Geld verdienen kann. In der Zeit des Wirtschaftswunders, als der monetäre Erfolg von Firmen und der wachsende Wohlstand der Bürgerinnen und Bürger im Vordergrund standen, war die Rücksicht auf natürliche Abläufe und das Wohl der Umwelt zweitrangig. Es ging darum, den Wald profitabel zu bewirtschaften. Und so entstanden genau in jener Zeit viele der eintönigen Fichtenwälder, die heute vom Borkenkäfer zerfressen wie rote Mahnmale in die Landschaft ragen.

Aber seien wir ehrlich: Wäre ein naturschutzbegeisterter Förster damals mit dem Wunsch, einen bunten, laubholzbetonten Mischbestand anzulegen, bei den Mitgliedern eines Gemeinderates durchgedrungen? Hätte eine Landesforstverwaltung in den 60er-Jahren Mittel für ein groß angelegtes Naturschutzprogramm im Landeswald erhalten, wo doch der Finanzminister das Geld für den Straßenbau benötigte, da die Anzahl der Kraftfahrzeuge sprunghaft gestiegen war?

Die Forstpartie war von der Begeisterung ergriffen, schneller und immer effizienter Holz zu produzieren und bei verlässlich steigenden Preisen das zu erzeugen, was der Markt verlangte: Fichtenbauholz. Denn das Holz sollte gleichmäßig lang, gleichmäßig dick und möglichst astfrei sein. Wir dürfen hier im Grunde nicht mehr von Forstwirtschaft sprechen, denn damit setzte sich eine Entwicklung fort, die schon um 1900 begonnen hatte: die Verackerbaulichung des Waldes.

Die Reinertragslehre gab unter Zuhilfenahme des Normalwaldmodells den Takt vor. Ich erspare Ihnen die Erläuterung dieser Fachbegriffe. Jedoch dürfen Sie sich ruhig auf Ihren Eindruck verlassen, dass es sich hier um sehr schematische Gedankenmodelle handelt, die den Wald eher mathematisch-betriebswirtschaftlich als ökologisch-vielfältig beschreiben. In ihrer Begeisterung fürs technisch und chemisch Machbare reisten deutsche Forstleute rund um den Globus, um auch für schwierigste topografische Verhältnisse eine technische Lösung zu finden.

Und das ging über die Anlage von Fichtenreinbeständen noch hinaus. Gerade in der Nähe meines Reviers, an den Steilhängen zu Rhein und Mosel, suchte und fand man Mittel und Wege, betriebswirtschaftlich unrentable Eichen-Niederwälder in einen maschinenkonformen Forst zur Erzeugung von Nadelholz umzugestalten. Sicher, auch die Eichen-Niederwälder stehen für eine harte und intensive Form der Bewirtschaftung, was wir an anderer Stelle besprechen werden. Jedoch sollte die Maschinenbegeisterung ab Mitte der 60er-Jahre die Landschaft in eine vollkommen neue Dimension der forstlichen Nutzung führen. So erinnern uns noch heute die dunklen, rechtwinklig abgegrenzten Nadelholzblöcke in den teils steilen Hängen daran, dass hier der Mensch der Natur mal so richtig zeigen wollte, wo es langgeht.

Man hatte bei der Anlage dieser heute meist aus Douglasien bestehenden Forste zunächst die Aufgabe zu lösen, den vormaligen Waldbestand zu entfernen. Und dabei ging man alles andere als zimperlich vor. Schließlich erweist sich ein Wald, der überwiegend aus jungen Eichen und Hainbuchen besteht, durchaus als hartnäckiger Gegner. Will man ihn durch einfaches Fällen beseitigen, so treiben die Bäume immer wieder aus den Wurzelstöcken aus. Mit teils meterlangen Trieben können sie dann bereits im nächsten Jahr die gepflanzten kleinen Douglasien überwachsen.

Um dieser Entwicklung entgegenzutreten, hatten viele Forstleute keine Hemmungen, zur chemischen Keule zu greifen. Ein Herbizid wie das Produkt Tormona aus dem Hause Celamerck ist einigen älteren Forstleuten womöglich noch in Erinnerung. Das Präparat enthielt den Wirkstoff 2,4,5-Trichlorphenoxyessigsäure, kurz 2,4,5-T, und wurde für forstliche Zwecke als Arborizid, also als Baumvernichter, angeboten! Mit diesem Wirkstoff gelang nun also das Kunststück, eine Waldfläche voll umfänglich quasi auf null zu stellen. Der Boden lag frei und konnte mit einer in Reih und Glied stehenden Nadelholzkultur auf Produktionskurs gebracht werden.

Auf vielen Flächen wurden im Zuge dieser Neuausrichtung auch gleich Terrassenstrukturen angelegt, auf denen sich zukünftig die Traktoren für die Holzernte bewegen sollten. Genau diese Terrassen stellen heute ein beachtliches Problem dar, da man bei ihrer Anlage die damals modernste Technik im Auge hatte – Traktoren, die heute noch bei einschlägigen Oldtimertreffen zu finden sind, mit der Erntetechnik nach heutigen Vorstellungen jedoch nichts mehr zu tun haben.

Hinter dieser Geschichte der brutalsten Form von Forstwirtschaft, die mich immer wieder schaudern lässt, steckt aber ein noch viel erschütternderer Zusammenhang: Der Wirkstoff 2,4,5-T erreichte im Vietnamkrieg unter dem Produktnamen Agent Orange eine ganz besonders traurige Berühmtheit. In den Jahren zwischen 1962 und 1971 versprühte die U.S. Air Force 80 Millionen Liter dieses und ähnlicher Entlaubungsmittel, um die in den Wäldern versteckte Infrastruktur des kommunistischen Gegners aus der Luft entdecken zu können. 1971 war fast ein Viertel Vietnams entlaubt! Vermutlich durch Fehler bei der Produktion enthielten die eingesetzten Mittel auch einige Hundert Kilo Dioxin, ein langlebiges Nervengift, das zu Erbgutschädigungen in gewaltigem Ausmaß führte. Man muss davon ausgehen, dass Vietnam noch sehr lange mit den Folgen dieser flächigen Vergiftung zu kämpfen haben wird.

Die Herstellung des Wirkstoffs 2,4,5-T endete in Deutschland erst 1983, und die Zulassung für Präparate mit diesem Wirkstoff lief am 31. Oktober 1985 aus. So ist aus der Drucksache 11/3983 des Deutschen Bundestags vom 16. März 1989 zu erfahren. Leider sind keine verlässlichen Daten über die innerhalb Deutschlands verbrauchten Mengen des Wirkstoffs zu finden, da die einschlägigen Statistiken erst ab 1987 zu führen waren.

Aber wir müssen uns dieses Thema noch einmal sehr deutlich vor Augen führen: In deutschen Wäldern wurde bedenkenlos ein Mittel eingesetzt, das zur gleichen Zeit im Vietnamkrieg zur Vorbereitung von Artillerieschlägen gegen den Vietcong versprüht wurde. Der Aufschrei, den man sich heute unschwer ausmalen kann, blieb damals aus. Die Agro- und Forstchemie wurde in den 1960ern-, 70ern- und bis in die 80er-Jahre nahezu bedenkenlos eingesetzt – im Wald, in der Landwirtschaft und zur Verschönerung von Hausgärten.

VOM NORMSCHWEIN FICHTE

Jahrhundertelang ging es im Wald also vor allem darum, hohe finanzielle Erträge zu erwirtschaften. Noch 1987 wurde in den Waldbaurichtlinien des Landes Rheinland-Pfalz die Frage erörtert, ob eine Beimischung von Buche und Eiche zu den flächigen Fichtenforsten aus betriebswirtschaftlichen Gründen vertretbar sei, da doch beim nachfolgenden Kahlschlag zu viele dünne Buchen eingeschlagen werden müssten. Man war sich dabei durchaus bewusst, dass Mischwälder einen hohen Naturschutzwert haben, und sprach dies auch deutlich aus: »Die Übernahme vorhandener Beimischungen (...) erfolgt weniger aus ökonomischen, sondern vornehmlich aus ökologischen, landespflegerischen und aus Gründen der Betriebssicherheit.«*

Nichtsdestotrotz setzte man überwiegend auf die Fichte, ist sie doch so herrlich unkompliziert und in den ersten Jahren risikoarm. Fichtenpflanzen wachsen bei ausreichend Wasser schnell und zuverlässig an. Die Pflanzung – natürlich im Akkord ausgeführt – ist unproblematisch, und die Arbeiter schaffen es durchaus, 100 Bäumchen in der Stunde in den Boden zu bringen.

Ein Schutz gegen Wildtierverbiss lässt sich auch sehr schnell erreichen, denn die chemische Industrie hält auch heute noch unterschiedliche Präparate mit hoher Wirksamkeit bereit. Doch oft zeigt das Wild an Fichtenpflanzen erst gar kein Interesse, sondern stärkt sich an den kleinen Laubbäumen, die sich auf einer Kahlfläche meist von allein ansiedeln. So sorgen hohe Wildbestände ganz automatisch dafür, dass ein Fichtenreinbestand entsteht, denn die Laubholzpflanzen werden manchmal mehrmals im Jahr abgefressen. Ein Umstand, auf den wir später noch zu sprechen kommen werden.

Die Fichtenkulturen in einem Verband, also mit einem Abstand von 2 mal 1,2 Metern gepflanzt, brachten von vornherein ein genormtes Produkt hervor. Maßnahmen auf diesen Flächen waren planbar und störender Bewuchs durch Sträucher, der die Gleichmäßigkeit gefährden könnte, wurde entfernt. Diese Situation war noch vor 30 Jahren auf vielen Flächen, die ich bereist habe, Standard. Inwieweit diese Be-

* *Mitteilung aus Forsteinrichtung und Waldbau,* Nr. 29. »Waldbaurichtlinien für die Wälder in Rheinland-Pfalz«, hrsg. Landesforstverwaltung 1987, S. 181.

schreibung noch heute auf manch ein Waldstück zutrifft, mag jeder in seiner näheren Umgebung selbst prüfen – auszuschließen ist es jedenfalls nicht.

Doch bleiben wir bei der genormten Fichte. Die Produktion von Fichtenholz erinnert an eine in der Landwirtschaft gängige Praxis: die Produktion des Normschweins. Sie kennen das Normschwein nicht? Das Normschwein ist ein Schlachtschwein, das die Vorgaben des Schlachthofs erfüllt. Liefert man nämlich ein Schwein im Schlachthof an, wird nach festgelegten Kriterien beurteilt, ob es den normierten Bemessungsgrundsätzen entspricht. Abweichungen davon führen zu Abzügen beim Preis für den Landwirt. Und diese können durchaus groß ausfallen. Im Jahr 2009 erschien in der Zeitschrift *top agrar* ein Bericht, in dem die Interessengemeinschaft der Schweinehalter beklagte, dass die Norm für ein Schlachtschwein zu eng gesteckt sei. Nur etwa 10 Prozent der Tiere erfüllten die entsprechenden Vorgaben, und die Abzüge für die Landwirte seien daher zu groß.

Ob sich daran zwischenzeitlich etwas geändert hat, ist für unsere Betrachtung hier unerheblich. Es geht um den Grundsatz, dass ein natürliches Wesen durch Züchtung, Fütterung und Haltung so herangezogen werden soll, dass es für einen industriellen Prozess, nämlich die Schlachtung und Produktion eines billigen Nahrungsmittels optimal geeignet ist.

So bedauerlich dieser Vorgang ist – alle Lebensmittelkonsumenten haben davon profitiert! Fleisch ist auch heute noch sensationell günstig, die Produktion detailliert planbar. Immer wieder zeigen uns jedoch Turbulenzen auf dem Markt für Schlachtschweine nach Ausbruch von Seuchen, wie beispielsweise der Afrikanischen Schweinepest in Brandenburg, wie empfindlich ein solches System ist. Von den katastrophalen Bedingungen der Schweinehaltung, die dabei praktiziert wird, gar nicht erst zu sprechen.

Und damit zurück zur Waldwirtschaft. Bei der Produktion von Holz laufen nämlich exakt die gleichen Prozesse ab. Mit dem Ziel, einen günstig zu bearbeitenden Standardrohstoff zu produzieren, werden alle Abläufe entsprechend angepasst. Holz soll in einer Form auf den Markt geworfen werden, die für die Produktionsprozesse in Großsägewerken optimal geeignet ist, denn schließlich erreichen die Sägen einen sogenannten Vorschub von bis zu 220 Metern pro Minute und können also riesige Holzmengen in kurzer Zeit verarbeiten.

Um sich das leichter vorstellen zu können: Das Holz schießt mit einer Geschwindigkeit von 13 Stundenkilometern durch die Säge und verlässt sie kurz darauf in Form von Brettern und Kanthölzern. Der *Holzkurier*, eine Fachzeitschrift für Forstleute, berichtete einmal mit Stolz von der schnellsten Säge Europas in einem Sägewerk Lapplands aus dem Jahr 2015, die pro Schicht und Jahr 150 000 Kubikmeter Holz verarbeiten kann. Das Holz darf dabei jedoch nicht über 25 Zentimeter Durchmesser haben. Auch in Deutschland werden für viele Sägewerke sogenannte Standardlängen mit Vollerntern produziert und für Durchmesser oberhalb von 35 Zentimetern werden ebenso Preisabschläge in Ansatz gebracht wie für Durchmesser unter 20 Zentimetern.

Der Markt für Holz unterliegt wirtschaftlichen Zwängen wie auch der Markt für Fleisch, der den Landwirt dazu veranlasst, sein mit Geduld gemästetes, dickes, ausgewachsenes Schwein zum Schlachthof zu fahren und anschließend über die Abrechnung zu grübeln. Die Konkurrenz für den altbäuerlichen Schweinemäster durch das Normschwein ist ebenso erdrückend wie die Fichtenwirtschaft für einen Waldbesitzenden, der auf andere Prinzipien setzt, wie den Plenterwald oder Mischwaldstrukturen.

Und die Marktmacht der Großsägewerke ist für den wertschätzenden kleinen Sägewerksbetrieb, der aus starken Stämmen die Balken und Bretter produziert, die aus dem einzelnen Baum im optimalen Fall zu erzeugen sind, ebenfalls oft erdrückend. Ein betriebswirtschaftliches Dilemma, das auch am Waldbesitzenden und dem betreuenden Förster oder der Försterin nicht spurlos vorübergeht. Dass anders bewirtschaftete

Wälder auf lange Sicht auch ökonomisch Vorteile bieten, spielt bei der Kurzfristigkeit unseres Wirtschaftslebens oft kaum noch eine Rolle. Und Verbraucher wie Verbraucherin profitieren im Baumarkt am Ende davon.

So kann es nicht weitergehen, und auch wenn das in den häufig hitzig geführten Debatten um den Wald leicht vergessen wird – ein Kurswechsel ist vielfach längst Realität. Vor allem vielen Waldbauprofessoren an den forstlichen Fachhochschulen und Universitäten war lange schon klar, dass wir mit einer reinen Plantagenwirtschaft der Fichte auf dem buchstäblichen Holzweg sind. Und abhängig vom Bundesland wurde kräftig, wenn auch ohne nennenswerte öffentliche Aufmerksamkeit begonnen, die Bewirtschaftung zu verändern. Je nach Betroffenheitsgrad durch Sturmschäden fiel der Kurswechsel unterschiedlich stark aus. Im Landeswaldgesetz von Rheinland-Pfalz sind Kahlschläge, wie schon erwähnt, ab 0,5 Hektar Größe seit dem Jahr 2000 per Gesetz verboten. Eine Bestimmung, die für Diskussionen sorgte, aber genau diese Neuausrichtung verdeutlicht, denn schließlich war Kahlschlag lange Zeit ein durchaus gebräuchliches Mittel bei der Waldbewirtschaftung.

DAS PROBLEM MIT DEM KAHLSCHLAG

Die oberste Maxime einer zukunftsorientierten forstlichen Arbeit lautet: kein Kahlschlag! In vielen Regionen der Welt ist das flächenmäßige Entfernen gesunder Bäume bis heute gängige Praxis. Nur damit wir uns nicht missverstehen: Man versteht unter Kahlschlag das Entfernen *gesunder* Bäume. Was wir derzeit auf den vertrockneten Flächen tun, ist etwas ganz anderes und wird uns durch die Situation aufgezwungen. Dort nämlich entfernen wir die abgestorbenen Bäume ganz oder teilweise. Vor allem, um die nachfolgenden Arbeiten vornehmen zu können, ohne durch umstürzende tote Bäume gefährdet zu sein.

Ein Kahlschlagsverbot muss auch in Wäldern gelten, die aus Fichten oder Douglasien bestehen – ja, genau diese Baumarten sind für die Bewirtschaftung in Form eines Dauerwaldes sogar ganz hervorragend geeignet! Selbst Wälder, die auf einer Kahlschlagsfläche gepflanzt und gewachsen sind, deren Bäume sich trotz gleichen Alters unterschiedlich entwickelt haben, können mit Geduld und handwerklichem Sachverstand zu stufigen und gemischten Wäldern verändert werden. Nichts anderes haben viele meiner Kolleginnen und Kollegen und ich in den letzten Jahren mit Hingabe getan.

Ich weiß, dass das nur schwer vorstellbar ist, und deswegen versuche ich gleich noch einmal, es zu verdeutlichen: Dass die Baumart Fichte nicht die richtige Wahl für die Verhältnisse in Mitteleuropa ist, haben wir bereits behandelt. Doch trotzdem sollte man nichts unversucht lassen, den Übergang zu einer angepassteren Baumartenzusammensetzung, also der Mischung verschiedener Arten auf der Fläche, langsam und stetig umzusetzen. Das Betätigen des Reset-Knopfs ist immer eine brachiale Maßnahme und ein Kahlschlag oder das Räumen einer Käferfläche oftmals nichts anderes.

Ein Grund dafür, behutsam vorzugehen, liegt im Schutz des Bodens. Fichten führen zu einer Veränderung des Oberbodens, der mit der Ansammlung eines dicken Nadelpakets beginnt. Nadeln sind für die Bodenorganik grundsätzlich eine schwer verdauliche Kost. Manche Nadelarten, wie beispielsweise die der Weißtanne, sind leichter zu verarbeiten, aber unter Fichtenreinbeständen wird der Oberboden sehr schnell geradezu lebensfeindlich.

Denn: Nadeln haben zu ihrem Schutz eine Wachsummantelung, die sie vor Witterungseinflüssen bewahrt, schließlich soll die Nadel ja – anders als das Laub von Buche oder Eiche – einige Jahre am Baum verbleiben und Fotosynthese betreiben. Nachdem aber die Nadel nach ein paar Jahren am Zweig zu Boden gefallen ist, haben die dort für die Verarbeitung zuständigen Organismen ihre liebe Not, die Schutzschicht der Nadel zu durchdringen und aus der Nadelstreu einen für Pflanzen verwertbaren Humus zu erzeugen. Die Dunkelheit auf Fichtenflächen, die Trockenheit und die niedrigen Temperaturen in reinen Fichtenbeständen tun ein Übriges, und der Kreislauf der Nährstoffe kommt zunächst zum Erliegen. Die Folge ist eine Veränderung des Säurehaushalts im Oberboden bis hin zu einem pH-Gehalt, der dem von Essig nahekommt – eine recht unfreundliche Lebensumwelt.

Die Fichte selbst wird mit dieser Situation noch leidlich fertig, denn ihre Keimlinge halten ganz offensichtlich deutlich niedrigere pH-Werte aus als die vieler anderer Baumarten. Über die Jahre hinweg können sich so unter Fichtenreinbeständen dicke Polster aus Nadeln und schlecht umgesetztem Humus bilden. Doch unabhängig von der Problematik der schwierigen Umsetzung der Nadeln ist diese Schicht nichts anderes als gespeicherter Nährstoff! Und die darunterliegenden Bodenschichten – wir sprechen hier vom Mineralboden – benötigen diese Nährstoffe, um die gewünschten Arten im neuen Wald zu ernähren.

Doch es gibt noch ein weiteres Problem: Sollte es zu einer zu schnellen Umsetzung des Rohhumus auf der Fläche kommen, können große Mengen Stickstoff ins Grundwasser ausgewaschen werden. Die daraus erwachsenden Schwierigkeiten müssen wir hier nicht näher erörtern, denn sie sind im Zusammenhang mit der Überdüngung der landwirtschaftlichen Böden schon oft genug behandelt worden.

Rohhumus wird vor allem im Anschluss an eine flächige Nutzung wie in einem Fichtenreinbestand schnell umgesetzt, denn werden die Bäume gefällt, verändern sich die Lebensbedingungen der Bodenorganik radikal – und zwar von einem Moment auf den anderen: Auf Freiflächen ist es plötzlich warm, hell und auch schon mal regelrecht nass.

Für die Waldentwicklung gilt, genau diese radikale Veränderung so lange wie möglich zu verhindern, damit das angesparte organische Material im Boden in einem Tempo umgesetzt wird, mit dem die Verjüngung des Waldes mit anderen Baumarten und sonstiger Bodenvegetation Schritt halten kann. So dient die Förderung einer jüngeren Generation von Waldbäumen oder auch Straucharten durchaus der Bodengesundheit und der Speicherung von Nährstoffen für den Fall, dass der ältere Waldbestand, der quasi darüber steht, absterben sollte.

In einigen Revieren wurde bereits 1990 der Entschluss gefasst, keine Kahlschläge mehr durchzuführen, und dennoch hatte man es noch lange überall mit riesigen, ausschließlich mit Fichten bestandenen Waldflächen zu tun, die nun umgestaltet werden mussten. Dafür müssen wir uns zunächst noch einmal deutlich machen, wie die Bewirtschaftung eines Kahlschlagswaldes geplant war: Zunächst wurde das Ziel ausgegeben, die Bäume in Reinbeständen aus Fichten, Douglasien, Lärchen oder Kiefern bis zu einem festgelegten Alter zu einem Normprodukt hin zu entwickeln. Das Normschwein haben Sie ja schon kennengelernt. Später, bei Erreichen des Umtriebsalters sollten die Flächen dann komplett geerntet werden. Mit Umtriebsalter meint man in der Forstwirtschaft den Zeitpunkt, an dem ein Baum geschlagen werden kann, bei der Fichte ist dieser Zeitpunkt nach 80 bis 100 Jahren erreicht – der Umtriebszeitraum beschreibt die Spanne von der Begründung eines Bestands bis zur Endnutzung des Holzes. Im Anschluss an diese Endnutzung sollte eine Flächenräumung stattfinden, damit die anschließende Wiederaufforstung flott und günstig zu bewerkstelligen ist.

Alle Pflegemaßnahmen bis zum Erreichen dieses besonderen Datums hatten nur das Ziel, die Waldfläche zu homogenisieren. Dabei wurden alle nicht vorgesehenen Baumarten ebenso entfernt wie Bäume, die nicht das gewünschte Wachstumstempo einhalten konnten. Es ergab sich also eine sogenannte Niederdurchforstung, bei der das Kronendach geschlossen blieb und nur die Bäume vorzeitig entnommen wurden, die unter dem Dach der herrschenden Bäume zurückblieben, also niedriger waren. Am Boden sollte es zu dieser Zeit dunkel und »sauber« bleiben, denn – so war der Plan – dann hätte man bei der Wiederaufforstung der Fläche weniger Arbeit mit der begleitenden Vegetation. Sollte sich trotzdem eine störende Pflanzendecke einstellen, wurde sie mit Herbiziden bekämpft.

Diese Strategie war maßgebend auf weiten Flächen Deutschlands, doch nach und nach änderte sich die forstliche Sichtweise gewaltig. In sehr vielen Revieren brauchte es keine gesetzliche Vorgabe, die den Kahlschlag verbot! Nein, auch bei älteren Kollegen reifte die Überzeugung immer mehr, dass Wälder zu Dauerwäldern entwickelt werden müssen und Reinbestände keine Zukunft haben.

Aber so natürlich es klingt, so schwierig ist es, eine solche Umwandlung vorzunehmen. Dafür brauchte es vor allem Vorbilder: Wie sollten diese Flächen einmal aussehen, welche Bäume könnten hier wachsen, und mit welchen Maßnahmen war eine neue Baumartenzusammensetzung langfristig zu etablieren? Im Grunde genommen ging es ab den 90ern darum, das Normschwein Fichte freizulassen. Doch die Geschichte des mühsamen Umsteuerns der letzten 30 Jahre wird selten erzählt, da sie nach außen hin kaum sensationell wirkt.

Dabei sind die Veränderungen in den Wäldern durchaus sichtbar – mal mehr, mal weniger. Um aber erst einmal herauszufinden, wie der Wald in einer Region zukunftsfähig gemacht werden kann, muss man seine Gegebenheiten verstehen, und dabei hilft es, sich seinen Wald genau anzuschauen.

DEN WALD RÜCKWÄRTSLESEN

Viele Waldbesuchende geben sich gern dem Glauben hin, in einem Stück unberührter Natur unterwegs zu sein. Besonders bei älteren Laubwäldern möchte man meinen, sie bestünden genau in dieser Form, in der wir sie heute sehen, schon seit Jahrhunderten, ach was: Jahrtausendealt sind sie sicher! Schließlich wissen wir doch, dass der größte Teil Mitteleuropas einst mit Buchenwäldern bedeckt war, und so tragen wir tief in uns die Hoffnung, dass die alten Buchenwälder – die übrigens im größeren zeitgeschichtlichen Kontext so alt gar nicht sind –

eine direkte Verbindung zu unseren keltischen oder germanischen Ursprüngen herstellen könnten. Oder uns umgibt die Hoffnung, wenigstens von diesen Flächen hätte der Mensch irgendwie die Finger gelassen.

Meine Diagnose ist klar, eindeutig und vielleicht schmerzhaft: Nein, hat er nicht! Es gibt in Deutschland kaum einen Quadratmeter Waldfläche, der nicht schon einmal vom Menschen auf den Kopf gestellt wurde.

Lassen Sie uns nun mal den Versuch unternehmen, unsere Wälder rückwärtszulesen. Wir wollen anhand seiner Zusammensetzung – wir Forstleute sprechen vom Waldbild – Erklärungen für das Erscheinungsbild eines Waldes finden und überlegen, welche Rückschlüsse es auf seine Entstehung zulässt.

Betrachten wir zunächst einen von Buchen dominierten Wald, in dem mächtige Exemplare dieser Baumart stehen, die sich das Kronendach mit hohen Kiefern teilen. Bei näherer Betrachtung der Kiefern stellen wir fest, dass unter der grünen Krone etliche dicke abgestorbene Äste zu finden sind. Das lässt darauf schließen, dass die grüne Krone einmal weiter unten im Stammbereich angesetzt hat. Womöglich erwecken auch die grünen Kieferkronen irgendwie den Eindruck, in Schwierigkeiten zu stecken. Sie wirken ungleichmäßig und werden von Buchenästen gewissermaßen in die Zange genommen.

Bitte lassen Sie mich noch einmal betonen: Wir wollen jetzt nicht beurteilen, ob dieser Waldzustand wünschenswert ist oder welche Entwicklungsmöglichkeiten sich anbieten oder abzeichnen. Es geht uns ausschließlich um die Frage, was uns der Zustand der Bäume über die Vorgeschichte des Waldes berichten kann. Dazu brauchen wir in diesem Fall nur ein einziges Werkzeug, und zwar das Wissen über den unterschiedlichen Lichtbedarf von Baumarten in ihrer Jugend – es geht um die Unterteilung in Licht- und Schattbaumarten.

Dass Birken, Aspen, Weiden oder Ebereschen darauf spezialisiert sind, in ihrer Jugend mit möglichst viel Sonnenlicht zu wachsen, kann man sich leicht erschließen, wenn man an ihre Rolle als Pionierbäume denkt, das heißt als häufig erste Siedler auf einer unbewaldeten Fläche. Wir müssen also davon ausgehen, dass Lichtbaumarten in frühen Jahren viel Licht benötigen oder umgekehrt: nur wenig Schatten ertragen.

Bei Schattbaumarten, zu denen die Buche zählt, liegt der Sachverhalt ganz anders: Diese Baumarten können als junge Pflanzen durchaus mit Schatten umgehen. Und um dieses Können geht es. Schattbaumarten warten im Schatten auf ihre große Chance, um dann, wenn der Schatten weniger wird und sie mehr Licht abbekommen, gewissermaßen durchzustarten. Diese Fähigkeit geht einer Lichtbaumart wie der Kiefer ab. Sie kann mit einem geringeren Lichtangebot nicht umgehen, sondern gewissermaßen nur mit Vollgas wachsen.

Für unser Waldbild aus Buchen und Kiefern bedeutet das zweierlei: zum einen, dass sich die Buchen im Schatten der Kiefern nach oben gearbeitet haben, und nicht umgekehrt! Die Kiefern waren also vor den Buchen da. Zum anderen müssen die Kiefern zum Zeitpunkt ihrer Jugend vor womöglich 100 oder 130 Jahren den vollen Lichtgenuss einer Kahlfläche erlebt haben, sonst stünden sie jetzt nicht vor uns. Es lag also eine Kahlfläche vor, wie wir sie auch heute noch vielerorts im Wald finden.

Und auch über die Herkunft der Buchen können wir Überlegungen anstellen, denn in manchen Wäldern dieser Art stehen die starken Buchen gewissermaßen wie auf Elefantenfüßen. Das untere Ende des Stammes ist also in Form eines Klumpens verdickt. Wenn ein solcher Baum gefällt wird, stellt sich häufig die Ursache der Verformung heraus: Hier handelt es sich um eine Buche, die in ihrer Jugend häufiger abgeschnitten wurde, damit man bereits die jungen Stämmchen als Brennmaterial nutzen konnte. Aus der Wurzel schlugen immer wieder neue Triebe aus, bis man diese Form der Bewirtschaftung – nämlich den Niederwald- oder Mittelwaldbetrieb – einstellte und sich ein einziger Stamm aus der Wurzel entwickeln durfte. Die Technik der Niederwaldwirtschaft ist eine besondere Form der historischen Waldwirtschaft, auf die wir noch zurückkommen werden.

Weist eine Buche Anzeichen dafür auf, dass sie in ihrer Jugend mehrfach »auf den Stock gesetzt« wurde, können wir davon ausgehen, dass die Baumart Buche auf dieser Fläche tatsächlich schon sehr, sehr lange ununterbrochen vertreten ist. Nur war es eben nicht immer ein geschlossener Bestand aus Buchen unterschiedlichen Alters, denn schließlich muss es zum Zeitpunkt der Entwicklung der Kiefern einmal eine nahezu vollständige Kahlflächensituation gegeben haben.

Wir können also festhalten: Dieser Wald aus Buchen und Kiefern wurde kahl gehauen, die Kiefern wurden vermutlich gesät, und die Buchen wuchsen den Kiefern gewissermaßen hinterher. Dann aber schickten sich die Buchen an, nachdem die Wuchsgeschwindigkeit der Kiefer nachgelassen hatte, die bestimmende Baumart auf der Fläche zu werden.

Ein ähnliches Bild stellt sich in Wäldern dar, in denen eine Mischung aus Buchen und Eichen vorkommt. Auch hier hilft uns das Wissen über die Lichtansprüche junger Eichen, und man kann sagen: Ein Wald aus ähnlich dicken Buchen und Eichen hat vor langer Zeit eine Kahlflächensituation erlebt, sonst wäre die Eiche nicht in nennenswertem Umfang vertreten. Denn auch die Eiche ist eine Lichtbaumart.

Die Etablierung der Baumart Eiche auf all den Freiflächen, die durch das Fichtensterben in den letzten Jahren entstanden sind, bietet enorme Chancen für einen stabilen Baumbestand, und gemischte Wälder aus annähernd gleich alten Eichen und Buchen können uns als wertvolle Blaupause für die zukünftigen Wälder dienen.

Nur: Was, wenn ein Mischbestand aus Buchen und Eichen ganz anders aussieht? Wenn inmitten eines Meers aus jungen und mittelalten Buchen deutlich ältere Eichen stehen? Die Kronen weisen im unteren Bereich, ähnlich wie die Kronen der Kiefern, die wir eben betrachtet haben, abgestorbene dicke Aststummel auf, und selbst stärkere, dicke Kronenäste sind nicht seitwärts gewachsen, sondern eher nach oben, der Sonne entgegen.

Bei diesem Gesamtbild besteht meist ein sehr deutlicher

Altersunterschied zwischen den Bäumen. Der größte Teil der Fläche hat einen Kahlschlag vor einigen Jahrzehnten erlebt, bei dem nur die wenigen, mittlerweile knorrigen Eichen verschont blieben. Solche Eichen beschreibt man gern als Huteeichen, was auf der Annahme beruht, dass die Menschen früher ihre Hausschweine unter ihnen mästen wollten – das Wort Hute geht auf hüten zurück. Es kann natürlich sein, dass unter diesen Bäumen einmal Vieh weidete, nur ist es gerade in Waldbereichen, die weiter als 2 oder 3 Kilometer vom Dorf entfernt sind, eher unwahrscheinlich. Schließlich waren auch die Hausschweine vor 150 Jahren keine Dauerläufer. Nein, man verband mit den einzeln auf Kahlschlagsflächen verbleibenden Eichen vielmehr die Hoffnung, dass diese sogenannten Überhälter kräftig zu blühen beginnen, Saatgut produzieren und sich im Anschluss natürlich verjüngen würden. Das Ziel war ein Wald, der in weiten Teilen aus wertvollen Eichen besteht, denn das Holz der Eiche wurde schon damals als Bau- und Möbelholz besonders geschätzt.

In vielen Fällen wurde dieser Plan jedoch durch eine üppig sprießende Verjüngung aus kleinen Buchen durchkreuzt. Denn Buchen können sowohl Schatten aushalten als auch im Licht wachsen, und kleine Eichen sind durch Rehe, Mäuse und allerlei sonstiges Getier oftmals deutlich größeren Gefahren ausgesetzt als junge Buchen. Aber fest steht: Gerade die knorrigen Eichen, die jetzt darauf angewiesen sind, dass einige schnell heranwachsende Buchen in ihrer engen Umgebung entfernt werden, machen deutlich, dass in diesem Waldbereich einmal eine Kahlfläche vorlag.

Und so muss uns jede Eiche, Kiefer, Birke, jede Kirsche oder auch eine Aspe in geschlossenen Wäldern stutzig machen: Hier gab es mal eine ungewöhnliche Situation, hier kam einmal mehr Licht auf den Boden, als es aktuell der Fall ist. Inwieweit der Mensch hier Einfluss genommen hat, bedarf dann immer einer näheren Untersuchung. Aber an dieser Stelle gab es gewissermaßen einen Bruch in der Waldentwicklung – so viel ist sicher. Und diese Brüche, die Förderung von Baumarten, die womöglich ursprünglich hier gar nicht heimisch waren, hatten meist eine Ursache, einen Zweck. Ja, die Forstkollegen aus der Zeit vor über 100 Jahren hatten eine wichtige Aufgabe, und zwar die Holzversorgung der Menschen aus der engeren Region, was im Grunde nichts anderes ist als die Grundform der Ökonomie.

Deren Bedeutung habe ich verstanden, nachdem ich etwas in die Historie der Dörfer in meiner Umgebung eingetaucht war. In jedem Dorf gab es mindestens einen Schreiner, in den meisten einen Wagner, Zimmerleute und Küfer. All diese Handwerker benötigten unterschiedliche Hölzer in bestimmter Qualität, und es erscheint uns heute womöglich befremdlich, aber dieses Holz kam aus der unmittelbaren Nähe der Werkstatt. Die Bestellung und Anlieferung von Kiefern-Schnittholz zur Herstellung von Türen und Fenstern just in time durch den Holzgroßhändler war schlichtweg nicht möglich und ohnehin undenkbar. Ähnlich verhielt es sich mit den schlanken, biegsamen Eschenstämmchen, die der Wagner beispielsweise für Wagendeichseln benötigte. Alle Hölzer, die in einem Dorf benötigt wurden, mussten aus dem Wald im unmittelbaren Umfeld kommen, sonst wäre das Endprodukt unbezahlbar geworden.

Mir wurde das einmal mehr klar, als ich mein altes Haus renovierte. Die über 100 Jahre alten Zimmertüren sind aus Kiefernholz gefertigt, jedes Profil, jede Verbindung konnte nur von Hand ausgeformt worden sein, denn elektrischer Strom erreichte mein Dorf erst zu Beginn der 1920er-Jahre. Am 9. März 1922 wurde zur Feier der Elektrifizierung der Ortsgemeinde Oberwallmenach eigens ein Passionsgottesdienst um 20 Uhr begangen, bei dem die Kirche im Licht einiger Glühbirnen erstrahlte.

An elektrisch betriebene Maschinen zur Holzverarbeitung war da aber keinesfalls schon zu denken, und so war es ganz unmittelbar wichtig, den Handwerkern das Holz zur Verfügung zu stellen, mit dem sie ihre Aufträge so gut wie möglich erfüllen konnten. Schließlich kann man davon ausgehen, dass ein Schreiner für eine Zimmertür mit Zarge, die er per Hand aus Kiefernholz fertigte, gut und gerne drei Wochen Arbeitszeit einplanen musste. Bei einer Tür aus Eiche dauerte das noch mal ein bis zwei Wochen länger.

Es lohnt sich also, die Lebensläufe unserer Wälder näher zu untersuchen und dabei auch die Geschichte einer Region in die Überlegungen einzubeziehen. Denn gerade die Verbindung zwischen Waldgeschichte und Kulturgeschichte lässt uns manche Zusammenhänge besser verstehen und durchaus auch ein gewisses Zutrauen in den Wald und seine Entwicklung fassen. Schließlich ist der Ausgangszustand vieler alter Wälder häufig vergleichbar mit der Situation, die wir heute auf Tausenden von Hektar Waldfläche vorfinden.

So habe ich beispielsweise vor einigen Jahren eher zufällig ein einzelnes, aber durchaus beeindruckendes Exemplar einer Elsbeere in einem Wald entdeckt, den ich erst kurz zuvor als zuständiger Revierförster übernommen hatte. Dieser Fund machte mich auf zwei Sachverhalte aufmerksam. Erstens: Auch die nahezu unzugängliche Hanglage, auf der diese Elsbeere steht, muss vor geraumer Zeit intensiv genutzt worden sein, denn die Baumart Elsbeere kann wohl etwas Schatten ertragen, aber in einem geschlossenen Buchenwaldkomplex wächst sie mit Sicherheit nicht.

Zweitens: Diese wunderbare Baumart gedeiht tatsächlich auf den von mir betreuten Flächen! Bis zu meiner Entdeckung hatte ich die als ungemein wertvoll bekannte Elsbeere eher in Regionen Europas verortet, die deutlich höhere Temperaturen, vor allem aber ein höheres Kalkangebot im Boden verzeichnen. Ich verstehe den Wert dieser Baumart übrigens nicht nur in Bezug auf das wunderbare Holz, sondern mir liegt – ähnlich wie bei einer nahen Verwandten der Elsbeere, der Eberesche – viel daran, Baumarten in den Wäldern zu etablieren, die von Insekten bestäubt werden und deren Früchte ebenfalls für allerhand Getier als Nahrungsgrundlage dienen können. Und da eine Baumart immer eine Schlüsselrolle für die Ansiedelung und das Gedeihen einer großen Anzahl weiterer Arten spielt, lohnt es sich, ausgiebig darüber nachzudenken, welche Perspektiven ein solcher Fund einem bietet.

Meine eher zufällige Beobachtung präsentierte mir hier eine Alternative für die trockenheitsgeplagten Wälder in meiner Obhut und brachte mich auf eine Idee. Denn die Elsbeere gehört zu einer Waldgesellschaft, die höhere Temperaturen und geringere Niederschläge ertragen kann und rund ums Mittelmeer vertreten ist. Also genau die Bedingungen, auf die wir in Mitteleuropa zusteuern. Damit sollte doch etwas anzufangen sein!

VON »SCHWARZEM GOLD« UND BRUTALER AUSBEUTUNG

Dass man vor Jahrhunderten nicht gerade zimperlich mit dem Wald umgegangen ist, lässt sich am deutlichsten an den Spuren von Niederwäldern ablesen, die in vielen Regionen Deutschlands noch vorhanden sind und von denen schon die Rede war. Hier hatte man es auf die Produktion dünnen Brennholzes abgesehen sowie die Nutzung der anfallenden Rinde. Diese wurde abgeschält und zum Gerben von Leder verwendet.

Und der Bedarf an Gerbrinde war hoch. Für Deutschland berechnete Karl Gayer in seinem 1868 erschienenen Lehrbuch *Die Forstbenutzung* einen Verbrauch von 30 000 Tonnen pro Jahr. Gayer war ein weitblickender Waldbauprofessor der Universität München, und seine Ansichten sind in vielerlei Hinsicht auch heute noch hochaktuell. Seinen Angaben zufolge war die Form des Niederwaldbetriebs in Deutschland damals auf riesigen Flächen an der Tagesordnung und sogar finanziell einträglicher als der Hochwaldbetrieb, wie wir ihn heute kennen. Wobei in einem Hochwald, selbst wenn er noch so klein oder jung ist, jeder Baum aus einem Samenkorn entstanden ist. Das ist beim Niederwald anders! Aber was genau bedeutet eigentlich Niederwaldbetrieb?

Bei dieser Form der Waldwirtschaft nutzt man die Fähigkeit

der meisten Laubholzarten – vorrangig Eichen und Hainbuchen –, nach dem Abschneiden des Stämmchens sofort wieder auszutreiben. Meist wird dann aus der Wurzel heraus mehr als ein Trieb gebildet, und es entsteht eine Art Nest dünner Stämmchen, die, versorgt von der großen Wurzel, mit enormem Tempo nach oben schießen können. Schon nach 15 bis 20 Jahren wurden die jungen Stämmchen dann im Frühjahr stehend geschält. Die dabei anfallende Rinde wurde an die Gerbereien verkauft, und das über den Sommer getrocknete Holz diente im Winter als Brennholz. Nur selten ließ man einzelne Bäume über einen längeren Zeitraum stehen, um sie irgendwann für Bauholz zu fällen. In manchen Gegenden betrieb man bis in die Zeit von Karl Gayer hinein nach einem solchen Kahlschlag sogar noch eine Art Wald-Landwirtschaft mit Weidebetrieb auf den Flächen, manchmal sogar Ackerbau, bevor man die Eichen erneut über 20 Jahre heranwachsen ließ.

Getreide mit der Hand zu säen und mit der Sichel zu ernten ist für uns heute kaum noch vorstellbar, und wir verorten diese Techniken in den ärmsten Regionen der Welt. Wir sind sicher gut beraten, uns klarzumachen, dass auch unsere Vorfahren vor etwa 200 Jahren noch von Waldstaudenroggen und Buchweizen lebten, der als eine Art Zwischenfrucht in kahl geschlagenen Wäldern geerntet wurde. Der Vorgang des Rindenschälens, der Holznutzung, eventuell der Laubnutzung als Einstreu für die Ställe und des Anbaus von Getreide wiederholte sich ein ums andere Mal.

Weite Waldflächen, gerade in Südwestdeutschland, haben eine solche Geschichte, und diese für meine Begriffe äußerst brutale Form der Forstwirtschaft fand ihr Ende im Grunde erst, als die chemische Industrie die Gerbereien mit entsprechenden synthetischen Gerbemitteln versorgen konnte und auch die Köhlerei nicht mehr praktiziert wurde. Nach dem Zweiten Weltkrieg lebte die Gerbrindennutzung noch einmal auf. Heute hat die vegetabile Gerbung mit Rinden nur noch einen geringen Teil an der gesamten Gerberei.

Bei näherer Betrachtung verschiedener Waldflächen in meinem Revier, gerade in den steiler geneigten Lagen, fielen mir bereits vor einigen Jahren noch andere Hinterlassenschaften aus längst vergangenen Tagen auf: kreisrunde, absolut ebene Flächen mit einem Durchmesser von 6 bis 8 Metern. Rasch war eine Erklärung gefunden: Hier wurde vor langer Zeit Holzkohle hergestellt, und die Stellen, an denen der Holzkohlemeiler stand, zeichnen sich im Steilhang noch immer klar ab. In ebenen Lagen waren zwar auch Meiler angelegt worden, aber die lassen sich nicht mehr so deutlich identifizieren.

Meine Neugier war geweckt! Allein die Anlage dieser Meilerplatten hatte sicher Tage harter Arbeit in Anspruch genommen. Betrieb man einen solchen Aufwand, musste das Erzeugen von Holzkohle im Wald ein ganz besonders wichtiger Wirtschaftszweig gewesen sein. Mein Entschluss stand fest: Ich würde diese Arbeit und die damit verbundenen Schwierigkeiten nur verstehen können, wenn ich selbst Holzkohle machte. Außerdem versprach ich mir davon, manches forstliche Verfahren der Vergangenheit besser nachvollziehen zu können.

Nach dem Besuch einer Köhlerei-Veranstaltung in der Nähe und nachdem ich ein uraltes Fachbuch erworben hatte, saß ich schließlich vor 25 Raummetern schönsten Brennholzes, einer Lkw-Ladung Sand, einer Lkw-Ladung Erdreich, Laub und Nadeln und allerhand anderen Zutaten, aus denen mein erster Holzkohlemeiler entstehen sollte. Ein Praktikant und ich bauten den Meiler so auf, wie wir es aus dem historischen Fachbuch gelernt hatten.

Doch uns war nicht klar gewesen, worauf wir uns da eingelassen hatten. Nach Inbetriebnahme des Meilers, der in der Mitte, im sogenannten Quandel, angeheizt wird, darf er nicht mehr aus den Augen gelassen werden, bis man ihn viel, viel später mit einer langen Eisenstange ansticht, wie man es mit einer Stricknadel beim Kuchen tut. So kann man feststellen, ob sich das eingebrachte Holz schon in Holzkohle verwandelt hat.

Doch bis zu diesem Moment brauchten wir ganze drei

Wochen, und rückblickend lässt sich sagen, dass eine vierte Woche unserem Projekt eher gutgetan hätte! Drei Wochen lang also saß ständig einer von uns beiden neben unserem qualmenden, stinkenden Holzkohlemeiler. Wir verschlossen einzelne Löcher, aus denen blauer Qualm entwich, nur um darunter neue Löcher in die Abdeckung des Holzhaufens zu stechen, aus denen schöner weißer Wasserdampf quoll.

Sie sehen, es ist eine gewaltige Arbeit, durch einen gesteuerten Verkohlungsprozess dem Holz alle flüchtigen Bestandteile auszutreiben. Ziel der Holzkohleproduktion ist es ja, aus Holz nahezu reinen Kohlenstoff zu extrahieren. Für uns war die Arbeit im Grunde gut auszuhalten, weil das, was wir da taten, auf großes Interesse bei den Leuten stieß und sich an manchen Abenden schöne Feste rund um den Meiler entwickelten.

Vor allem aus diesem Grund habe ich die Köhlerei in den vergangenen Jahren noch einige Male wiederholt und bin immer etwas schlauer geworden. Diese sehr ursprüngliche Arbeit in gut gelaunter Gesellschaft hat durchaus Spaß gemacht. Doch vor über 100 Jahren? Allein im dunklen Wald? Ohne die Möglichkeit, schnell mal zu duschen und die nächste Wache in frischen Sachen anzutreten?

Das Köhlerhandwerk wurde nicht ausgeführt, um auf der Glut der Holzkohle Würstchen zu brutzeln, sondern Holzkohle war ein systemrelevanter Rohstoff. Und die Landesherren wollten an der industriellen Revolution teilhaben. So auch der Herzog von Nassau, dem unsere Region unterstand. Das kleine Herzogtum besaß einige Metallerzvorkommen, und zu deren Verhüttung wurde Holzkohle benötigt, da keine Steinkohle vorhanden und an den Import dieser Kohle aus den damals feindlichen preußischen Kohlegruben nicht im Traum zu denken war. Außerdem: Wie hätte man die Kohle hierherbringen sollen? Es blieb keine andere Möglichkeit, als den Brennstoff, der ausreichend hohe Temperaturen zur Verhüttung von Eisenerz erzeugt, selbst herzustellen. Noch dazu bringt die Holzkohle genügend Kohlenstoff in den Verhüttungsprozess ein, um aus Eisen Stahl zu schmieden. Und so erlebte ein Handwerk, das seit Generationen betrieben und immer weiterentwickelt worden war, seine Blütezeit im 19. Jahrhundert. Aus wirtschaftlichen und machtpolitischen Gründen wurden Wälder in massivster Form als Rohstoffquelle für die Holzkohleherstellung genutzt.

Und noch etwas habe ich gelernt: Man kann einen Sack dieses »schwarzen Goldes« leichter aus einem Steilhang tragen als einen Raummeter frischen Buchenholzes. Das Köhlerhandwerk war eben nicht nur mit der wirtschaftlichen Entwicklung verknüpft, sondern auch mit der Erschließung der Wälder durch Wege und dem Fortschritt der Arbeitstechnik. Wir dürfen diese vielfältigen Verflechtungen nie aus dem Auge verlieren, wenn wir den Wald und sein heutiges Erscheinungsbild beurteilen.

Auf ausgedehnten Waldflächen – besonders entlang der Flusstäler von Rhein, Main, Neckar und Donau – finden sich noch immer Waldgebiete, die eine derartige Nutzungsgeschichte erzählen: gleichförmige Wälder aus vergleichsweise krummen, niedrigen Eichen und Hainbuchen. Und gerade diese Wälder, in denen sich viele Kollegen und Kolleginnen seit Langem darum bemühen, mehr Struktur und Baumartenvielfalt zu erreichen, sind Ergebnis einer Form der Waldbewirtschaftung, die so radikal war, dass sie heute strafbewehrt wäre. So viel hat unser kleiner Exkurs in die Wirtschaftsgeschichte gezeigt. Damals folgte man dem Ziel, notwendige Rohstoffe regional zu erzeugen, und so sollten diese Funde für uns auch eine Erinnerung an die Armut und die Not sein, unter der viele unserer Vorfahren lebten.

3

UNSERE BÄUME

Haben Sie schon mal eine Reisegruppe angeführt? Ich kann Ihnen berichten, dass man auf dem Heimweg von einer solchen Tour – wenn alle Programmpunkte erfolgreich waren und niemand einen Unfall hatte – zumeist sehr zufrieden ist. Viele Augenblicke und Erlebnisse bleiben einem in guter Erinnerung, und Erinnerungen von Bedeutung wirken manchmal noch Jahrzehnte nach, manche können sogar prägend sein.

So habe ich noch gut das Bild der Landstraße 1016 hinter Langula in Thüringen vor Augen, die wir auf dem Rückweg von einer Exkursion der Gemeinderatsmitglieder meines eigenen und des Nachbarreviers entlangfuhren. Es war zu Beginn der 2000er-Jahre, und die Reise war ein voller Erfolg gewesen. Von meinem Platz auf dem Beifahrersitz aus genoss ich die Aussicht auf die regennassen Wälder des Hainich. Besonders in der kurvenreichen Passage kurz vor einer Gemeinde im thüringischen Wartburgkreis, die den bezaubernden Namen Nazza trägt, hatte man freie Sicht auf die prächtige Landschaft.

Die Straße führte durch ebenjene Wälder, die wir besucht und die mich durch ihre Andersartigkeit so beeindruckt hatten. Hier standen unterschiedliche Laubbaumarten verschiedenen Alters teils dicht gedrängt, teils in lockerem Abstand beieinander. Die Waldwege waren weniger als Unterteilung verschiedener Bereiche oder Bestandsformen angelegt, vielmehr bewegten wir uns durch einen Wald, der überall gleich und doch ständig anders war. Ein bezauberndes, grünes, dreidimensionales Mosaik aus Kombinationen von Baumarten, deren Zusammenspiel ich so noch nicht kannte.

Schon seit Generationen wurden hier in einer besonderen Form gemeinschaftlichen Privatwaldbesitzes waldbauliche Verfahren angewandt, die mir bei gemischten Wäldern aus Buche und Bergahorn noch nicht begegnet waren. Dabei faszinierte mich vor allem die Tatsache, dass die jungen Bergahorne im wohldosierten Schatten der alten Buchen wunderbar heranwuchsen. Schließlich hatte ich den Bergahorn bis dahin als eher lichtbedürftige Baumart kennengelernt. Doch nicht nur die Arbeit mit diesen beiden Baumarten, die hier in Thüringen in Perfektion demonstriert wurde, war es, die mich begeisterte, sondern auch der Ansatz, dem Ökosystem Wald sehr viel Vertrauen entgegenzubringen und erst spät in seine Entwicklung steuernd einzugreifen.

Das sind Eindrücke, die sich womöglich über die Jahre in meiner Erinnerung etwas verselbstständigt haben. Eine gewisse Initialzündung war diese Reise in den Hainich und seine Laubplenterwälder allemal. In diese Richtung wollte ich meine Wälder auch entwickeln, und dazu wollte ich weiter lernen und beobachten. Im eigenen Revier, bei Nachbarn oder auch in anderen wunderbaren Wäldern mit innovativen Konzepten.

Immer ging es dabei um vielfältige Strukturen mit unterschiedlichen Baumarten, die entstehen können, wenn man die natürlichen Prozesse begleitet, ergänzt und fachkundig so steuert, dass die verschiedenen Waldfunktionen in Einklang miteinander stehen. Wegleitend ist dabei das Vertrauen in die Kraft des Waldes.

Und das kann man durchaus haben, wenn man sich vor Augen führt, dass die Bäume in Mitteleuropa nach dem Ende der Eiszeiten vor Jahrtausenden in einem extrem waldfeindlichen Umfeld herangewachsen sind, wie man es sich heute hier kaum vorstellen kann. Und dennoch haben sie sich im Laufe der Zeit zu ganz wunderbar komplexen Wäldern entwickelt. So zum Beispiel jenen in Thüringen oder in Unterfranken, beispielsweise der Privatwald des Barons Rothenhan in Rentweinsdorf oder das Revier des Forstamts Sailershausen der Universität Würzburg unter Leitung von Hans Stark und seinem Team, die meine Mitarbeiter und ich beide besucht haben.

In Rentweinsdorf war für uns vor allem der Anspruch interessant, der Wald dürfe nicht nur in horizontaler, also flächiger Ausdehnung Fotosynthese betreiben, sondern diese müsse auch im vertikalen Raum zwischen Waldboden und Baumkrone stattfinden. Der Waldbesitzer versuchte, durch eine Mischung von Bäumen ganz unterschiedlicher Höhe die Bereiche zwischen der Kronenschicht des Altbaums weit oben und der Schicht aus den Blättern jüngerer Bäume, die von unten heranwachsen, ebenfalls mit Laub zu füllen, damit auch dort eine Fotosyntheseleistung erbracht werden kann – neben all den anderen positiven Effekten, die Blätter und Nadeln erbringen, wie Windbremse, Schatten oder Regenbremse. In Sailershausen hatten uns vor allem die Bäume beeindruckt: mächtige Elsbeeren, die in einer duftenden Wolke aus Bärlauch vor uns standen, und wunderschöne Eichen, Hainbuchen, Speierlinge – wohin meine Mitarbeiter und ich auch blickten.

Es gibt neue Wege in der Waldentwicklung, und sie können uns zuversichtlich stimmen. Unser Wald birgt ein großes Potenzial und hat ganz wunderbare Baumarten vorzuweisen. Bevor wir nun also schauen, wie der Wald zu mehr Vielfalt und Durchmischung entwickelt und die natürliche Verjüngung fachlich unterstützt werden kann, sollten wir uns fragen, welche Baumarten dabei eine besondere Rolle spielen können. Es geht darum, sich mit den verschiedenen Baumarten, ihren Eigenschaften und Anpassungsmöglichkeiten zu beschäftigen. Das Wissen darüber kann uns vielleicht helfen, in den schwierigen Zeiten, die wir derzeit erleben, Hoffnung zu fassen. Schließlich stehen wir als Paten und Patinnen für den Wald der Zukunft in der Verantwortung.

Solche Gedanken begleiten mich, wenn ich über die Kahlflächen in meinem Revier schleiche und geradezu nach kleinen Bäumen fahnde, die sich von selbst hier angesiedelt haben.

DIE PIONIERE: BIRKE, EBERESCHE UND CO.

Hoffentlich geht es Ihnen in den Wäldern, die Ihnen am Herzen liegen, genauso wie mir, und Sie finden auf vermeintlich freien Flächen einen großen Schatz aus jungen Eichen, Ebereschen und Birken oder auch Aspen und Kiefern. Birke und Eberesche gehören zu den sogenannten Pionierbaumarten und stehen bei der Sukzession, die zu einer natürlichen Wiederbewaldung führt, an vorderster Stelle. Sie übernehmen ganz wichtige, wenn nicht die wichtigste Aufgabe überhaupt: Sie erschaffen rasch wieder ein Waldinnenklima. Und das können Sie als Waldbesuchende auch jederzeit am eigenen Leib spüren! Das Waldinnere ist an einem heißen Sommertag ganz schnell um einige Grad angenehm kühler, und auch die Kälte eines frostigen Wintertages ist im Wald oft besser zu ertragen als auf freiem Feld, da uns der Wald vor dem beißenden Wind schützt.

Was aber können Pionierbaumarten, was andere Baumarten nicht können? Bei der Erläuterung dieser Frage verweise ich gern auf einen x-beliebigen, liederlich gepflegten Parkplatz irgendeines Lebensmitteldiscounters: Zwischen Verbundsteinpflaster und Ölfleck bei im Sommer gefühlten 50 Grad ganz ohne Schatten wird man eine kleine Birke finden, die aus den Fugen herauswächst. Und das, obwohl die nächste erwachsene Birke gut 300 Meter weit weg auf dem Spielplatz des Gemeindehauses steht. Sicher sind Sie auch schon auf eine solche kleine Pflanze getroffen. Und auch den Ärger mit feinen Birkensamen, die durch jede noch so kleine Ritze eines alten Holzfensters kommen, kennen wohl die meisten.

Damit haben wir auch schon die untrüglichen Merkmale der Pionierbaumart Birke genannt: Sie entwickelt jedes Jahr enorme Mengen Samen, die leicht genug sind, um mit dem

Wind auch weitere Strecken zurückzulegen. Dort zu Boden gegangen, werden sie mit Regen- oder besser Schmelzwasser in Fugen und Ritzen geschwemmt, wo sie quellen und später keimen können. Damit das mit dem Schneeschmelzwasser gut klappt, entlässt die Birke ihre kleinen Samen auch mit Vorliebe an einem kalten, trockenen Wintertag auf die lange Reise, weshalb wir sie auf den weißen Schneeflächen später gut erkennen können.

In den Fugen zwischen den Pflastersteinen und auch in den Spalten des Waldbodens können sich die Birken nun entwickeln, und ein ordentlicher Hausmeister hat jedes Jahr aufs Neue seine liebe Not damit, dafür zu sorgen, dass die Bäume den Parkplatz nicht kurzerhand zur Wiederbewaldungsfläche machen. Selbst die extrem hohen Temperaturen im Sommer halten die kleine Birke davon nicht ab, auch wenn sie keine Gelegenheit hat, kühlenden Schatten aufzusuchen. Denn genau für solch harte Bedingungen ist diese Baumart wie gemacht: eine Freifläche, die nicht alljährlich vom Menschen auf den Kopf gestellt oder von Nutzvieh abgeweidet wird, wieder für den Wald zu sichern und zu besiedeln.

Wie richtige Luftlandepioniere – entschuldigen Sie die Anleihe beim Militärischen – kommen diese Bäume mit Hitze, Trockenheit, Kälte und Nässe zurecht. Sie können weit in »Feindesland« agieren, sind zunächst hochmobil und bereiten das Feld für die nachfolgenden Baumarten, die dann eine langlebigere Waldgesellschaft ausbilden. Das bedeutet aber auch, dass es zu den Eigenarten der meisten Pionierbaumarten gehört, nach wenigen Jahrzehnten bereits zu altern und sich langsam zu verabschieden. Wir nennen viele dieser Baumarten deshalb auch Frühdynamiker. Wenn man so will: junge Wilde! Sie führen in der Jugend ein wildes Leben, entwickeln neue Trends, doch leider sterben sie früh.

Lange Zeit galt die Birke noch als Unkraut, weil sie im sogenannten Altersklassenwald, bei dem eine bestimmte Baumart gleichen Alters auf einer Fläche kultiviert wird, schlichtweg störte. Die konsequente Umsetzung des Reinbestandsziels sollte nicht gefährdet werden, und eine weitere Baumart konnte zu einer ungleichmäßigen Entwicklung, Nährstoff- oder Wasserverlust führen. Daher versuchte man, bereits die Entstehung des Saatguts der Birke durch die radikale Ausrottung der samenspendenden Mutterbäume zu unterbinden. Zum Glück waren viele unserer Vorgänger in den Revieren alles andere als konsequent, sodass heute einzelne ältere Birken in zahlreichen Wäldern zu finden sind, die ihr Saatgut großzügig in die Welt entlassen.

Doch worin, so werden Sie sich womöglich fragen, liegt denn nun das Gute, das mich an der Birke so begeistert? Die Birke verändert auf den Flächen, auf denen sie sich in großer Zahl ausbreitet, recht schnell das kleinklimatische Regime und erschafft ebenjenes Waldinnenklima, das wir schon kennengelernt haben. Rasch wirft sie Schatten, bremst die Windgeschwindigkeit und erzeugt durch das herunterfallende Laub einen positiven, lebendigen Humuszustand am Boden. Zudem lockert sie mit ihrem Wurzelwerk den Boden auf und schafft so die Voraussetzungen für die spätere Etablierung anderer Arten wie der Buche oder der Weißtanne. Sie bereitet ihnen im wahrsten Sinn des Wortes den Boden. Noch dazu ist auch das Holz der Birke vielfältig nutzbar – aber dazu später mehr.

Ähnlich verhält es sich mit den vielen kleinen Ebereschen, die auf manchen Kahlschlagsflächen heranwachsen. Auch die Eberesche ist eine Pionierbaumart. Wie die Birke kann sie schnell auf einer Fläche erscheinen, diese besiedeln, beschatten und für Windruhe sorgen. Nur – wie kommt der Samen der Eberesche vom Mutterbaum in sein Zielgebiet? Der Wind müsste schon verdammt kräftig pusten, um die kleinen Beeren über mehrere Hundert Meter durch die Landschaft fliegen zu lassen.

Die schönen roten Beeren werden durch allerlei Getier, vor allem durch mehrere Drosselarten, wie beispielsweise die Wacholderdrossel oder auch die vielen Amseln, die Ihnen aus Ihrem Garten bekannt sein dürften, zuverlässig verbreitet. Sie futtern die weithin leuchtende Beere, holen Energie aus dem Fruchtfleisch und scheiden den unverdauten Baumsamen wieder aus. Deswegen trägt die Eberesche, deren wissenschaftlicher Name *Sorbus aucuparia* uns etwas über die Verwandtschaft zur wertvollen Elsbeere *(Sorbus torminalis)* oder dem Speierling *(Sorbus domestica)* verrät, auch den Namen Vogelbeere. Über die Menge an Beeren und Samen ist eine gewisse Ausbreitung der Eberesche auf den Freiflächen beinahe garantiert, wenn in ihrer Nähe wenigstens der eine oder andere Mutterbaum zu finden ist.

Ich verbinde mit der Eberesche gerade im Mai aber noch einen anderen ganz besonderen Gedanken. Ähnlich wie die Vogelkirsche, deren Blüten einige Wochen vorher Insekten als Nahrungsquelle dienen, blühen die Ebereschen im Mai kräftig und sind dadurch gerade für Wildbienen äußerst wichtig. Allein diese Eigenschaft spiegelt den unschätzbaren Wert dieser Baumart und vor allem der Vielfalt im Wald wider. Und die Hölzer von Speierling und Eberesche zählen zu den wertvollsten, die in deutschen Wäldern geerntet werden können.

Aus all diesen Gründen haben wir in den letzten Jahren gezielt Ebereschen gefördert und von konkurrierendem Wuchs befreit. Gerade für diese Baumart gilt das Prinzip, Frühdynamiker rasch zu fördern und ihrer Wuchskraft freie Bahn zu verschaffen, denn ab einem Alter von 40 Jahren beginnen die Stämme der Eberesche rasant zu faulen. Sie müssen also bis dahin eine gewisse Stärke erreicht haben, um verwertet werden zu können.

SPEZIALKRÄFTE DER NATUR

Die Pionierbaumarten, zu denen bei uns auch Salweide und Zitterpappel zählen, bezeichne ich gern als Spezialwerkzeuge der Natur, denn sie sind vor allem in schwierigen Lagen von allergrößter Bedeutung. So auch dann, wenn sich Gletscher zurückziehen und eine erstmalige Bewaldung gefragt ist. Das letzte Mal war das in Deutschland auf riesiger Fläche vor rund 10 000 Jahren der Fall, als sich die Gletscher der letzten Eiszeit verabschiedeten. An die rasant abschmelzenden, vergleichsweise kleinen Gletscher der Alpen wollen wir jetzt erst einmal nicht denken.

Als sich also die Gletscher der Eiszeiten nach Norden und in die Alpen zurückzogen, hinterließen sie so manch dicken Findling mit gefällig runder Form und allerhand lockeres Gestein. Natürlich auch verschiedene Sande, und über die kahlen Flächen brausten Sand- und Staubstürme. Absolut kein geeignetes Umfeld für Buchen, Ahorn oder Linden. Aber die Spezialkräfte Birke, Eberesche und Co. besiedelten auch diese unwirtlichen Geröllfelder. Sie sorgten für Windruhe und Schatten, erzeugten durch ihr im Herbst herabfallendes Laub Humus und milderten all die extremen Bedingungen ab. Erst sehr langsam, mit einer Geschwindigkeit, die man in Metern pro Jahrhundert angeben kann, wanderten die Buchen und Eichen, die Tannen und Eiben wieder aus ihrem Exil im wärmeren Südeuropa nach Mitteleuropa ein. Dort trafen sie auf ein von Birken und Ebereschen gut vorbereitetes Feld.

Pionierbaumarten sind aber nicht nur darauf spezialisiert, sich in lebensfeindlicher Umgebung anzusiedeln, sondern sie fixieren und strukturieren in der Folge auch die Böden. Das kann man an Vermehrungsstrategien wie Wurzelbrut und Stecklingsvermehrung erkennen. Gerade die Zitterpappel – auch Espe oder Aspe genannt – ist eine Meisterin darin, die von ihr besiedelte Fläche durch die Methode der Wurzelbrut stetig auszuweiten. Das bedeutet, dass immer dann, wenn ein Teil der Wurzel an die Bodenoberfläche kommt, ein neuer oberirdischer Spross entstehen kann. Auf diese Weise wächst bald um einen einzigen Mutterbaum herum ein dichtes Geflecht aus Ablegern, die den Boden in beeindruckender Art fixieren. Auch ohne dass aus einem Samenkorn ein Keimling hätte erwachsen müssen, kann sich die Baumart so vermehren. Eine ideale Methode, wenn die klimatischen Bedingungen womöglich widrig sind: Es geht auf jeden Fall weiter mit der Ausbreitung und der Waldentwicklung.

Und so wie die Wurzelentwicklung der Zitterpappel dazu führt, Boden zu stabilisieren und Fläche für den Wald zu erobern, gibt es eine Vielfalt an Wurzelentwicklungen im Boden, die wir gar nicht genug wertschätzen können. Denn in dem Maße wie sich das oberirdische Erscheinungsbild der Baumarten unterscheidet, gestaltet sich auch das Wurzelwachstum ganz unterschiedlich. Nicht jede Baumart kann auf allen Böden gedeihen, und für manche speziellen Bodenformen hält die Natur auch ganz spezielle Wurzellösungen bereit:

Die Fähigkeit der Fichte, mit einer breit ausgestellten Tellerwurzel auch auf schwankenden, moorigen Böden über dem Permafrost Sibiriens wie auf Schneeschuhen zu stehen, ist schon eine spektakuläre Sonderlösung. Aber auch die Eigenschaft von Eiche, Kiefer und Weißtanne, Pfahlwurzelsysteme zu entwickeln, die weit in den Boden hinabreichen, ist für unsere Überlegungen von großer Bedeutung. Schließlich erreichen Bäume, die solche Wurzelformen ausbilden, viel tiefere Bodenschichten. Dort können diese Arten nicht nur Wasser finden, das für andere Bäume unerreichbar ist, sondern sie befördern damit auch Nährstoffe nach oben, die über den zunächst oberirdischen Nährstoffkreislauf nach dem herbstlichen Laubabfall später auch anderen Arten zur Verfügung stehen. Manche Bäume eignen sich also dazu, wie eine Art Nährstoffpumpe zu wirken.

Die vielfältig positive Wirkung eines gemischten Waldes spiegelt sich somit bereits unter unseren Füßen wider. Eichen, die aus größerer Tiefe Nährstoffe gewinnen, spielen dabei eine ebenso besondere Rolle wie Pionierbaumarten, die über sehr schnell umsetzbares Laub rasch eine Humusbildung in oberen Bodenschichten anregen.

Doch zurück zur Zitterpappel: Ihr Holz ist wirtschaftlich bei uns noch eher unbedeutend, aber ein paar Produkte, die daraus erzeugt werden, finden sich schon jetzt in jedem Haushalt, zum Beispiel das Streichholz. Und auch vielseitig verwendbare

Sperrhölzer werden aus Pappelholz gefertigt, das derzeit noch aus Skandinavien oder Sibirien zu uns kommt. Das bedeutet, auch diese Pionierbaumart hat eine dreifache Funktion: Sie sichert und entwickelt Boden, der für eine zukünftige Waldentwicklung bereitsteht, ist als Nutzholz tauglich und hat eine gewaltige Bedeutung im Insektenschutz, da eine ungeheure Anzahl von Tieren an Zitterpappeln lebt und auf sie angewiesen ist.

Ähnlich verhält es sich mit den verschiedenen Weidenarten, die dank ihrer Fähigkeit, auch aus abgerissenen Ästen erneut einen Baum entstehen zu lassen, geradezu perfekt auf die Aufgabenstellung vorbereitet sind, Bach- oder Flussufer zu stabilisieren und Boden zu fixieren. Auch wenn Weiden heute in Deutschland wirtschaftlich kaum noch von Bedeutung sind, so müssen wir nur wenige Jahrzehnte zurückblicken, um zu sehen, dass das nicht immer so war: Die Körbe, in denen die frisch gewaschene Wäsche zum Aufhängen in den Garten gebracht wurde, waren aus Weidentrieben geflochten. Diesen Zweck erfüllen heute Wannen aus Kunststoff – sprich Erdöl.

Wenn also Pionierbaumarten wie Birke, Aspe, Weide und Eberesche es geschafft haben, nach einer Phase des tiefen Frostes aus Ödland wieder Wald zu machen, dann sollte es ihnen doch auch möglich sein, auf unseren staubigen Käferholzflächen eine Vegetationsdecke namens Wald aufzubauen. Deutschland wird Birkenland, da bin ich mir sicher. Wenn wir uns nicht ganz und gar dumm anstellen, werden die allermeisten Kahlflächen bei uns über kurz oder lang mit Birken in Maibaumqualität überzogen sein. Und in deren Schatten werden in einer ferneren Zukunft andere langlebigere Arten bestimmend sein. Zum Beispiel die Weißtanne. Oder Eichen, die unter unserer stetigen Pflege gemeinsam mit den Birken herangewachsen sind. Auf »die Eiche« als Sammelbegriff verschiedener Eichenarten wollen wir nun unseren Blick lenken.

UNVERZICHTBAR: DIE EICHE

Während die bei uns heimische Rotbuche eine Besonderheit Europas ist und allen weiteren Vertretern der Gattung *Fagus* – so lautet ihr wissenschaftlicher Familienname – rund um den Globus nur wenig Bedeutung zukommt, ist die Familie der Eichen eine wahrhaft global aktive Truppe. Überall finden sich Verwandte der doch so oft besungenen deutschen Eiche. Nein, Eichen sind keine europäischen oder gar deutschen Spitzenerzeugnisse, auf die wir Teutonen womöglich Exklusivrechte hätten. Dennoch sind die in Deutschland heimischen Trauben- und Stieleichen für unsere Wälder tatsächlich ein wundervoller Lösungsansatz.

Zum Basiswissen eines jeden Absolventen und einer jeden Absolventin einer forstlichen Schule in Deutschland gehört, dass in den vergangenen klimatischen Warmphasen nicht die Buche die bestimmende Baumart in Mitteleuropa war, sondern die Eiche und hier besonders die Traubeneiche. Und genau auf eine solche Warmphase bewegen wir uns mit viel zu hoher Geschwindigkeit zu. Es ist also gut und wichtig, auf jede kleine Eiche ein ganz besonderes Auge zu haben.

Lassen Sie uns zur Verdeutlichung auf eine besondere Begebenheit schauen: Im September 1991 fanden Bergwanderer in den Ötztaler Alpen eine erstaunlich gut erhaltene Leiche in Resten einer merkwürdigen Funktionskleidung. Der mittlerweile als Ötzi weithin bekannte Alpinist geisterte ein paar Tausend Jahre vor Christi Geburt in den Hochlagen der Alpen umher. Müssen wir uns somit den gesamten Alpenraum jener Zeit als komplett tiefgefroren vorstellen?

Intensiv beschäftigen sich Klimaforscher mit der Frage, wie sich die Temperaturen in den letzten Jahrtausenden entwickelt haben und ob die Alpen womöglich schon einmal eisfrei waren. Man kann Zeiträume definieren, in denen Europa 2 bis 3 Grad wärmer war als heute. Und genau in diesen Warmzeiten wurden unsere Wälder stärker von Eichen als von Buchen dominiert. Das allein kann uns heute als Hinweis darauf dienen, dass Trauben- und Stieleichen mit den höheren Temperaturen offenbar besser zurechtkamen als andere Arten. Und selbst die archäologischen Erkenntnisse rund um Ötzi und seine Kleidung sind Puzzlesteine für die Skizze der zukünftigen Rahmenbedingungen, in denen sich die neuen Wälder wiederfinden werden. Denn Ötzi macht uns deutlich, dass sich die Temperaturen in Europa enorm verändern können – von für uns Menschen lebenswerten Plusgraden bis hin zu Eis und Frost, in denen wir nicht existieren können. Über das Tempo der Veränderungen hingegen verrät uns der Mann aus den Bergen zunächst nichts.

Mit Blick auf ehemalige Warmzeiten und den aktuellen Klimawandel lohnt es also, sich mit der Baumart Eiche zu beschäftigen. Sehen Sie es mir nach, aber immer dann, wenn ich von »der Eiche« schreibe, meine ich die Traubeneiche. Sollte ich mal eine andere der vielen Hundert Eichenarten in die Betrachtung hineinnehmen, mache ich Sie ganz besonders darauf aufmerksam. Die Gelegenheit dazu kommt noch.

Zunächst einmal können wir festhalten, dass irgendetwas Besonderes an dieser Baumart ist, denn dass uns die deutsche Eiche als Symbol für Stabilität und Standhaftigkeit gilt, lässt sich ja nicht einfach so wegwischen. Irgendetwas muss also dran sein an der Eiche, die in Deutschland einen so gewaltigen Ruf genießt. Und in der Tat haben sich alle meine Vorgänger durchaus um die Eichen bemüht, denn in ganz Deutschland verteilt stehen immer wieder gewaltige alte Bäume im Wald oder auch außerhalb davon, die uns an längst vergangene Zeiten erinnern.

Der Grund dafür ist im Grunde profan: Die Eiche ist eine Alleskönnerin. Zum einen produziert sie wundervolles Bauholz! Das, was man nicht zu Balken schneiden kann, brennt zum anderen lang und ergiebig im Ofen, und bevor man den Baum fällt, lassen sich dann auch noch lange Jahre die Schweine zu seinen Füßen mästen und später dicke Speckseiten in den Räucherofen hängen. Zumindest früher war das so.

Viele Häuser meiner Heimatstadt in Oberhessen sind aus Eichenbalken gezimmert und bieten auch heute, nach über 500 Jahren Standzeit, ein wunderbares Wohnklima. Da soll man nicht ins Schwärmen kommen! Unsere Vorfahren waren auf die Eiche als Bauholzlieferantin geradezu angewiesen. In weiten Teilen Deutschlands wurden Häuser bis noch vor etwas mehr als 100 Jahren zunächst aus einem Gerippe kräftiger Eichenbalken errichtet. Und zwar nicht, weil man die Vorzüge des leichten und geraden Nadelholzes einer Fichte oder Kiefer nicht kannte, sondern weil in den Wäldern schlichtweg kein Nadelholz oder nicht genug davon zu bekommen war.

Natürlich denke ich dabei nicht an den Schwarzwald, den Bayerischen oder Böhmerwald oder auch das Erzgebirge, wo mächtige Weißtannen standen, die zu Bauholz verarbeitet oder nach Holland geflößt wurden. Nein, ich spreche von weiten Gebieten der Mittelgebirge Deutschlands und von der norddeutschen Tiefebene. Hier war die Eiche die Baumart, aus der die Häuser gebaut wurden. Und diese Häuser schützten Mensch und Tier über Generationen hinweg – ein Mythos war geboren.

Mit der Eiche verbinden wir also ganz vielfältige Nutzungsmöglichkeiten, wichtig für die Zukunft aber sind für uns ihre besonderen Fähigkeiten zur Entwicklung klimastabiler Wälder im Herzen Europas. Um das zu verstehen, müssen wir uns zunächst mit Basiswissen aus dem Fach Waldbau auseinandersetzen und kommen erneut zu einer Unterscheidung, von der schon die Rede war: der Einteilung in Licht- und Schattbaumarten – mit all ihren Abstufungen, die man dann Halbschattbaumarten nennt. In welche Schublade eine Baumart kommt, richtet sich nach der Wunschbelichtung der Jungpflanze. Dabei gibt es Extreme in die eine, die stark belichtete Richtung, wie sie zum Beispiel die Birke benötigt, und die andere, also die dunkle Seite des Geschehens. Hier steht die Baumart Eibe.

Vielleicht werden Sie jetzt aufmerksam und erinnern sich an irgendeine Eibe, die in einem Stadtpark oder auf dem Friedhof im Freien und mit vollem Sonnenlicht wunderbar gedeiht.

Auch dafür gibt es eine Erklärung: Wir dürfen also die Einstufung nicht so verstehen, dass ein Vertreter der Schattbaumarten in praller Sonne gar nicht wächst. Und damit sind wir erneut bei dem Umstand, dass es um die ersten Wachstumsjahre eines Baumes geht: Die junge Pflanze einer Schattbaumart gedeiht in einem sehr dunklen Umfeld immer noch, während die Jungpflanze einer Lichtbaumart an gleicher Stelle ihr Wachstum mangels Sonnenlicht einstellen muss.

Angesichts der vielen Kahlschlagsflächen in den Wäldern steht fest: An Licht mangelt es hier nicht. Die Freiflächen werden ungehindert mit Sonnenenergie versorgt, und die Lichtbaumarten sind offenbar genau für solche Bedingungen geschaffen. Schattbaumarten haben im Umkehrschluss ganz andere Fähigkeiten, und wenn wir der natürlichen Waldentwicklung ins Drehbuch schauen, erkennen wir rasch, dass Schattbaumarten erst sehr viel später wieder auf diesen Flächen vorkommen. Nämlich dann, wenn die Lichtbaumarten die Fläche besiedelt haben und wohltuenden Schatten spenden können.

Bei einer Waldentwicklung, die durch Birke und Eberesche angestoßen wird, können wir uns diesen Prozess folgendermaßen vorstellen: Birke, Aspe und Eberesche siedeln sich auf den freien Flächen problemlos an und hinzu stößt die langlebigere Eiche. Und jetzt wird die Bedeutung dieser lichtliebenden Baumart so richtig klar: Während sich Birke und Aspe nach wenigen Jahren verabschieden, bleibt die Eiche, denn sie ist geeignet, Freiflächen zu besiedeln und noch dazu dort für sehr lange Zeit zu wachsen.

Das macht die Eiche zu einem solchen Gewinn bei der Wiederaufforstung von Freiflächen, wie wir sie in unseren trockenen Wäldern zuhauf haben. In geschlossenen, dunklen Wäldern hingegen ist die Etablierung von Eichen eben wegen ihrer Eigenschaft als Lichtbaumart nur sehr eingeschränkt möglich. Und so sind die problematischen Freiflächen auch eine Chance für mehr Eichen in unseren Wäldern.

Wenn es gelingt, Eichenbesiedlung auf Freiflächen zu fördern, wird noch dazu die Biodiversität, also die Artenvielfalt, als Gewinnerin aus der Situation hervorgehen. Dass auf Flächen, die bis vor Kurzem noch dunkle, kühle Nadelwälder trugen und jetzt kahl und wie Mondlandschaften daliegen, ein Feuerwerk der Artenvielfalt gezündet werden kann, scheint schwer vorstellbar. Doch es ist möglich. Dazu muss man wissen, dass die Baumarten in unseren Wäldern einen verschieden hohen Wert für Schmetterlinge, Käfer und Pilze haben. Die Eiche nimmt in dieser Hinsicht eine herausragende Stellung ein, denn an sie sind über 1000 verschiedene Arten gebunden. Hirschkäfer und Heldbock sind dabei sicherlich die prominentesten. Doch man muss beileibe nicht alle Arten kennen – schon die Tatsache, dass eine Baumart eine solche Schlüsselposition hat, macht sie in Zeiten rasanten Artensterbens ungemein interessant.

Und auch andere Baumarten, die Freiflächen besiedeln, sind für ihre große Lebensgemeinschaft bekannt: Aspe und Salweide wie auch die Vogelkirsche spielen bei der Ernährung der Insekten im Frühjahr eine ungemein wichtige Rolle. Wenn also ein junger Wald eine große Vielzahl unterschiedlicher Arten aufweist, ist das grundsätzlich bereits ein Gewinn für das Ökosystem Wald. Wenn diese Mischung darüber hinaus auch noch einen nennenswerten Anteil der langlebigen und hochwertigen Baumart Eiche enthält, so sind die Forstleute ihrer Verantwortung gerecht geworden und haben vorausschauend gehandelt.

So einfach, wie es sich anhört, ist es nämlich nicht! Viele Wälder, in denen ganze Abteilungen – so nennen wir klar umrissene Bereiche im Wald – aus Eichen bestehen, sind vor Jahrzehnten, gar Jahrhunderten angelegt worden, also nicht einfach so entstanden. Dabei war schon damals die Etablierung einer Eichenkultur auf der Freifläche, die man zuvor eigens kahl gehauen hatte, im klassischen Verfahren teuer und riskant. Man kann Eichen säen, man kann sie pflanzen, oder man versucht sich in der Naturverjüngung. Immer bringt die Begründung eines reinen Eichenbestandes ein großes finanzielles und waldbauliches Risiko mit sich, denn in der klassischen Entstehung eines solchen Waldes operiert man rasch mit mehr als 6000 kleinen Pflänzchen und 12 000 Euro je Hektar – und das ist nicht viel mehr als ein Fußballfeld.

Bitte bedenken Sie, dass allein in dem von mir betreuten Revier eine Fläche von etwa 300 Hektar zur Neugestaltung ansteht und ich mir auch mit viel Fantasie derzeit nicht ausmalen kann, woher die Millionen Euro für die Aufforstung mit Eichen kommen sollten. Dabei habe ich die Frage nach der Verfügbarkeit der nötigen kleinen Pflanzen oder des Saatguts noch gar nicht einbezogen. Nein, so wird das nichts. Und außerdem wollen wir ja nicht von der einen dominierenden Baumart zur nächsten kommen, sondern es muss ein Weg gefunden werden, Mischwälder unter Beteiligung möglichst vieler Baumarten zu entwickeln. Doch ganz wichtig: Die Eiche muss dabei sein.

Einen freundlichen und unermüdlichen Helfer bei der Verbreitung der Eiche haben wir immerhin: den Eichelhäher. Es lohnt durchaus, sich um diesen schönen Vogel und seine erstaunliche Leistung einige Gedanken zu machen. Etwas über 30 Zentimeter lang, gut 170 Gramm schwer, für einen Rabenvogel erstaunlich bunt und bisweilen mit einer großen Klappe unterwegs – so begegnet uns der gefiederte Freund, und zum Glück gibt es ihn nach wie vor in ganz Deutschland. Sein Bestand gilt als ungefährdet, und seine Leistungen für den Wald sind überall zu beobachten.

Bitte überprüfen Sie es selbst, schwärmen Sie in die Wälder aus, und untersuchen Sie Waldbereiche, in denen Alteichen stehen, aber innerhalb der nächsten, sagen wir mal maximal 2 Kilometer Entfernung keine einzige. Irgendwo innerhalb dieser 2-Kilometer-Grenze werden Sie eine kleine Eiche finden. Und wenn es gut läuft, finden Sie sogar noch eine dritte und vierte und noch viele mehr. Nur, wie sind die Eicheln dorthin gekommen?

Spätestens beim Knall, der entsteht, wenn eine reife Eichel aufs Autodach fällt, wird einem klar, dass kein Sturm so stark sein kann, dass er eine gesunde und keimfähige Eichel kilometerweit durch die Gegend transportiert. Es muss also einen anderen Weg geben, wie Eicheln aus der Krone ihres Mutterbaums wegkommen, um ihrer Baumart eine Ausweitung des Territoriums zu ermöglichen und vor allem dafür zu sorgen, dass die kleinen Eichen aus dem Schatten herauskommen, denn schließlich ist die Eiche ja eine Lichtbaumart.

Diese Aufgabe übernimmt der Eichelhäher. Zuverlässig liefert der kleine Transportpilot reife Eicheln aus dem oberen Kronendach der Eichen auf benachbarte Freiflächen, um sie dort an geeigneten Plätzen zu säen. Dabei achtet er neben der erforderlichen Ablagetiefe des Samens auch auf das Umfeld: Der Boden muss leidlich locker und frei von Konkurrenzvegetation sein. Nur so kann aus der reifen Frucht im darauffolgenden Jahr eine kleine Eiche heranwachsen.

Dass sich der Eichelhäher in der Zeit der reichen Ernte ganz entscheidend von Eicheln ernährt, ist einleuchtend, aber er könnte sich ja auch einfach so kugelrund futtern und der Eiche nicht bei der Verbreitung helfen. Es stellt sich also ganz klar die Frage: Warum gondelt der hübsche Vogel Tausende Male im Herbst schwer beladen in der Gegend herum und sät Eicheln wie im Akkord?

Ganz offensichtlich haben beide Parteien etwas von diesem Verfahren. Die Eicheln kommen aus dem Schatten der Mutterbäume heraus, und die Eichelhäher sichern sich mit diesem Vorgehen ihren Teil der herbstlichen Mast. Denn dort, wo die Eichelhäher die Saat vornehmen, suchen weder Reh, Wildschwein oder Hirsch noch Mäuse nach den schönen Früchten. Diese Nahrungskonkurrenten des Hähers sammeln ihr Futter viel lieber und effizienter direkt unter dem Baum ein, wenn die vielen kleineren Eicheln aus dem unteren Kronenraum fallen. Der Eichelhäher versteckt die Eicheln also gezielt und vergisst auch nicht wo. So kann er die Plätze, an denen sie lagern, später wieder aufsuchen. Dort werden die Eicheln gut konserviert, denn sie dienen dem Eichelhäher sogar dann noch als Futter, wenn die kleinen Eichen schon gekeimt haben.

Im Gegensatz zu vielen anderen Baumarten bildet die Eiche keine Keimblätter aus, sondern die Keimblattanlagen, die den jungen Spross mit Nährstoffen versorgen, verbleiben als Anlagen am Keimling. Sobald nun die ersten Eichenblätter grün werden und sich der Keimling selbst ernähren kann, können die Keimblattanlagen, die noch immer einen hohen Nährstoffgehalt haben, abgepflückt werden, ohne dass die junge Eiche unter der Entnahme leidet. So steht dem Eichelhäher Futter im zeitigen Frühjahr zur Verfügung, und die Eiche kann dennoch ungestört heranwachsen.

Eine Win-win-Situation für Eiche und Häher also, und wir sind gut beraten, dieses Verfahren in unsere Überlegungen einfließen zu lassen. Um den Eichelhäher bei seiner segensreichen Arbeit zu unterstützen, hat es sich bewährt, sogenannte Hähertische aufzustellen und Eicheln darauf abzulegen. Und das schon lange: Der berühmte und bereits erwähnte Forstmann Karl Gayer erkannte bereits im 19. Jahrhundert den Eifer der Eichelhäher und beschreibt in seinen Texten die gelungene Eichenverjüngung nach diesem Verfahren.

Vor allem aber ist es wichtig, bei der Aufarbeitung des Fichten-Käferholzes oder auch der Durchforstung eines sonstigen Bestandes immer darauf zu achten, dass die einzelnen Eichen-Altbäume, die als Mutterbäume fungieren können, grundsätzlich erhalten bleiben. Die Hähersaat kann allein sicher keine Kahlfläche in Wald verwandeln, aber sie ist eine Bereicherung und zeigt, welche Kräfte der Natur wir uns bei der Wiederbewaldung zunutze machen können.

EINE KÖNIGIN UNTER DEN BÄUMEN: DIE KIRSCHE

Zu den heimischen Baumarten, denen wir in Zukunft mehr Aufmerksamkeit schenken sollten, zählt für mich auch die Vogelkirsche. Regelmäßig statte ich den Kirschbäumen in meinem Revier einen Besuch ab und erfreue mich an ihnen. Alle Praktikantinnen, Praktikanten, Besucherinnen und Besucher mussten sich schon besondere Kirschbäume bei mir anschauen! Und obwohl ich Vermenschlichungen im Zusammenhang mit Wald nicht mag, spreche ich bei stattlichen, gesunden Kirschbäumen schon mal von einer Königin und bei einer schlanken, geraden Birke mit gesunden Kronen, die noch dazu keine langlebige Eiche bedrängt, von einer Prinzessin. Doch warum diese Begeisterung?

Zunächst ist die Kirsche wie schon die Eiche eher als Lichtbaumart zu bezeichnen und für die Besiedelung von Freiflächen daher durchaus geeignet. Das gelingt auch per natürlicher Verjüngung, und dabei sind wiederum Vögel als Spediteure im Einsatz. Ähnlich wie bei der Eiche haben erneut beide Parteien etwas davon: Die Vögel lassen sich das Fruchtfleisch der reifen Kirschen schmecken und im Anschluss die Kirschkerne unbeachtet nach unten fallen. Aber auch Fuchs und Dachs tragen Kirschkerne in ihren Verdauungsorganen durch die Landschaft, und im Kot der Tiere kann man die Kerne finden. Manchmal ist es schon erstaunlich, wo ganz plötzlich kleine Kirschbäumchen heranwachsen.

Man kann sich leicht vorstellen, dass diese weiträumige Verteilung der Samen durch Vögel und Säugetiere einen tieferen Sinn hat, den wir bei der waldbaulichen Arbeit mit Kirschen, aber auch bei Baumarten wie Elsbeere oder Speierling, nicht aus den Augen verlieren dürfen. Wie die Kirsche gehören die beiden letzteren zu den *Rosaceae,* also den Rosengewächsen. Und in dieser großen Pflanzenfamilie spielen Krankheiten, die durch Bakterien oder Pilze ausgelöst werden, eine bedeutsamere Rolle als bei den meisten anderen Baumarten. Da hilft es, wenn zwischen den einzelnen Bäumen reichlich Platz ist und die Pflanzen regelrecht verstreut im Wald stehen.

Das macht die Arbeit mit Kirschen manchmal etwas schwierig, denn es ist gar nicht so einfach, sich einen Überblick über die Kirschbäume im Revier zu verschaffen. Außer zur Kirschblüte natürlich! Zu dieser Zeit im Jahr findet man problemlos jeden einzelnen Kirschbaum, denn seine Blütenpracht sticht einem geradezu ins Auge. So ziehe ich im April mit verschiedenen Astscheren, Hand- und Motorsäge los und kümmere mich um die Bäume – eine Arbeit, die ich sehr gern mache. An jungen Kirschen kann man die trockenen Äste entfernen, und auf alle Fälle muss dafür gesorgt werden, dass die Baumkrone der jungen Königin frei von anderer Konkurrenz ist und gut mit Licht versorgt wird.

Ich gehe so weit, auch Kirschen zu unterstützen, die aufgrund ihrer Stammqualität niemals wertvolles Holz hervorbringen werden. Denn: Auch solche Kirschbäume blühen, bieten also allerlei Insekten Nahrung und produzieren Früchte. Nur wenn Kirschen reifen, können neue Kirschbäumchen entstehen. Deswegen gilt für meine Mitarbeiter und mich: Eine Vogelkirsche wird besonders behandelt und gefördert. Wie der Stamm aussieht, ist zunächst zweitrangig.

Junge Kirschbäume müssen sorgsam gepflegt werden, denn diese Baumart neigt dazu, in relativ jungen Jahren bereits Stammfäule auszubilden. Es bleibt also nur wenig Zeit, um einen wertvollen Stamm zu erzeugen, und so sollte man den Wachstumsschwung der jungen Kirschbäume unbedingt nutzen. Schon bei einem Alter von maximal 60 Jahren ist es sehr wahrscheinlich, dass der Stamm von Fäulnis befallen ist. Daher versuchen wir, die Kirschbäume so zu pflegen, dass ihre Stämme bis zu diesem Alter eine ansprechende Dimension erreicht haben. Und natürlich ist das für uns von größter Bedeutung, denn wir wollen Holz als Rohstoff für die verschiedenen Verarbeiter zur Verfügung stellen und mit dem Verkauf von Holz Geld verdienen. Eine gesunde, mächtige Kirsche mit großer Krone bietet zuvor aber darüber hinaus auch Nahrung für viel mehr Insekten als ein Baum, dessen Wuchs nicht gefördert wurde und der sich mit eingeklemmter Krone gar nicht entwickeln konnte.

DAS KLIMAHÜLLENMODELL

Bei der Suche nach klimastabilen Bäumen für unsere heimischen Wälder kann es helfen, die Wachstumsbedingungen einer Baumart messbar zu machen. Zu diesem Zweck haben Kollegen und Kolleginnen aus Bayern zu Beginn der 2000er-Jahre für viele Baumarten ein recht einfach zu verstehendes Modell entwickelt: die sogenannte Klimahülle.*

In einer Grafik mit den Achsen Jahresdurchschnittstemperatur und Jahresniederschlagsmenge werden die Klimabedingungen unterschiedlicher Regionen wie der Bundesländer dargestellt und auch die Bereiche markiert, in denen eine Baumart unter den natürlichen Bedingungen einer Waldgesellschaft wachsen und gedeihen kann. Dabei ergeben sich wolkige Gebilde in der Grafik. Und zwar gleich zwei Wolken: Die erste steht für die Region, die es zu betrachten gilt, also Deutschland oder eines der Bundesländer, und die andere Wolke stellt den Klimabereich des natürlichen Vorkommens der zu betrachtenden Baumart dar. Überlagern sich die beiden Wolken, sind die Wachstumsbedingungen für die Baumart in der Region günstig, liegt die eine Wolke außerhalb des Bereichs der anderen, stehen die Chancen schlecht, dass ein Baum dieser Art in der Region unter natürlichen Bedingungen wächst.

Die Forstwissenschaftlerinnen und Forstwissenschaftler aus Bayern haben derartige Grafiken für über 20 Baumarten erstellt, und man kann mit ihnen recht einfach herausfinden, ob der eigene Wohnort oder eben das Forstrevier, welches man betreut, gewissermaßen in der Komfortzone einer bestimmten Baumart liegt. Sofern Sie also die Werte Jahresdurchschnittstemperatur und Jahresniederschlagsmenge für Ihren Wohnort zur Hand haben, können Sie ihn als Punkt in der Grafik ein-

* Die Forschung wird bei der Bayerischen Landesanstalt für Wald und Forstwirtschaft (LWF) vorgenommen, vgl. z. B. https://www.lwf.bayern.de/boden-klima/baumartenwahl/015506/index.php, abgerufen am 07. 11. 2022.

tragen und sehen, ob eine Buche beispielsweise bei Ihnen natürlich gedeihen kann.

Ganz besonders spannend wird es allerdings, wenn man eine Veränderung der Jahresdurchschnittstemperatur um 1, 2 oder 3 Grad vornimmt. Da sich die individuelle Komfortzone und damit also die Klimatoleranz der Baumart nicht ändert, bleibt diese Wolke statisch in der Grafik stehen, während sich die Darstellung der zu betrachtenden Region entsprechend in Richtung höhere Temperaturen bewegt. Dann aber fallen etliche Baumarten in weiten Teilen Deutschlands aus dem Raster, denn die Überlagerung der Wolken der Baumart mit der ausgewählten Region ist nicht mehr gegeben.

Im Grunde müsste zur Beantwortung der Frage, welche Baumart in unsere Wälder eingebracht und verstärkt gefördert werden sollte, zunächst der Klimahüllentest durchgeführt werden. Dann hätte man es schwarz auf weiß: Leider sieht es unter Berücksichtigung eines Temperaturanstiegs, orientiert am Szenario RCP8.5 des Weltklimarats, für viele Baumarten, die heute noch in Deutschlands Wäldern die Hauptrolle spielen, ziemlich düster aus, da sich keine oder immer weniger Übereinstimmungen im Klimahüllenmodell ergeben. Aber von anderen Bäumen kann man durchaus annehmen, dass sie nach allen Untersuchungen der klimatischen Bedingungen in den jeweiligen Herkunftsgebieten mit den angekündigten Klimaveränderungen bei uns zurechtkommen könnten. Und das ist eine sehr gute Nachricht, denn zumindest sind wir noch nicht am Ende der Weisheit angelangt.

Schauen wir uns doch zur Verdeutlichung einmal die Bedingungen der Region an, in der ich lebe. Für das Jahr 2020 weist die Wetterstation Berghausen – eine behördlich betriebene Agrarmeteorologische Messstelle in unserer Gegend – eine Jahresdurchschnittstemperatur von 10,7 Grad Celsius aus. Der Jahresniederschlag liegt für denselben Zeitraum bei 468,5 Millimetern. Mit diesen Werten befanden wir uns in jenem Jahr in einem Bereich, der trockener und wärmer ist als irgendein Punkt in der Fläche des natürlichen Vorkommens der Baumart

Fichte im Klimahüllenmodell. Aber leider auch in einem Bereich, der sich am trockenen und heißen äußeren Rand des natürlichen Vorkommens von Weißtanne oder Buche befindet. Das war nicht immer so, denn das vieljährige Mittel des Zeitraums zwischen 1961 und 1990 kann mit Angaben von 8,1 Grad und 729,5 Millimeter Regen im Jahr glänzen! Mit solchen Werten findet man sich in der absoluten Komfortzone der Buche oder auch der Weißtanne wieder.

Jahre wie 2020 muss man zunächst sicher als Einzelwert betrachten. Verschiedene Baumarten können, sofern sie tief reichende Wurzeln aufweisen, auch solche Extremjahre überstehen, und daher ist es klug, tatsächlich Mittelwerte über verschiedene Jahre zu bilden und in der Klimahüllengrafik darzustellen. Allerdings kann man mit ein paar zuverlässigen Wetterdaten herleiten, dass sich die Bedingungen so verändert haben, dass verschiedene Baumarten am Rand ihrer biologischen Fähigkeiten angelangt sind. Und das, obwohl es ihnen nur wenige Jahrzehnte zuvor hier noch richtig gut ging. Andere Baumarten wie Elsbeere oder Schwarzkiefer lassen erkennen, dass sich das Klima womöglich in ihre Wunschrichtung bewegt. Das wiederum macht Hoffnung.

VERGESSENE BAUMARTEN ALS CHANCE: DIE HAINBUCHE

Bei der Durchsicht der Klimahüllen verschiedener Baumarten bin ich bei einer heimischen Baumart hängen geblieben, die nach allem, was wir bisher beobachten konnten, von klimatischen Veränderungen unbeeindruckt bleibt: die Hainbuche. In vielen Wäldern führt sie ein meist unbeachtetes Leben. Zwar auf weiten Flächen vertreten, hat sie es nie zu großer Prominenz gebracht.

Zu Unrecht, wie ich finde, denn in früheren Jahrhunderten hatten auch diese Art und ihr Holz eine große Bedeutung im Maschinen- und Gerätebau. Noch heute gibt es hochwertige Werkzeuge, die mit einem Griff aus Hainbuchenholz ausgestattet sind. So zum Beispiel Schraubendreher und Stechbeitel, Schnitzmesser oder handgeführte Hobel. Hier nämlich ist ein Holz gefragt, in dem der Ehering des Handwerkers keine Abdrücke hinterlässt – sprich, das Holz muss extrem hart und abriebfest sein –, und es gibt noch heute Gleitlager in speziellen Maschinen, in denen sich die Wellen in einer Holzlagerung tatsächlich tadellos drehen. Genau hier war und ist das Holz der Hainbuche gefragt. Und mit Blick auf die Klimawolke ist es gut denkbar, dass diese Baumart, deren Wertschätzung nach Einzug der Kunststoffe in die Werkzeugproduktion drastisch gesunken ist, eine gewisse Renaissance in unseren Wäldern feiern wird. Sie kommt in Regionen vor, die schon heute mit einem trockeneren und wärmeren Klima konfrontiert sind als in den vergangenen Katastrophenjahren hier. Doch bei vielen Forstleuten ist die Hainbuche nicht gerade beliebt, denn sie gilt als kurz, krumm und mit vielen Ästen im Stammbereich behaftet. Wir sollten uns daher mit der Frage beschäftigen, warum sich ein Baum oder gar eine Baumart in einer speziellen Art und Weise präsentiert.

Was wir sehen, ist das äußere Erscheinungsbild eines Baums, was uns verborgen bleibt, ist seine genetische Ausstattung. Jedes Baumindividuum wird in seinem Wuchs von der Genetik ebenso bestimmt wie von den Bedingungen, unter denen es sich entwickelt – was sich im Laufe eines Lebens eben alles so ereignet hat. Da sind der Boden und das Grundgestein ebenso von Bedeutung wie die Behandlung des Bestandes. Denn dass wir in Deutschland keine absolut unbehandelten Waldflächen finden, habe ich ja schon beschrieben. Überall sehen wir Zeugnisse menschlicher Bewirtschaftung, und die Art des Interesses der Menschen an einer Baumart hat sich auch auf das Erscheinungsbild des einzelnen Baumes ausgewirkt.

Das kann aber umgekehrt auch bedeuten, dass wir heute mit einer anderen Aufmerksamkeit und mit dem Ziel, die Vielfalt im Wald zu erhöhen, auch eine Baumart wie die Hainbuche fördern und dabei ganz andere Baumindividuen hervorbringen können als bisher. Und genau das wollen wir uns am Beispiel dieser Baumart einmal anschauen.

Die Hainbuche bringt uns mit ihrem Namen zunächst auf eine vollkommen falsche Fährte, denn sie ist nicht mit der Rotbuche verwandt, sondern gehört vielmehr in die Familie der Birkengewächse. Für die Hainbuche ist ein großes Herkunftsgebiet in Europa und Vorderasien beschrieben. Dort beweist sie eine unglaubliche Toleranz bezogen auf Niederschläge und Temperaturen. Sie tritt natürlich meist in Gesellschaft mit der Eiche auf, in der sie eine etwas untergeordnete Rolle spielt, nämlich die der »dienenden Baumart«. Das bedeutet, die Hainbuche wächst unter der Krone der Eiche, in deren Schatten also. Wir Förster und Försterinnen machen uns das zunutze, indem wir Hainbuchen ganz gezielt in solchen Lagen erhalten oder auch in Kombination mit der Eiche pflanzen. Die Hainbuchen beschatten in den Wäldern die Stämme der größeren Eichen und sorgen so dafür, dass die Eichen nicht auf einmal Äste aus dem Stamm austreiben, sogenannte Wasserreiser.

Die Hainbuche spielt also eine wichtige, aber eben eine dienende Rolle. Nur wenige Kolleginnen und Kollegen weisen ihr eine Hauptrolle zu, wächst sie irgendwo allein, dann ist das meist dem Zufall zu verdanken. Wenn man sich aber nun ebendiese Zufallsprodukte genauer anschaut, trifft man oft auf ganz erstaunliche Baumindividuen! Sehr gerade, stattlich heranwachsende Bäume stehen da vor uns, und mit nur ein wenig Fantasie kann man sich vorstellen, was aus vielen Hainbuchen hätte werden können, wenn man sich anders um sie gesorgt und sie nicht nur in der dienenden Rolle gesehen hätte.

Und womöglich bringt diese Baumart Fähigkeiten mit, die bislang noch nicht von großer Bedeutung waren, es aber werden könnten: Hainbuchenholz ist das in Europa mit Abstand schwerste Holz, es weist also eine sehr große Dichte auf: 1 Kubikmeter Hainbuchenholz bringt bis zu 1100 Kilogramm auf die Waage. Zum Vergleich: Bei der Baumart Fichte geht man von etwa 800 Kilogramm pro Kubikmeter aus. Vielleicht kann diese Besonderheit in Kombination mit ihrer großen Klimatoleranz die Hainbuche in Zukunft zu einer enorm wichtigen Baumart machen, die den Rohstoff für ganz neuartige Produkte liefert, an die wir derzeit noch gar nicht denken.

EINE WALDBAULICHE ALTERNATIVE: DER AHORN

Meine Beobachtungen der letzten Jahre bringen mich immer mehr dazu, dankbar jedes Geschenk, das mir die Wälder auf dem Weg zur Wiederbewaldung machen, ausgiebig zu feiern. Dabei tut sich eine Baumartenfamilie ganz besonders hervor, und deswegen möchte ich sie Ihnen auf keinen Fall vorenthalten: der Ahorn, also Bergahorn, Spitzahorn, Feldahorn und in meiner Region auch der Französische Ahorn.

Mit einer erstaunlichen Kraft besiedelt hier derzeit der Bergahorn manche frei gewordene Fläche und schafft in für forstliche Verhältnisse unglaublich kurzer Zeit – also bereits in einem Rahmen von rund zehn Jahren – ein angenehmes Waldinnenklima. Ich bin froh über jeden einzelnen älteren Ahornbaum, der im Herbst seine Propellersamen losflattern lässt, denn in einer Entfernung von bis zu 100 Metern kann man in den Jahren darauf kleine Ahornbäumchen heranwachsen sehen.

In den vergangenen Jahrzehnten hat man dem Ahorn in unseren Wäldern leider nur wenig Raum zur Verfügung gestellt, da man für die Nutzung seines Holzes nur eingeschränkte Verwendungsmöglichkeiten sah. Ja, dem Feldahorn, dessen Verbreitungsgebiet sehr weit in trockenere Gefilde reicht, sprach man beinahe die Eigenschaft ab, ein Baum zu sein, und hätte ihn viel lieber bei den Sträuchern einsortiert. Doch angesichts der dramatischen Entwicklungen scheint ein Umdenken einzusetzen, und so beschreiben die Kollegen und Kolleginnen der Bayerischen Landesanstalt für Wald und Forstwirtschaft den Feldahorn gar als eine »waldbauliche Alternative im Waldumbau«.*

* https://www.lwf.bayern.de/boden-klima/baumartenwahl/119078/index.php, abgerufen am 07.11.2022.

Ähnlich schätzen wir den Spitzahorn ein, der bislang überwiegend in Gärten und Parks zeigen konnte, was in ihm steckt. Eilig werden nun in den Baumschulen größere Beete mit Spitz- und auch Feldahorn eingesät, denn viele Forstleute entdecken diese Arten für sich und geben ihnen Raum, sich auf den frei gewordenen Flächen zu entwickeln.

Mit der Ahornart, die in Deutschland am häufigsten vertreten ist, nämlich dem Bergahorn, verbinde ich allerdings Wehmut. Er breitet sich zwar wie erwähnt zunehmend auf verschiedenen Flächen aus, jedoch gibt es immer mehr Bereiche und Einzelbäume in Deutschland, die massiv von einem aus Nordamerika eingeschleppten Pilz namens *Cryptostroma corticale* befallen werden. Die durch diesen Erreger ausgelöste Rußrindenkrankheit lässt die betroffenen Bäume binnen weniger Jahre absterben, und von ihrem Holz geht gar eine Gefahr für die Waldarbeiter aus. Sie müssen ihre Atemwege schützen, wenn sie mit den kranken Bäumen zu tun haben.

Besonders durch Trockenheit geschwächte Bäume sind anfällig für die Rußrindenkrankheit, und so können Sie sich vorstellen, dass meine Freude angesichts einer sich großflächig entwickelnden Verjüngung aus vielen, vielen kleinen Bergahornen durch die Sorge getrübt wird, ob diese Bäume den Gefahren durch den Pilz auf Dauer widerstehen können. Eine klug durchgeführte Pflege dieser Wälder könnte womöglich helfen. Die Frage ist nur: Wie lange geht das gut?

PILZE, KÄFER UND DER VERLUST VON ULME UND ESCHE

Damit sind wir bei weiteren Baumarten, die sich eigentlich zur Wiederbewaldung gerade auch auf trockeneren Böden eignen, aber neue Schwierigkeiten bergen. Mit dem weltweiten Handel werden auch Pilzsporen mühelos über riesige Entfernungen transportiert. Eine unsichtbare Gefahr, die in Deutschland seit dem letzten Jahrhundert große Probleme verursacht, denn Pilzerkrankungen, die aus anderen Erdteilen eingeschleppt wurden, können katastrophale Auswirkungen haben.

Sagt Ihnen der Name Rüster etwas? Die Antiquitätenfreunde unter Ihnen haben jetzt wahrscheinlich das Bild wertvoller Möbel aus längst vergangenen Zeiten vor sich. Und in der Tat sind diese Zeiten vergangen und werden vermutlich auch nicht mehr wiederkommen, denn die Ulme, deren Holz als Rüster gehandelt wird, ist sehr selten geworden in Deutschland. Der Genauigkeit halber: Ulme ist dabei der Familienname, wobei es in Deutschland drei Ulmenarten gibt. Während die Flatterulme derzeit immer wieder einmal in Pflanzplänen auftaucht und als leidlich widerstandsfähig gilt, ist die Bergulme durch einen Schlauchpilz, der in den 1920er-Jahren über den Warenverkehr mit Ostasien nach Europa kam, in Deutschland so stark dezimiert worden, dass sie im Wald nur noch eine sehr untergeordnete Rolle spielt. Der Pilz, gegen den es keine Möglichkeit der Abwehr gibt, wird am Hinterteil eines Käfers transportiert, der schon immer in einer Lebensgemeinschaft mit der Ulme existiert und zu einer sehr bekannten Gruppe von Käfern gehört: Es handelt sich um den Ulmensplintkäfer aus der Familie der Borkenkäfer.

Die Tatsache, dass hier ein Pilz einen Transporteur benötigt, unterscheidet ihn von einem weiteren Pilz, der ebenfalls aus Ostasien stammt und den harmlos klingenden Namen Falsches Weißes Stängelbecherchen trägt. Das Ergebnis einer Infektion mit Pilzen aus anderen Erdteilen endet aber meist ähnlich. Nämlich mit dem Absterben des Baums. Das Falsche Weiße Stängelbecherchen, das die Gemeine Esche befällt, breitet sich seit einigen Jahren in rasender Geschwindigkeit in Deutschland und Europa aus. Seine Sporen werden allein durch den Wind übertragen und benötigen keinen Überbringer wie der Pilz, der die Ulmen absterben lässt. Vom Falschen Stängelbecherchen befallene Eschen jeden Alters sterben ab, und es besteht derzeit trotz aller Forschungen nur noch wenig Hoffnung für diese Baumart, die einst die größten Laubbaumindividuen Europas hervorbrachte.

Zum Glück sind die Wälder meines Reviers noch nicht mit dem Asiatischen Laubholzbock in Kontakt gekommen. Denn ähnlich wie bei den erwähnten Pilzen werden über den internationalen Warenverkehr auch immer wieder Insekten in Regionen gebracht, in denen sie sich ungehindert ausbreiten können, da ihre natürlichen Gegenspieler fehlen. Eine solche Spezies, die als extrem gefährliche invasive Art mit großem Schadpotenzial gilt, ist besagter Asiatischer Laubholzbock. Es besteht die Gefahr, dass ganze Wälder, auch aus unterschiedlichen Baumarten, befallen werden. So führte das Auftreten dieses Käfers in verschiedenen Bereichen Süddeutschlands bereits zu drastischen Quarantänemaßnahmen. Alle befallsgefährdeten Bäume rund um den Fundort wurden kurzerhand gefällt! Immer in der Hoffnung, mit der Verbrennung des eingeschlagenen Holzes auch die Käfer töten zu können. Die Käfer – oder deren Larven – waren versteckt in Verpackungshölzern nach Deutschland eingereist.

Das Aussterben einer Baumart wie der Esche hat über die eigentliche Art hinaus weitreichende Folgen. Die Bedeutung der Biodiversität um eine Baumart herum haben wir bereits am Beispiel der Eiche beleuchtet. Mit dem Ende der Esche werden nun wiederum Hunderte weitere Arten zum Beispiel aus der Gruppe der Insekten aussterben, die bisher eine angestammte Lebensgemeinschaft mit der Esche gebildet haben.

Doch auch die historische Nutzung dieser Baumart zeigt, welch großer Verlust ihr Absterben darstellt. Noch vor einigen Jahrzehnten war Eschenholz ein ungemein wichtiger Rohstoff für Handwerk und Verkehr. Während wir heute für Produkte, die einer großen Biegebelastung ausgesetzt sind, schnell den genau dafür hergestellten Kunststoff einsetzen können, brauchten Wagner und Stellmacher das Holz der Esche. Das Holz des nordamerikanischen Hickorybaums war, wenn überhaupt verfügbar, so teuer, dass man es vielleicht mal für einen Axtstiel einsetzte. Aber eine lange Deichsel für den Erntewagen? Das Ortscheit am Geschirr der Pferde? Die Stiele für Schaufeln und

Gabeln? All das wurde aus Eschenholz gefertigt, und wenn eine Kutsche, ein Wagen oder ein Karren nicht leicht und dennoch stabil gefertigt werden kann, hat das unmittelbare Auswirkungen auf den Transport in einer Region. Selbst nach dem Zweiten Weltkrieg waren viele Busse und Lkws noch mit einer Holzkarosserie ausgestattet. Im Grunde eine Verkehrslösung, die im besten Sinne recycelbar war, denn wenn ein Fahrzeug nicht mehr zu gebrauchen war, fand sich sicher ein Ofen in der Nähe, und das Holz aus einem Unfallwagen konnte immer noch verbrannt und zum Heizen genutzt werden.

Für unsere Großväter wäre das Absterben der Esche eine Katastrophe gewesen, und auch für uns ist ihr Verlust einen Aufschrei wert. Denn mit den klimatischen Veränderungen, mit denen wir rechnen müssen, würde sie wunderbar zurechtkommen und wäre eine geeignete Baumart für den Wald der Zukunft.

Dazu passt auch ihre mythologische Bedeutung: Es gibt nur wenige Worte, die mit einem Y anfangen, eines davon ist Yggdrasil – Weltesche. In der nordischen Mythologie trägt der erste Baum auf Erden diesen Namen und verkörpert den ganzen Kosmos. Die Weltesche verbindet alles mit allem und setzt auch der Vorstellungswelt Grenzen. Allerlei mythisches Getier ist in der Krone, am Stamm und an den Wurzeln dieses allumfassenden Weltenbaums unterwegs, und wenn die Esche welkt, ist der Welt Ende nicht mehr fern. Da stimmt es schon nachdenklich, dass die Krankheit, an der diese Baumart heute leidet und die sie auf großer Fläche zum Verschwinden bringt, den Namen Eschenwelke trägt.

VON BAUMVERMEHRUNG UND BEGLEITSCHEIN: DIE ROTBUCHE

Womöglich sind Sie erstaunt, dass die flächenmäßig bedeutendste Laubbaumart Deutschlands bislang noch kaum Beachtung gefunden hat: die Rotbuche. Tatsächlich nimmt sie etwas mehr als 15 Prozent unserer gesamten Waldfläche ein – Tendenz steigend. Zudem lässt sich nicht bestreiten, dass das Ökosystem gerade in Buchenwäldern, deren ältere Exemplare 150 und mehr Jahre erlebt haben, etwas ganz Besonderes ist.

Bis vor Kurzem stand für uns Forstleute außer Frage, dass die Baumart Buche in weiten Teilen Deutschlands unter für sie idealen Bedingungen lebt. Und so zielte die Bewirtschaftung von Buchenwäldern in den allermeisten Revieren auch darauf ab, ein sich selbst stetig regenerierendes System zu pflegen, dem man in gewissem Umfang etwas Holz entnehmen kann. Dieses System wollen wir später noch einmal beleuchten, aber hier gilt es festzuhalten: Buchen können sich auf natürlichem Weg im Schatten ihrer Mutterbäume entwickeln, und über das Maß an Beschattung des Waldbodens können wir Forstleute die Geschwindigkeit der natürlichen Buchenverjüngung und die Ergänzung um weitere Baumarten steuern. Fällen wir Bäume, kommt mehr Licht auf den Waldboden als in einem dichten Bestand. Ohne die durchforstende Entnahme von Holz entwickelt sich ein Buchenwald zu einer recht einseitigen Komposition: Die Buche dominiert.

Doch seit einigen Jahren müssen wir immer häufiger feststellen, dass gerade die älteren Wälder, die bislang von Buchen dominiert wurden, massive Trockenschäden aufweisen. Auch der Buche wird es in Deutschland zu warm und zu trocken. Ein absoluter Fixpunkt unseres mitteleuropäischen Waldverständnisses wackelt. Es bleibt nur die Hoffnung, dass die Buchenbestände Anpassungsprozesse durchlaufen und nicht verloren gehen.

Zur Wiederbewaldung von Freiflächen, die die Fichte hinterlassen hat, scheint die Buche jedenfalls kaum geeignet – das hat sich in meinem Revier gezeigt. Kahlschlagsflächen, die in der Vergangenheit mit Rotbuchen bepflanzt wurden, haben deutlich gemacht: Diese Baumart fühlt sich im prallen Sonnenlicht nicht wohl und reagiert teils mit merkwürdigen Wuchsformen oder sogar zeitig absterbendem Laub auf diese Situation. Umgekehrt erscheinen Buchenwälder mit einer im Halbschatten der Altbäume aufgewachsenen jugendlichen Schicht gesünder zu sein als Wälder, die keinen fließenden Übergang von Buchengeneration zu Buchengeneration aufweisen. Und schließlich spielt auch die genetische Ausstattung der Buchen eine Rolle. Zu diesem Schluss kann man kommen, wenn man bedenkt, dass sich in ihrem riesigen Verbreitungsgebiet innerhalb Europas manche Buchenwälder in recht trockenen Regionen guter Gesundheit erfreuen, während andere unter den Klimaveränderungen stark leiden.

Dass es also offensichtlich innerhalb dieser Baumart unterschiedliche, genetisch festgelegte Fähigkeiten gibt, sich an eine veränderte Situation anzupassen, ist für uns nicht zuletzt bei der Wahl des Saatguts interessant. Und damit sind wir bei der Frage der Vermehrung von Bäumen, wie sie in Baumschulen vorgenommen wird. Schließlich benötigen wir Forstleute kleine Buchen, um sie in Kiefern-, Fichten- oder auch Birkenwäldern unter dem Kronendach der Altbäume als zukünftige Waldgeneration heranzuziehen. Und dazu muss man auf kleine Waldbäume aus der Anzucht in speziellen Baumschulen zurückgreifen, sofern man nicht selbst säen will. Doch welche Bäume nimmt man zur Nachzucht? Gerade bei der Rotbuche wird diese Frage immer wichtiger werden, denn die Baumart ist und bleibt bei uns von ungemein großer Bedeutung.

Die grundsätzliche Verbindung zwischen Herkunftsregion und Qualität einer Baumart wurde bereits vor Jahrzehnten – typisch deutsch – in ein Gesetz mit dem Namen Forstliches Saat- und Pflanzgutgesetz gegossen, das heute Forstvermehrungsgutgesetz (FoVG) heißt. Mit diesem Gesetz, das ich schon aus dem Studium kannte, kam ich gleich in Kontakt, als ich meine Stelle als Revierförster antrat. Nach der üblichen formellen Amtsübergabe händigte mir mein Vorgänger die Geschäfte und damit allerhand Papierkram aus, der sich in all den Dienstjahren bei ihm angesammelt hatte. Unter den vielen Kartons, die ich zu meinem Auto trug, war auch eine Kiste, in der Metallplomben und Vordrucke offenbar schon länger vor sich hin staubten. Was aber hatte es damit auf sich?

Ich erfuhr, dass es in den Gemeindewäldern, die ich betreue, Waldbestände gibt, aus denen Saatgut – in diesem Fall Buchensaatgut – gewonnen werden darf, das später in den Forstbaumschulen zur Einsaat und Anzucht kleiner Waldbäumchen verwendet wird. Und tatsächlich sammelte eine Baumschule wenig später Bucheckern in diesen Bereichen. Mir fiel nun die Aufgabe zu, die prall gefüllten Säcke voller Bucheckern mit ebenjenen Metallplomben zu verschließen und für jeden Sack einen entsprechenden Begleitschein auszustellen – die Vordrucke aus der Kiste. Da wurde unter anderem festgehalten, wann, wo, und in welcher klimatischen Region geerntet worden war, und diese Daten begleiten die kleinen Pflanzen dann durch die ganze Baumschulzeit bis zum späteren Pflanzort.

Das war schon ein bedeutender Moment: Ich wachte mit meinem behördlichen Handeln über den Start ins Leben von Bäumen, die heute irgendwo im westdeutschen Hügelland stehen und etliche Meter hoch und wahrscheinlich dicker als mein Bein sind.

Der Gedanke hinter dem Begleitschein hat eine lange Geschichte. Auch den Förstergenerationen vor uns war die Bedeutung der Genetik als Grundlage für das Wachstum eines Baumes oder eines Bestandes sehr wohl bewusst, selbst wenn sie dabei noch nicht an molekularbiologische Vorgänge dachten. Sie gingen davon aus, dass aus dem Saatgut eines armseligen, krummen oder aus anderen Gründen bedauernswerten Bäumchens kein stattlicher Baum heranwachsen könnte, und wollten es daher bei der Anzucht junger Pflanzen zur Aufforstung eines Waldes nicht verwenden. Im Umkehrschluss machte man sich auf die Suche nach Bäumen und Waldbeständen, die besonders beeindruckende Wuchsleistungen oder andere Merkmale aufwiesen, die man für förderungswürdig hielt. In dem erwähnten Gesetz über forstliches Saat- und Pflanzgut aus dem Jahr 1957 wurde sehr deutlich das Ziel formuliert, mit der Auswahl besonders qualifizierter Elternbestände die Ertragsfähigkeit und Nutzbarkeit der Wälder zu steigern.

Doch auch die Zuordnung des Saatguts zu bestimmten Wuchsgebieten in Deutschland war Teil der Regelungen. Das bedeutet, dass Bucheckern aus dem Taunus nicht zur Anzucht von Waldbäumen für das Norddeutsche Tiefland oder Hochlagen des Allgäus verwendet werden durften – und umgekehrt keine Eckern aus jenen Lagen für den Taunus. Man teilte also Deutschland in verschiedene Herkunftsgebiete ein und legte fest, dass die Saat nur in den Heimatregionen zum Einsatz kam, um sicherzustellen, dass die kleinen Pflanzen sich in einem Umfeld wiederfanden und sich womöglich mehrere Hundert Jahre wohlfühlen würden, in dem schon die Elternbäume bewiesen hatten, wie gut sie mit den Rahmenbedingungen klarkamen.

1957 hat man zwar noch nicht an die Klimakatastrophe gedacht, jedoch war den Forstleuten auch damals schon bewusst, dass es Anpassungen der verschiedenen Arten an ein besonderes klimatisches Umfeld gibt. Mit anderen Worten: Eine Buche, deren Mutterbaum aus Schleswig-Holstein stammt und die an ein feines Plätzchen mit Blick auf die Ostsee gewöhnt ist, dürfte mit den Bedingungen in den Hochlagen Bayerns ebenso überfordert sein wie mit der Situation in den Wäldern rund um Freiburg im Breisgau.

Da man naturgemäß davon ausgehen kann, dass sich eine solche Überforderung meist nicht bereits in den ersten fünf Jahren eines Baumlebens zeigt, ist auch klar: Die üblichen Regelungen des Gewährleistungsrechts gegenüber der Baumschule oder dem Saatguthändler, von dem man die Jungpflanze oder den Sack mit Bucheckern bezogen hat, greifen zu kurz.

Also wacht eine staatliche Instanz in Deutschland genau darüber, dass hier alles mit rechten Dingen zugeht, und an der ersten Stelle des Geschehens, nämlich bei der Ernte von Bucheckern, Eicheln oder Tannensamen, tritt der erwähnte Begleitschein in Aktion.

Erst nachdem sich ein Gremium erfahrener Forstleute davon überzeugt hat, dass die Elternbäume gut und vital aussehen, der Bestand groß genug ist und ausreichend Altbäume aufweist, darf Saatgut gesammelt und an Baumschulen abgegeben werden. Noch im Wald werden die Säcke voller Bucheckern oder Eicheln verplombt, und anhand der mitgelieferten Daten auf dem Begleitschein kann die Baumschule noch Jahre später unter Millionen anderer Bäume nachvollziehen, dass diese oder jene kleine Buche aus der Abteilung X und dem Wald Y in Rheinland-Pfalz stammt. Mit diesem Wissen kann sie dann später eine junge Pflanze an einen Standort abgeben, wo sie ähnliche Bedingungen vorfindet wie ihre Elternbäume und ebenso zu einem stattlichen Baum heranwachsen kann.

Über diesen ganzen Vorgang wachen Mitarbeitende der Landesforstverwaltungen, die die Baumschulen genau kontrollieren. Die Akribie und Bürokratie dieser Abläufe machen sehr schön deutlich, dass uns die Verantwortung für die Wälder angesichts Baum-Wachstumszyklen von über 100 Jahren durchaus bewusst ist. Ob aus einer Buchecker am Ende tatsächlich eine stattliche Buche heranwächst, hängt natürlich noch von den Erfahrungen ab, die dieser Baum innerhalb etlicher Jahrzehnte machen wird. Somit also auch davon, wie waldbaulich um ihn herum gearbeitet wird. Aber: Im Vorfeld wird alles versucht, um sicherzustellen, dass die Geninformationen den Start in ein gigantisches Baumleben ermöglichen!

Selbstverständlich bezieht sich dieser Aufwand nur auf Saatgut und Pflanzen, die in einer Baumschule für den Wald eines Dritten herangezogen werden. Er soll sich auf die Qualität des Pflanzgutes verlassen können. Der Eichelhäher jedoch, der eine Eichel nach der anderen verbuddelt, achtet nicht darauf, ob eine Kommission ihm das im Vorfeld genehmigt hat. Das braucht es auch gar nicht, denn er sät die Eicheln aus, deren Mutterbäume sich in genau diesem Bereich ja bereits bewährt haben.

Das Gesetz von 1957, das übrigens gesetzliche Regelungen aus den 1930er-Jahren ersetzte, wurde irgendwann dem weiter gefassten Blick auf den Wald nicht mehr gerecht. Im Forstvermehrungsgutgesetz, das 2003 an seine Stelle trat, wird vor der Nutzbarkeit der Wälder auf den Erhalt der »vielfältigen positiven Wirkungen des Waldes«* und der genetischen Vielfalt hingewiesen. Und tatsächlich bin ich froh, dass zum Beispiel die Liste der Baumarten, die einer genauen Prüfung vor der Saatgutgewinnung unterliegen, im aktuellen Gesetz deutlich erweitert wurde. Damit kann ich auf viel mehr geprüfte Pflanzen zurückgreifen, um eine möglichst bunte Mischung in die Wälder meines Reviers zu bringen.

Die Ausweitung der Liste an Baumarten, die dem Vermehrungsgutgesetz unterliegen, macht zudem deutlich, wie stark die Forstleute in Deutschland nach den dramatischen Auswirkungen der Stürme in den 1990er-Jahren verinnerlicht haben, dass die Vielfalt in den Wäldern erhöht werden muss. Und dazu braucht es nun einmal auch Informationen über die Herkunft der Samen. Das ist forstliches Handwerk!

Dazu gehört auch, eine breite genetische Basis einer Baumart in einem Bestand zu erhalten, denn nur so können Wälder sich an die rasche Veränderung des Klimas überhaupt anpassen. Mit anderen Worten: Nur wenn sich immer wieder neue genetische Kombinationen ergeben, kann ein Individuum daraus hervorgehen, das die neuen Aufgaben erfolgreich zu meistern versteht. Ein Umstand, den man vor vielen Jahrzehnten noch nicht bedachte. Um diese genetische Vielfalt zu erzeugen, legen die Regelungen zur Anerkennung eines Elternbestandes fest, dass ein Wald, der das Saatgut liefern soll, ausreichend

* https://www.ble.de/SharedDocs/Downloads/DE/Landwirtschaft/Saat-und-Planzgut/Forstvermehrungsgutgesetz.pdf?__blob=publicationFile&v=1, abgerufen am 07.11.2022.

viele Elternbäume umfasst. Denn nur so kann man davon ausgehen, dass Bäume mit unterschiedlicher genetischer Ausstattung, großer Vitalität und top Erscheinungsbild in der Sammlung vertreten sind.

Verschiedene forstliche Forschungsanstalten gehen im Ringen um genetische Informationen derzeit sogar noch einen Schritt weiter und definieren besondere Herkunftsgebiete einer Baumart, in denen ihre Vertreter trockenheiße Sommer ebenso ertragen können wie einen bitterkalten Januar. Nun hatten sich viele unserer heimischen Baumarten während der Eiszeiten in südeuropäische Rückzugsgebiete verabschiedet, sich also quasi ins Klimaexil begeben. Bei der Rückwanderung in Richtung Norden sind einige Baumarten zum Beispiel auf dem Balkan »hängen geblieben«. Es lassen sich also verschiedene Herkünfte ein und derselben Art unterscheiden, die bemerkenswerte Differenzen in Bezug auf ihre Klimatoleranz aufweisen, was die Forschungsanstalten brennend interessiert.

EXILANTEN UND VERFOLGER: WEISSTANNE UND ZERREICHE

Die Wanderungsbewegungen der Bäume liefern uns noch weitere wichtige Hinweise für den Waldumbau. Alle uns heute bekannten Baumarten gab es zu Beginn der letzten Eiszeit bereits. Mit sinkenden Temperaturen im zentralen Mitteleuropa wichen sie nach Süden aus, um danach wieder in Richtung Norden zu wandern, was sie im Grunde bis heute noch tun. Waldbesitzende und Forstleute in Deutschland sind gut beraten, bei ihren Überlegungen zum Wald der Zukunft diese Tatsache nicht zu vernachlässigen.

Zur Erklärung: Dem Blick über die Alpen Richtung Süden liegt der Gedanke zugrunde, dass die Artenzusammensetzung in unseren Wäldern einem langfristig dynamischen Prozess unterworfen ist, der durch die Eiszeiten nicht unterbrochen, aber auch nicht gestartet wurde. Bei der Rückkehr aus dem Klimaexil legen die Baumarten ein unterschiedliches Tempo an den Tag, und womöglich würde sich dieser Prozess ohne menschliches »Rühren in der Klimaküche« noch Jahrtausende hinziehen – auf jeden Fall können wir von einer langfristigen Dynamik ausgehen.

Die natürlichen Prozesse sinkender oder steigender Temperaturen werden in Diskussionen über den Klimawandel häufig angeführt, um die Verantwortung des Menschen für die aktuelle Klimasituation zu leugnen. Dabei wird gern unterschlagen, dass sich die Temperaturveränderungen vor und nach den Eiszeiten über Tausende von Jahren hingezogen haben. Unser Einfluss hat dazu geführt, dass sie sich mittlerweile in nur wenigen Jahrzehnten extrem verändern. Die natürlichen Wanderungsbewegungen der Baumarten allerdings vollziehen sich nach wie vor in einem Zeitraum von Jahrtausenden, um eine vergleichsweise kurze Strecke zu überwinden. Das bedeutet, der aktuelle Klimawandel läuft den Baumarten quasi davon.

Konkret konnte man nachweisen, dass die Weißtanne nach der letzten Eiszeit mit wieder ansteigenden Temperaturen etwa 1000 Jahre brauchte, um die rund 1000 Kilometer vom Apennin bis in den Schwarzwald zurückzulegen. Auch die Rotbuche musste während der Eiszeit in den Mittelmeerraum fliehen und benötigte für die Rückwanderung über die Alpen sogar 5000 Jahre!

Dass die verschiedenen Baumarten bei Wanderungsbewegungen in ein über lange Zeit nicht besiedeltes Gelände hinein ganz unterschiedliche Strategien entwickeln, haben wir schon im Zusammenhang mit der Besiedelung von Freiflächen durch die Pionierbaumart Birke oder die Verbreitungsmethode der Eiche unter Beteiligung des Eichelhähers gesehen. Da Buche und Weißtanne nicht gerade die Schnellsten auf ihrem Weg Richtung Norden waren, nimmt man an, dass die heute nördlich der Alpen vorkommenden Baumarten in der Zeit ihres Exils Bekanntschaft mit anderen Arten südlich der Alpen gemacht und sich hier bereits Waldgesellschaften gebildet haben, die gut harmonierten. Wir können aber auch davon ausgehen, dass die aus dem Norden eingewanderten Baumarten weiter südlich vorkommende Arten verdrängten und diese ihrerseits mit wieder ansteigenden Temperaturen ebenfalls nach Norden zogen, aber den Alpenhauptkamm noch nicht überquert haben – zumindest nicht von allein.

Typische Vertreter dieser Baumarten, die wir Verfolgergruppe nennen könnten, sind die Zerreiche und die Esskastanie. Beide Arten wachsen also von Natur aus nicht – oder eben noch nicht – nördlich der Alpen. Ihr Vorkommen in den wärmeren Regionen entlang des Rheins und im Moseltal ist auf menschlichen Einfluss zurückzuführen, beginnend mit den Römern.

Im Vermehrungsgutgesetz wird nun auch die Herkunft von Baumarten überwacht, die ursprünglich aus dem Mittelmeergebiet kommen, wie eben die Zerreiche. Diese Baumart spielt im Mittelmeerumfeld eine bedeutende Rolle. Sie wird als Bau- und Möbelholz genutzt, vor allem aber stellt sie unter Beweis, dass sie in einem trockenen und wärmeren Klima besser überleben kann als Baumarten, die ursprünglich in Mitteleuropa heimisch waren.

In unserer schnelllebigen Zeit würde man angesichts ausgedehnter Freiflächen in den Wäldern jetzt womöglich gern zum Telefon greifen und bei der nächsten Forstbaumschule 10 000 Zerreichen bestellen – und schon hätte man einen klimastabilen Wald. Doch so einfach dürfen wir es uns bei der Etablierung von Arten aus dem mediterranen Raum nicht machen. Denn was schon bei der Rotbuche wichtig war, gilt bei den ergänzenden Baumarten umso mehr: Auch wenn es in den nächsten Jahrzehnten bei uns wärmer und trockener werden wird, müssen Bäume in unseren Wäldern im Winter auch immer noch auf mehrere und womöglich strenge Frosttage gefasst sein.

Deshalb empfand ich es als eine ungemein erfreuliche Nachricht, als sich kürzlich Botanikerinnen und Botaniker der Goethe-Universität in Frankfurt gemeinsam mit Kollegen und Kolleginnen aus meinen Nachbar-Forstämtern auf die Suche nach Zerreichen begeben haben, die womöglich schon längst hier am Mittelrhein angekommen sind. Auch ich hatte vor einigen

Jahren schon nach solchen Bäumen in meinem Zuständigkeitsbereich Ausschau gehalten und war an mehreren Stellen fündig geworden. Es stimmt: In den von mir betreuten Wäldern wachsen Zerreichen, die eigentlich rund ums Mittelmeer zu Hause sind! Die aufgespürten Exemplare machen zudem den Eindruck, als wären sie gut und gerne 100 Jahre alt.

Die Zerreichen in unserer Region stellen jedenfalls unter Beweis, dass diese Art schon seit rund 2000 Jahren unserem mitteleuropäischen Winter standhält, sich also bei uns natürlich verjüngen konnte. Schließlich wurde sie durch die Römer hier eingeführt und hat sich seither ohne große Aufmerksamkeit in den Wäldern gehalten. Selbst wenn noch nicht alle Fragen dazu geklärt sind, scheint die Zerreiche doch eine geeignete Baumart für die Wiederbewaldung zu sein. Schließlich erträgt sie rund ums Mittelmeer Hitze und Trockenheit und im Taunus Kälte und auch mal Tage mit strengem Frost.

In diesem Zusammenhang kann auch die Griechische Tanne als trockenresistente Nadelholzart eine Alternative sein. Die Spur der Tannen in Richtung Süden reicht sogar noch über Griechenland hinaus. Eine ganze Gruppe von Tannenarten hält in der Region um das Schwarze Meer herum ein deutlich extremeres Klima aus, als wir es in Mitteleuropa bisher gewohnt waren. Ein solches Klima wurde in Deutschland immer durch den Einfluss des Golfstroms verhindert, doch in Zukunft werden unsere Waldbäume genau diese klimatischen Bedingungen ertragen können müssen, unabhängig davon, ob die Kraft des Golfstroms womöglich abnimmt oder nicht.

Machen wir uns also vertraut mit der Griechischen Tanne, der Türkischen Tanne oder auch der Nordmanntanne, die wir bisher in erster Linie als Weihnachtsbaum kennen. Die Nordmanntanne stammt nicht – wie der Name womöglich vermuten lässt – aus nordischen Gefilden, und die langen, schlanken Boote der Männer mit den roten Bärten und den Hörnern am Helm waren ganz und gar nicht aus dem Holz der Nordmanntanne gezimmert. Die *Abies nordmanniana* – so ihr wissenschaftlicher Name – stammt aus Georgien und wurde nach ihrem Entdecker, Alexander von Nordmann, einem Finnen, benannt, der sie in den 1840ern im Kaukasus erstmals wissenschaftlich beschrieb.

Die klimatischen Verhältnisse südlich des Großen Kaukasus sind eher kontinental geprägt, das bedeutet, es kann im Sommer deutlich wärmer werden als bisher in Mitteleuropa, und es können auch längere Trockenzeiten herrschen, als es bislang bei uns der Fall war. Dennoch bringen die Nordmanntannen in Georgien gewaltige Baumindividuen hervor, und das, obwohl in der Region, aus der das Saatgut unserer beliebten Weihnachtsbäume stammt, ein ganz vorzüglicher Rotwein produziert wird, das Klima also für Weinanbau geeignet ist. All diese Tannen sind mit der in Mitteleuropa heimischen Weißtanne verwandt, weshalb davon ausgegangen werden kann, dass unser Waldökosystem mit diesen Arten weniger Probleme haben wird als mit Arten, die aus einem gänzlich anderen Umfeld importiert werden.

Dass die Recherche in der Region des Schwarzen Meers, und dort speziell in der Türkei äußerst interessant sein kann, wollen wir uns an einem anderen Beispiel verdeutlichen. Aus vielen unserer Städte ist eine besondere Form der Haselnuss bestens bekannt: Der Baumhasel beschattet dort selbst bei größter Hitze zuverlässig unsere Autos und wächst beständig äußerst gerade nach oben. Ein gutes Zeichen, wenn man auf der Suche nach einer hitze- und dürretoleranten Art ist, oder?

Und tatsächlich – wenn man sich auf die Suche nach Informationen über diese Baumart macht, stellt sich rasch heraus, dass die Art zwar eng mit dem in Deutschland seit eh und je vorkommenden Haselnussstrauch verwandt ist, aber vor allem in der Türkei erfolgreich in Wäldern wächst und bewirtschaftet wird. Baumhasel erträgt strengen Frost ebenso wie monatelange Dürre. Erstaunlicherweise liefert der Baumhasel obendrein noch ein wertvolles und begehrtes Holz, das im Möbelbau Verwendung findet. Bereits vor Jahrzehnten wurden in

Deutschland Versuchsflächen mit dieser Baumart angelegt, um zu erforschen und zu beobachten, ob der Baumhasel für uns eine Alternative sein kann.

Auch die hier weitverbreiteten Walnussbäume in den Gärten sollten wir nicht vernachlässigen. Die Echte Walnuss kam ursprünglich ebenfalls an trockenen und heißen Standorten vor, und zwar am Mittelmeer. Und auch diese mediterrane Art kann man in die Planung bunt gemischter Wälder integrieren. In den von mir betreuten Wäldern wird sie in Zukunft sicher an Bedeutung gewinnen. Einzelne, recht weit voneinander entfernt stehende Walnussbäume können für forstliche Verhältnisse schnell wieder ein Waldinnenklima mit Schatten und Windruhe erzeugen – so meine Überlegung. An geschlossene Walnusswälder denke ich hingegen nicht. Schließlich dürfen wir auch bei der Etablierung hitzetoleranter Arten nicht unseren Grundgedanken aus den Augen lassen, vielfältige Mischwälder zu gestalten.

EIN BAUM MIT ZUKUNFT: DIE ESSKASTANIE

Wenden wir uns schließlich noch einer Baumart zu, deren Karriere in Deutschland schon vor langer Zeit begonnen hat, die aber vermutlich erst jetzt groß rauskommen wird: die Esskastanie. Ursprünglich rund ums Mittelmeer beheimatet, zählt auch sie zur Gruppe der Verfolger, wird aber schon seit 2000 Jahren im Rhein-, Mosel- und Ahrtal angebaut.

Den Römern ging es dabei zunächst um die Früchte, die bei uns in Rheinland-Pfalz auch »Keschte« genannt werden, zur Versorgung der Soldaten. Eine Legion der römischen Armee umfasste etwa 5000 Soldaten, und die hatten Hunger. Kartoffeln als Kohlenhydratquelle gab es in Europa noch nicht, und Getreideanbau ist anspruchsvoll. Aus diesem Grund pflanzten und pflegten die Römer die Esskastanie bereits in der Zeit um Christi Geburt im Südwesten Deutschlands. Parallel dazu wurde natürlich auch das Holz der Bäume genutzt. Als Brennholz wie auch als »Rebstickel«, also als Stab, an dem die Weinreben angebunden wurden.

Dazu eignet sich das Holz gut, denn es ist aufgrund eines sehr hohen Tanningehalts recht lange witterungsbeständig. Heute wird die Esskastanie – übrigens nicht verwandt mit der Rosskastanie, die überwiegend Biergärten beschattet – nach einer langen Phase nur regionaler Bedeutung in vielen unserer Wälder immer wichtiger. Sie stellt in den warmen Regionen Europas eindrucksvoll unter Beweis, dass sie mit wärmeren und auch gemäßigt trockeneren klimatischen Voraussetzungen gut zurechtkommt. Deshalb setzen auch viele Forstleute auf diese Baumart.

Auf keinen Fall sollten wir jedoch versuchen, große Flächen mit Esskastanie aufzuforsten, denn in den vergangenen Jahren gab es immer wieder Meldungen, dass verschiedene Pilze dem Baum stark zusetzen. Bei jedem Besuch meiner Esskastanien halte ich nun die Luft an und begutachte sie sorgenvoll. Diese Baumart ist offensichtlich mit großen Risiken behaftet. Das ist zunächst nicht schlimm, man muss es nur bedenken und darf Gefahren, die umstehenden Baumarten durch Pilze drohen, nicht aus den Augen verlieren.

Die Esskastanie hat in einem Punkt ganz grundsätzlich eine Ähnlichkeit mit der erwähnten Wildkirsche, die angesichts dramatisch zurückgehender Insektenvorkommen von großer Bedeutung ist: Die Esskastanie wird von Insekten bestäubt. Doch anders als die Kirsche blüht sie – ähnlich wie die Linde – sehr spät im Jahr. Sowohl die Honigbienen als auch viele Wildbienenarten und Hummeln lieben ihre Blüten und finden hier noch im Juli Nektar und Pollen. Also in einer Jahreszeit, in der das Angebot an Blüten bereits deutlich zurückgeht. Für mich ein wichtiges Argument, diese Baumart in Form vieler verstreut liegender, kleiner Flächen zu pflanzen.

Bei einer entsprechenden forstlichen Betreuung bringt die Esskastanie übrigens ein Holz hervor, das auch im konstruktiven Holzbau oder im Möbelbau vielseitig verwendbar ist. Eine in vielerlei Hinsicht wertvolle Baumart also, die als Beispiel mit vielen positiven Facetten dienen kann.

Wenn wir schon durch unsere Aktivitäten das Klima in so großer Geschwindigkeit verändern, sollten wir versuchen, den Baumarten, die sich aller Wahrscheinlichkeit nach auch von allein irgendwann in unsere Region aufmachen würden, etwas auf die Sprünge zu helfen. Denn wir können ja keine 1000 Jahre warten, bis trockenheitserprobte Baumarten in unsere Waldgesellschaften einwandern. Nein, die Zeit drängt!

Und wie die Esskastanie sind viele Baumarten aus dem mediterranen Raum sowieso schon längst in Deutschland und Mitteleuropa vertreten. Meist hergekommen durch einen Zufall der Geschichte, oft als Einzelexemplar und in vielen Fällen unter langjähriger liebevoller Beobachtung der vor Ort tätigen Forstleute herangewachsen. Dank solcher Pflanzungen wissen wir heute schon viel über das Verhalten dieser Baumarten, auch in unseren Breiten, und oft auch über deren Interaktion mit den heimischen Baumarten in unseren Wäldern.

Dennoch müssen vor weiteren umfangreichen Ansiedlungsmaßnahmen dieser wärmetoleranteren Arten Informationen gesammelt werden, die über die bereits gemachten Erfahrungen hinausgehen. Manchmal können dabei auch Literaturstudien aus forstlichen Arbeiten in den Herkunftsländern der Bäume, wie der Türkei oder dem Iran, sehr hilfreich sein. Auch dort sind engagierte und leidenschaftliche Forstleute aktiv, die ihre Untersuchungsergebnisse dokumentiert haben.

Alle Forstleute in Deutschland sind aufgerufen, ihre Beobachtungen mit diesen »neuen« Baumarten zu veröffentlichen und so den Erfahrungsschatz zu erweitern. Nur so kann man wichtige und notwendige Hinweise für die Pflanzung von Bäumen, die voraussichtlich besser für das zukünftige Klima geeignet sind als die hier ursprünglich heimischen Arten, zusammentragen.

Und dabei sollte auch die Scheu vor einem Blick über die Alpen abgelegt werden, denn wir bewegen uns dort immer noch in der Pflanzengesellschaft des eurasischen Raums. Das ist alles gar nicht so weit weg, und die Etablierung einer Baumart, die bisher auf dem Balkan heimisch war, ist botanisch längst kein so großes Abenteuer wie die Einbringung einer afrikanischen Art oder einer Art aus Ostasien oder Nordamerika.

VOM ANDEREN KONTINENT: DOUGLASIE UND WEYMOUTHKIEFER

Mit dem Stichwort Nordamerika sind wir mitten in einer hitzigen forstlichen Diskussion angelangt. Denn so zurückhaltend wie ich in meinem Revier mit der Ansiedlung von Baumarten bin, die ihren Ursprung auf anderen Kontinenten haben, so entschieden betreiben manche Kollegen und Kolleginnen gerade jetzt, ebenfalls aus sicherlich guten Gründen, die Etablierung von Douglasien und Großen Küstentannen aus Nordamerika.

Nicht nur innerhalb der Forstpartie, sondern auch zwischen Naturschützenden und Forstleuten wird um die Douglasie trefflich gerungen. Eine invasive Art, heißt es auf der einen Seite, die umgehend aus deutschen Wäldern zu entfernen ist. Andere wiederum halten sie für einen Wunderbaum, der womöglich das Klima der Zukunft locker wegsteckt und dennoch tolles Holz produziert und damit den wirtschaftlichen Erfolg der Forstbetriebe sichern und die gesamte Holzbaubranche in Deutschland retten kann. Ordnen wir also die Fakten.

Die Douglasie, benannt nach dem schottischen Botaniker David Douglas, stammt aus dem Westen Nordamerikas. 1827 brachte der Schotte Saatgut der Baumart mit nach London, und man kann sich lebhaft vorstellen, wie er von den wahrlich gigantischen Exemplaren schwärmte, die er unweit der Pazifikküste vorgefunden hatte. Eine Baumart, die solch gewaltige Holzmengen zu produzieren imstande war, muss Mitte des 19. Jahrhunderts in einem Mitteleuropa, das an massiver Unterversorgung mit Bauholz litt, als Retter in der Not angesehen worden sein. Im 19. wie im 20. Jahrhundert setzte man bei Holz noch voll und ganz auf regionale Märkte und heimische Rohstoffe. Es war schlichtweg undenkbar, eine Massenware wie Nadelholz in großem Umfang aus fernen Ländern zu importieren, und so war man an einer schnellen Produktion im Inland interessiert. Mister Douglas und seine Entdeckung der *Pseudotsuga menziesii* kamen da gerade recht.

Erstaunlicherweise nahm die Baumart dennoch keinen rasanten Siegeszug durch Europa, was wahrscheinlich daran liegt, dass Forstleute eher konservativ und neuen Entwicklungen nicht immer so zugewandt sind, wie sich das manch kühler Rechner wünschen würde. Einerseits. Andererseits scheiterte die schnelle Ansiedlung der Douglasie bei uns vermutlich am hohen Preis für Saat- und Pflanzgut, denn bis europäisches Saatgut in ausreichender Menge zur Verfügung stand, dauerte es selbst für forstliche Zeitvorstellungen noch lange. Solch eine Mutterdouglasie muss schließlich erst einmal einige Jahrzehnte wachsen, um blühen und Samen produzieren zu können. Und so musste über lange Zeit das Saatgut aus Nordamerika eingeführt werden, also kleine, saubere, trockene Körnchen in ordentlichen Papier- oder Stoffsäckchen. Dieser Umstand wird noch wichtig sein!

Heute nimmt die Douglasie etwa 2 Prozent der Waldfläche in Deutschland ein, ist aber von Bundesland zu Bundesland unterschiedlich weit verbreitet. Offenbar hängt es von einzelnen ehemals in den Ministerien tätigen Beamten und ihrer Begeisterung für oder ihrer Skepsis gegenüber der nordamerikanischen Baumart ab, ob heute in einem Bundesland viele Douglasien wachsen oder nicht. In Rheinland-Pfalz war man begeistert – auch in den Wäldern, die ich seit fast 25 Jahren betreuen darf, und nur deshalb erlaube ich mir zur Douglasie eine so dezidierte Praxismeinung.

Rheinland-Pfalz führt mit rund 8 Prozent Douglasienanteil in dieser Frage die Liste der Bundesländer an, und man darf spekulieren, dass ehemalige Kollegen und Kolleginnen sich von den wirklich stattlichen Exemplaren im Freiburger Stadtwald haben beeindrucken lassen, um daraufhin den Anbau der Douglasie gerade in unserem Weinbauklima mit Entschlossenheit voranzutreiben. Buchen- und Eichenbestände wurden abrasiert und »douglasiert«. Dabei wurden sogar steile Flächen in den Seitentälern zu Rhein und Mosel mit Terrassen versehen und anschließend mit Douglasien zugepflanzt.

Die Begeisterung für alles Technische in den 60er- und 70er-Jahren schlug hier in manchen Forstämtern geradezu Blasen. Heute, 50 Jahre später, stehen wir nun oftmals vor Flächen, die uns enorme Schwierigkeiten bereiten. Denn die damaligen Vorstellungen von Holzernte und Transport decken sich in nichts mehr mit dem heute Machbaren, und mancher Kollege hat sicher schon im Stillen vor sich hin geflucht: »Hätten sie doch damals die Finger davon gelassen!« Schließlich hat man damals versucht, Flächen durch den Anbau von Douglasien zu einem Ertrag zu verhelfen, die auch heute nur mit extrem großem technischem Aufwand abgeerntet werden können. In der Vorstellung der 60er und 70er spielte die Handarbeit mit niedrigen Löhnen noch eine viel größere Rolle. Eine vertrackte Situation also: Die Technik ist zu schwer und recht teuer, und Handarbeit ist heute in solchen Lagen oft überhaupt nicht mehr zu bezahlen.

Begeistert von der enormen Wuchsgeschwindigkeit der Douglasie, wurden in meinem Bundesland Reinbestände aus dieser gebietsfremden Koniferenart angelegt, die nichts als Wirtschaftswälder sind. Mit steigendem Angebot an ausreichend dickem Rundholz begann sich die Sägewerksindustrie auf das Douglasienholz einzustellen, und mittlerweile erfreut sich das ansprechend rötlich gefärbte Holz im gesamten Holzbau, vor allem aber im Außenbereich, großer Beliebtheit.

Tatsächlich konnte man zunächst vom Gesundheitszustand dieser Bäume begeistert sein. Unsere Vorgänger hatten schließlich auch schon mit allerlei Schwierigkeiten zu kämpfen, vor allem im Zusammenhang mit der Fichte. Seien es Windwurf, Borkenkäfer oder Schneebruch – solche Probleme kannten frühere Forstleute schon, wenn auch in kleinerem Umfang als heute. Die Douglasie hingegen versprach, ein ähnliches Holz deutlich schneller zu erzeugen, ohne dabei von einem Käfer malträtiert oder vom Wind in Schieflage gebracht werden zu können. In einer Zeit wirtschaftlicher Grenzenlosigkeit, des bedenkenlosen Höher, Weiter, Schneller kam diese Baumart genau richtig! Naturschutz war damals noch ein Fremdwort, alles war auf Fortschritt getrimmt.

Doch auch die Douglasie, die forstliche Alleskönnerin, die man lange Zeit für nahezu unangreifbar hielt, zeigte irgendwann Schwachstellen. Es fing an mit Pilzen, die einen extremen Nadelverlust auslösten, dann folgten Absterbeprozesse durch Unverträglichkeiten mit Mangan im Boden.

Heute aber bekommt man vor allem die Konsequenzen daraus zu spüren, dass in den Anfangsjahren nur sauberes Saatgut eingeführt worden war: Organismen, die in Nordamerika an der Douglasie leben und sich dort massenweise vermehren, konnten lange Zeit den Weg über den Atlantik nicht finden, denn mit den Samen allein werden sie nicht transportiert – wir erinnern uns an die verschnürten Stoffsäckchen. Ohne Befall durch diese auf sie spezialisierten Widersacher konnte die Douglasie auch an Standorten unbehelligt wachsen, die aufgrund der Trockenheit und der dürftigen Nährstoffversorgung im Boden im Grunde für die Baumart ungeeignet waren. Doch mittlerweile hat die Douglasie mit Schädlingen zu kämpfen, die als blinde Passagiere im Verkehrsflugzeug eingereist sind und ganz offensichtlich mit unseren klimatischen Bedingungen bestens zurechtkommen. Neben der Douglasienwolllaus *(Gillette ellacooleyi)* breitet sich die Douglasiengallmücke *(Contarinia pseudotsugae)* immer weiter auf Deutschlands Douglasienflächen aus.

Zwischenzeitlich entbrannte Diskussionen darüber, ob die Douglasie in Europa nicht doch irgendwann einmal heimisch gewesen sein könnte, fanden 2013 mit der Einstufung als invasive Art durch das Bundesamt für Naturschutz ein Ende. Somit verbindet man mit diesem eigentlich beeindruckenden und wohlriechenden Baum das Risiko, dass er heimische Arten schlicht über den Haufen wächst und verdrängt. Dergleichen konnten wir bisher schon bei der Herkulesstaude oder dem Drüsigen Springkraut beobachten.

Dieser Vergleich scheint jedoch übertrieben zu sein, denn die Douglasie breitet sich im Zuge natürlicher Verjüngung nicht so schnell aus, wie sich das womöglich mancher Forstmensch wünscht oder viele Ökologen befürchten, und schon gar nicht so rabiat wie Springkraut und Herkulesstaude. Aus meiner Erfahrung hier im Taunus kann ich die Sorge vor einer massiven invasiven Ausbreitung der Douglasie nicht teilen, jedoch gilt gerade in solchen Fragen ein sehr altes und sehr wichtiges Prinzip: das Gesetz des Örtlichen. Das bedeutet, dass sich ein Sachverhalt unter den typischen Boden- und Klimabedingungen eines anderen Reviers ganz anders darstellen kann.

Ökologisch gesehen ist die Douglasie eine Katastrophe, sofern sie in Reinbeständen angebaut wird. In solchen Bereichen ist es über einen langen Zeitraum derart dunkel und trocken, dass keine andere Art dort gedeihen kann, sei es ein Baum, Strauch oder eine noch kleinere Spezies. Auch mit der beeindruckenden Wuchsgeschwindigkeit der Amerikanerin kann kaum eine einheimische Art mithalten und wird so in ihrem Wuchs auch noch stark behindert.

Zudem: Gerade jetzt, wo sich der Borkenkäfer, der sich bislang an den Fichten satt gefressen hat, an der Douglasie zu schaffen macht und gleichzeitig die Gallmücken über manche Douglasienflächen geradezu herfallen, erscheint mir diese Baumart in meinem Revier trotz ihrer bisherigen enormen Karriere eher ungeeignet zu sein. Ich werde die Douglasien in meinen Wäldern zwar nicht verstärkt fällen lassen, freue mich über jede von allein aufkommende Jungpflanze und werde auch weiterhin jeden forstlichen Besuch zu den dicken Douglasien in meinem Revier führen. Aber der Baum der Zukunft? Nein, das ist sie für mich sicher nicht. Jedoch kann die Entscheidung an einer anderen Stelle und unter anderen Voraussetzungen anders aussehen.

Die Geschichte der Douglasie führt zu einem Thema, das Sie womöglich nicht unbedingt mit Wald und Forstwirtschaft in Verbindung gebracht hätten: die Globalisierung. Der Begriff wird bei uns zwar erst seit zwei Jahrzehnten weithin gebraucht, doch das Phänomen ist schon viel älter, und auch wir im Wald haben schon früh Erfahrung mit der Wirkung globalen Handels gemacht – nicht erst seit wir Holz in Überseecontainer verladen und Geschäfte mit Ostasien machen.

Einen weltweiten Warenverkehr gibt es, seit der Mensch Handel treibt. Und da der Mensch schon sehr lange Pflanzen- und auch Tierarten in seiner Nähe kultiviert und verbreitet, hat man sich darauf geeinigt, die Vielfalt der nach Mitteleuropa importierten Pflanzenarten in zwei Gruppen einzuteilen: jene, die vor der magischen Grenze des Jahres 1492 zu uns kamen, und jene, die erst danach importiert wurden. Sie erinnern sich? In dem Jahr hat Christoph Kolumbus den amerikanischen Kontinent betreten. Pflanzenarten, die bis zu diesem Datum nach Mitteleuropa gebracht wurden, bezeichnet man als Archäophyten, Arten, die nach 1492 nach Europa kamen, nennt man Neophyten.

Seitdem ist der Handel mit unterschiedlichen Waren immer schneller angestiegen. Ob man sich damals schon möglicher Risiken des Warenverkehrs bewusst war, kann nur vermutet werden, aber zunächst überwog ganz klar die Begeisterung, Güter aus anderen Teilen der Welt in den Händen zu halten. Und diese Begeisterung für ferne Länder zeigte sich in Europa auch in der Anlage aufwendiger Gärten mit auswärtigen Pflanzenarten, sogenannten Arboreten, die zum Teil auch heute noch als botanische Gärten zu bewundern sind. In einer Zeit ohne Internet und Fotografie war dies ein Weg, den Menschen exotische Pflanzenarten vorzuführen, und manchen Eigentümern von Arboreten oder Palmengärten unter Glas ging es wahrscheinlich auch darum, damit eine gewisse Weltläufigkeit zur Schau zu stellen. Nach und nach machten sich dann die Objekte der Begierde gewollt oder ungewollt selbstständig. Die Douglasie war mit Sicherheit eine der prominentesten Freigängerinnen im Wald.

Dabei war die Etablierung manch gebietsfremder Art nicht gerade von Erfolg gekrönt. Dazu zählt beispielsweise ein Baum, der auch in den von mir betreuten Wäldern wächst – und langsam wieder verschwindet: die Strobe oder auch Weymouthskiefer. Ihre Erscheinung ist durchaus sympathisch: die feinen Nadeln, das in der Mischung mit heimischen Baumarten eher zurückhaltende Auftreten. Die Weymouthskiefer verdrängt also keine heimische Baumart, sondern benötigt eher die Förderung. Darin unterscheidet sie sich von der Douglasie. Auch die zaghaften Versuche der natürlichen Verjüngung – alles angenehm und unproblematisch. Ihr Holz ist zauberhaft, denn es ist das leichteste und daher auch wärmste Holz, das in Deutschland wächst. Schließlich enthält leichtes Holz viel Luft in den Zellen. Und da Luft ein sehr schlechter Wärmeleiter ist, ergibt es sich, dass das Holz entsprechend als warm empfunden wird. Aus diesem Grund ist das Holz der Strobe bei Imkerinnen und Imkern sehr beliebt, um daraus Bienenkästen, die sogenannten Beuten, zu bauen.

Sollte man nicht versuchen, einen derart freundlichen Baum in unsere Waldgesellschaften zu integrieren? Leider funktioniert das nicht, denn die Weymouthskiefer stirbt ab einem Alter von rund 40 Jahren fast immer ab. Grund dafür ist ein Pilz, der wirtswechselnd mit Johannis- und Stachelbeeren lebt. Die Biologie von Pilzen kann sehr kompliziert sein, denn Pilze verändern ihre Gestalt und ihre Wirtspflanzen. Zudem sind sie zu verschiedenen Formen der Vermehrung fähig. Der Weymouthskiefern-Blasenrost befällt alle fünfnadeligen Kiefern – eine Gruppe verschiedener Kiefernarten, die als Erkennungsmerkmal ihre Nadeln in einem Bund zu fünf Nadeln, anstatt zu zweien tragen. Die bereits im Jahr 1605 aus Nordamerika eingeführte Weymouthskiefer hat einer Infektion mit diesem europäischen Pilz nichts entgegenzusetzen.

Nach Europa kam diese Art, da sie im östlichen Teil Nordamerikas weitverbreitet ist und gewaltige Exemplare ausbilden kann. So etwas wollte jeder rechnende Waldbesitzende damals auch haben, und bis vor einigen Jahrzehnten hat man diesen

Nadelbaum tatsächlich immer wieder einmal angebaut. Doch mittlerweile versinkt er in Deutschland immer weiter in der wirtschaftlichen Bedeutungslosigkeit.

Das Beispiel der Weymouthskiefer zeigt einmal mehr das Risiko des weltweiten Handels. Die Folgen sind zunächst nicht abzuschätzen. Zum einen verschwindet in Europa in den nächsten Jahren eine eingeführte Baumart wieder, zum anderen hat der Pilz, der ursprünglich nur auf unserem Kontinent vorkam, zwischenzeitlich Nordamerika erreicht und führt dort zu gewaltigen Schäden im eigentlichen Heimatgebiet dieser schönen Baumart.

SELTENE ARTEN: ELSBEERE UND SPEIERLING

Bei allen Überlegungen zu einem Wald für die Zukunft sollte man nicht vergessen, in die noch bestehenden Wälder zu gehen und sich dort aufmerksam umzuschauen. Denn auch hier finden wir Baumarten, die die vergangenen Trockenjahre ausgezeichnet überstanden haben und denen wir womöglich in den letzten Jahrzehnten aus vielerlei Gründen zu wenig Aufmerksamkeit geschenkt haben.

Sie erinnern sich an die Elsbeere, die ich vor einigen Jahren in meinem Revier entdeckt habe? Ein Baum, der mich an dieser Stelle, nämlich in einem sehr abgelegenen Tal, doch sehr überraschte, noch dazu war es ein ziemlich dickes Exemplar. Die Elsbeere kommt in Deutschland vor allem im Südwesten immer wieder vor. Leider ist der Baum nicht sehr konkurrenzstark und kann sich wuchskräftiger Buchen, Eichen oder gar Douglasien nicht erwehren. In den dramatischen drei Dürrejahren aber hat sich nun in besonders betroffenen Wäldern gezeigt, dass die Elsbeere die Trockenheit deutlich besser ertragen kann als die Baumarten, die sie unter »normalen« Umständen in die Enge treiben.

Umso glücklicher können die Waldbesitzenden in Europa sein, dass forstwissenschaftliche Institute wie die Bayerische

Landesanstalt für Wald und Forstwirtschaft und die Forstliche Versuchs- und Forschungsanstalt Baden-Württemberg sich der Elsbeere ganz besonders annehmen und die gewonnenen Daten und Erfahrungen publizieren und im Austausch mit anderen Instituten stehen. Ganz praktisch werden also Bäume vermessen, Boden- und Klimadaten gesammelt sowie Blüh- und Reifezeitpunkt ermittelt. Im Herbst bücken sich die Kollegen und Kolleginnen nach jeder zu Boden gefallenen Frucht, um die wertvollen Samen zu sichern. Die Baumschulen müssen sich ebenfalls auf die empfindlichen Früchte einstellen, denn der Umgang mit Baumarten wie der Elsbeere ist auch im Baumschulbetrieb deutlich aufwendiger als das vergleichsweise einfache Säen von Bucheckern oder Fichtensamen.

Ähnlich verhält es sich mit einer nahe verwandten Art: dem Speierling. Aktuell werden verstärkt Beobachtungen und Erfahrungen zusammengetragen, um das Bild über die Fähigkeiten der Baumart zu vervollständigen und den Waldbesitzenden Empfehlungen an die Hand zu geben. Auch zahlreiche Privatleute begeistern sich für diese Arten und engagieren sich für deren Förderung. So hat sich innerhalb der Schutzgemeinschaft Deutscher Wald eine sogenannte Arbeitsgemeinschaft Speierling gebildet, die gezielt Speierlingsexemplare besucht und Informationen zusammenträgt. Die Spezialisten der Institute und Initiativen betreiben intensive Recherche und Grundlagenforschung zum Wohl der Wälder von morgen.

Aus der forstlichen Praxis kann man allerdings jetzt schon eines sagen: Gerade Baumarten wie Elsbeere und Speierling benötigen große handwerkliche Aufmerksamkeit, denn sie sind empfindlich gegen Beschattung durch andere Baumarten, auch wenn diese unter Umständen langfristig geringere Überlebenschancen haben. Und vor allem: Seltene Baumarten müssen ganz besonders gegen den Verbiss durch Rehe oder Hirsche geschützt werden, denn die Tiere gehen, wenn die Artenvielfalt in den Wäldern eher eintönig ist, besonders gern an seltene Bäume.

iese Traubeneiche hat stetig Freiraum in der Krone erhalten. Jetzt achsen von unten junge Buchen heran.

Diese Eiche stammt aus der »Hähersaat«. Wir haben ihr Freiraum verschafft und die Äste im unteren Stammbereich entfernt.

Der Eichelhäher hat vor einigen Jahren den Samen für die Eiche gelegt. *(Bild darüber)*

Diese kleine Roteiche haben wir im Frühjahr 2022 gesät.

Ein Sämling des Bergahorns entfaltet seine ersten Blätter.

Diese Buche hat über Jahrzehnte einen geraden, astfreien Stamm entwickelt.

Diese Niederwaldbuche wurde im Laufe der Jahrzehnte mehrfach abgeschnitten. Aus der Wurzel entstanden immer wieder neue Triebe.

Diese Eschen sind vom Eschentriebsterben befallen und werden bald gänzlich abgestorben sein.

An den sehr trockenen Standorten im Osten des Reviers beginnt die Herbstlaubfärbung meist früher als im Rest des Reviers.

Die Beeren der Eberesche dienen vielen Vogelarten als Nahrung. Nach der Verdauung werden die Baumsamen großzügig verteilt.

Die Blüte des Waldweidenröschens ist leider oft nur hinter Gatterzäunen zu sehen.

uchenwälder mit einer stufigen Verjüngung haben die Trockenjahre rstaunlich gut überstanden.

Der Rote Milan dreht seine Kreise oft sehr tief über Oberwallmenach.

Die Höhle in einem Kirschbaum befindet sich nur einen Meter über dem Boden und ist somit ideal für die Wildkatze, die ihren Nachwuchs dort gut geschützt ablegen kann.

Diese mächtige Buche bietet unendlich viele kleine Nischen, Höhlen und Lebensräume für andere Organismen.

Die junge Buchengeneration wächst von unten heran. Leider gibt es eine Lücke zwischen den Kronen der Altbäume und der heranwachsenden Verjüngung. Der »Zwischenstand« fehlt.

Die einzelnen alten Kiefern werden regelmäßig von Konkurrenten befreit. So erhalten wir diese Art in unseren Laubwäldern.

Auch Fichten können einen organischen Übergang der Generationen zeigen.

Diese Bergahornfläche zeigt sich in üppigem Grün. Wir ernten hier alle drei Jahre etwas Holz, die besten Bäume erhalten so regelmäßig Raum im Kronendach.

Ein frei stehender Kirschbaum zeigt sich im wunderbar weiß blühenden Frühjahrskleid – eine »Königin«!

Die natürliche Verjüngung der schattentoleranten Buche erwächst in
ein dosiertem Licht und Schatten der Altbäume heran.

hnlich verhält es sich mit der Douglasie. Auch hier wachsen ver-
chiedene Generationen auf ein und derselben Fläche.

Gerade nach Stürmen arbeiten wir auch mit Holzspeditionen zusammen, um die Straßen wieder befahrbar zu machen.

Die Holzernte verlangt den Forstwirten Können, Erfahrung und Präzision ab.

Mein Noriker Magnus. Rückepferde arbeiten bodenschonend und ihr Einsatz kann durchaus wirtschaftlich sein.

Gerade im Winter entfaltet der gemischte Wald einen ganz besonderen Reiz!

Der Blick auf einige der Baumarten, die in unseren Wäldern heimisch sind oder es einmal werden könnten, macht eines deutlich: Wir haben einen großen Schatz an Bäumen. Aber auch: Unser Wald darf nicht einförmig sein! Wir brauchen eine gute Vielfalt, denn nur eine Mischung aus verschiedenen Baumarten kann dem Wald zu mehr Klimastabilität verhelfen und damit eine Zukunft ermöglichen. Und diese Vielfalt gibt es häufig ja schon. Sie zu fördern, zu pflegen und weiterzuentwickeln ist unsere vordringlichste Aufgabe.

Für mich als Förster ist es auch ganz persönlich wichtig, verantwortlich gegenüber der nächsten und übernächsten Generation zu handeln. Und das bedeutet nicht nur, bei jeder Entscheidung vor Ort den langen Blick zu bewahren und vorausschauend im Wald eine Vielfalt von solchen Bäumen anzustreben, die nach heutigem Wissensstand den Herausforderungen der Zukunft gewachsen sind. Ich möchte meinem Nachfolger oder meiner Nachfolgerin zudem ausreichend Handlungsräume offenlassen, nicht zuletzt für den Fall, im Zweifel nicht auf die richtigen Pferde gesetzt zu haben. Sie sollen genug Möglichkeiten haben, selbst und aufgrund der dann aktuellen Erkenntnisse und Gegebenheiten zu entscheiden, welche Baumarten in welcher Mischung sie in den Wäldern entwickeln wollen, und eigene Schwerpunkte zu setzen.

4

DER WALD DER VERZAHNTEN GENERATIONEN

Führen wir uns doch einmal einen Forst vor Augen, wie ich ihn vor 20 Jahren an vielen Stellen meines Reviers vorgefunden habe und den es in dieser Form auch heute noch in Deutschlands Wäldern gibt: ein Reinbestand an Fichten, die mit ihren 70 Jahren alle etwa dasselbe Alter haben. Das Kronendach des Waldes ist dicht geschlossen, am Boden breitet sich ein wunderbar weicher Moosteppich aus, der nur an wenigen Stellen durch einige Heidelbeerbüsche unterbrochen wird. Auf den Wurzelstöcken der vor Jahren im Zuge einer Durchforstung geernteten Bäume stehen kleine Fichtenpflänzchen.

Auch wenn die Bäume alle gleich alt sind, wette ich mit Ihnen, dass sie nicht alle die gleichen Kenngrößen haben. Zur Beschreibung eines Waldes bedienen wir Forstleute uns nämlich verschiedener Kennziffern. Die wichtigsten sind der sogenannte Brusthöhendurchmesser, die Oberhöhe und das Kronenprozent, also der Anteil der grünen Krone an der gesamten Baumlänge, um nur einmal drei Punkte zu nennen.

Würden wir mit unseren 70-jährigen Fichten weiter Kahlschlagswirtschaft betreiben wollen, wären die Durchschnittswerte dieser Kennziffern wichtig, um den Zeitpunkt für die vollständige Nutzung auf der Fläche festzulegen – wann also möglichst viele Stämme eine bestimmte Stärke erreicht haben, damit ihr Holz geerntet, gewinnbringend verkauft und von den Sägewerken verarbeitet werden kann. Wollen wir aber genau das unterlassen und den Wald in eine neue Richtung entwickeln, interessiert uns die Schwankungsbreite der Kennziffern der Bäume um den rechnerischen Mittelwert herum viel mehr. Und dabei vor allem die Ränder der Verteilung. Der Minimal- und der Maximalwert oder besser gesagt: der dünnste und der dickste Baum. Denn gerade sie werden im neuen Wald wichtig.

Ganz sicher werden Sie mir zustimmen, wenn ich sage, das Konzept eines Waldes, der überwiegend aus einer Baumart besteht, hat sich als sehr anfällig erwiesen. Das haben uns nicht zuletzt die riesigen Fichtenflächen anschaulich vorgeführt, die in den letzten Jahren abgestorben, zerfressen oder von Stürmen verwüstet worden sind. Besonders katastrophal hat es dabei jene Waldbereiche erwischt, in denen die Bäume alle in etwa gleich alt waren. Solche Wälder sind besonders gefährdet, denn ein Baum-Block hat Wind und Wetter wenig entgegenzusetzen.

Wir müssen also die Reinbestände langsam, aber stetig zu einem Mischwald werden lassen, der auf die Zukunft besser vorbereitet ist als unser heutiger Wald. Und dabei geht es nicht nur um einen Mix verschiedener Baumarten, sondern auch um eine vielfältige Zusammensetzung von Bäumen unterschiedlichen Alters, das heißt, dass unterschiedliche Baumgenerationen nebeneinander wachsen.

Wenn wir es erreichen, dass Wälder nicht mehr aus Bäumen annähernd gleichen Alters bestehen, die eine Schicht bilden, sondern verschieden alte Exemplare ein vielfältiges Höhenmosaik aus großen, dicken Bäumen, kleinen und mittleren Höhenstufen bilden, ist der Wald besser geschützt. Werden alle hohen Bäume vom Sturm umgeworfen, können die kleinen Bäume ganz wesentliche Funktionen des Waldes übernehmen und so seinen Fortbestand garantieren. Entstehen Lücken im Kronendach durch das Fällen einzelner Bäume oder Verlust infolge eines Krankheitsbefalls, werden sie sehr rasch von Bäumen aus der Generationenschicht darunter wieder geschlossen.

Ein Prozess, den man sich im Grunde von Naturwäldern abschauen kann. Und so sprechen wir bei der Entwicklung solcher Mehrgenerationenwälder auch von einer naturgemäßen Waldwirtschaft hin zu einem Dauerwald oder auch Plenterwald, der dadurch gekennzeichnet ist, dass Bäume in allen Stärkeklassen – vom Keimling bis zum Starkholz – nebeneinander vertreten sind.

VON DER FLÄCHE ZUM EINZELBAUM

Um aber einen solchen Wald der verzahnten Generationen zu entwickeln, müssen wir uns zuallererst von einer flächenbezogenen Betrachtung wie beim Kahlschlagsbetrieb lösen. Selbst in einem vermeintlich gleichförmigen Bestand muss es heute darum gehen, den Einzelbaum in den Fokus zu nehmen und ihm Entwicklungsmöglichkeiten einzuräumen, will man eine Vielgestaltigkeit aus unterschiedlichen Altersstufen und Baumarten erreichen.

Steigen wir also in die Forstarbeit ein: Wir beginnen damit, dass wir uns das dickste ebenso wie das dünnste Exemplar anschauen, den ältesten wie den jüngsten Baum. Dabei ist nicht der dickste Baum pro Hektar oder im gesamten Waldbesitz gemeint, sondern ein stattliches Exemplar in einer bestimmten waldbaulichen Situation. Und die ergibt sich immer dann, wenn wir das Zusammenspiel verschiedener Bäume an einem Ort in den Blick nehmen. Da wächst ein besonders dicker Baum, der vermutlich auch ein gutes Stück über das Kronendach der Nachbarn hinausschaut, und der dünnste und kleinste Baum, der irgendwann einmal den Anschluss an alle anderen verpasst hat, steht nicht allzu weit entfernt.

Unser erster Schritt muss nun sein, den zweitstärksten Stamm zu erkennen. Und den lassen wir ernten. Damit geben wir dem stärksten Baum und vermutlich auch dem schwächsten mehr Licht und so die Möglichkeit, Wasser und Nährstoffe umzusetzen. Gleichzeitig sorgen wir durch den Eingriff auch dafür, dass mehr Licht auf den Boden fällt, sodass der humusbetonte Oberboden aktiviert werden kann.

Diese Form der Durchforstung, also den langsamen einzelstammweisen Eingriff in den Wald, sollte man nun regelmäßig im Abstand von drei bis fünf Jahren wiederholen. Und zwar immer nach einem ähnlichen Muster: Geerntet wird der zweitstärkste Stamm je waldbaulicher Situation. Sollte jedoch der dickste Baum qualitativ erhebliche Mängel aufweisen, kann auch die Entnahme dieses Baumes infrage kommen. Es sei denn, die auf das Holz bezogenen Qualitätsmängel haben bereits zur Ausbildung eines hohen Biotopwertes dieses Baums geführt. Das bedeutet, dieser Baum ist besonders reich an kleinen Biotopen, Höhlen, Rissen oder Ähnlichem. Dann bleibt dieser Baum stehen. Wichtige Standardgrundsätze der Durchforstung in meinem Revier lauten in Kurzform: Im Nadelholz fällt der zweitstärkste Baum als Erster, und: Im Laubholz ernten wir vom starken, schlechten Ende her. Und auch hier gilt: Biotopbäume genießen einen ganz besonderen Schutz! Denn damit geht eine qualitative Verbesserung des gesamten Waldes einher.

Wir könnten und müssten das jetzt wissenschaftlich penibel noch viel genauer beschreiben, ich möchte hier aber bewusst keinen Fachbeitrag abliefern, sondern aus meiner Praxis erzählen. Denn die persönliche Handschrift des Wirtschaftenden kommt immer dann ins Spiel, wenn er einen Wald über längere Zeit betreut. Beim Markieren der zu erntenden Bäume verfolgen wir zwar alle ein ähnliches Prinzip, aber in der sogenannten Eingriffsstärke, wie intensiv man die natürliche Waldentwicklung steuert, unterscheiden wir uns doch enorm. Auch das Prinzip, den zweitstärksten Baum zu fällen, wird nicht überall konsequent umgesetzt.

Für mich ist der Grundsatz, dass der starke, gesunde und kräftige Baum weiterwachsen soll und auch der kleine, bislang unterdrückte Baum am Leben bleiben muss, verpflichtend.

Dabei ist mir das weitere Schicksal des kleinen Baumes übrigens viel wichtiger als das des starken Mitglieds der Gemeinschaft, denn er hat logischerweise eine weitaus größere Bedeutung für den zukünftigen Wald.

Die Frage des Alters betrachten wir bei uns Menschen im Allgemeinen bezogen auf unseren Lebenslauf. Wir definieren verschiedene Lebensphasen mit den entsprechenden Schnittstellen: das Ende der Schulzeit, der Eintritt ins Arbeitsleben, der Beginn der Rente. Doch von dem chronologischen Alter, also der reinen Anzahl an Jahren von der Geburt an, unterscheiden wir das biologische Alter – wie fit man eben noch ist. Dabei spielen die Gene, vor allem aber die Lebensweise, eine große Rolle. Und damit sind wir bei den Bäumen. Einzelne Lebensabschnitte lassen sich bei ihnen wohl kaum feststellen, aber ein 70-jähriger Baum in einem Waldstück kann vollkommen anders aussehen als ein gleichaltriger an einem anderen Standort.

Oder an einem gänzlich anderen Beispiel deutlich gemacht: Wer auf der Autobahn von einem Mercedes 300SL aus dem Jahr 1955 überholt wird, ahnt vielleicht, was ich meine. Natürlich ist der Wagen über 65 Jahre alt, aber sportlich, jugendlich, flott unterwegs wie eh und je, da er den größten Teil der Zeit in der Garage verbracht hat und gut gepflegt wurde. Sein Alter in Jahren äußert sich also nicht in Form einer gewissen Gebrechlichkeit und Verlangsamung, ganz im Gegenteil: Mit dem richtigen Fahrer lässt der Wagen manch jüngere Karosse geradezu alt aussehen. Und genau diese Sicht aufs Alter – also unabhängig von den zurückgelegten Jahren und mehr auf die Umstände und die individuelle Leistungsfähigkeit bezogen – meine ich.

So stand ein Baum vielleicht lange Zeit unbeachtet im Schatten alter Bäume mit großer Krone und wartete quasi auf seine Gelegenheit. Wird nun ein stärkerer Baum neben ihm gefällt und er bekommt mehr Licht, hat er die Chance, durchzustarten und sich so zu entwickeln, dass er seinen Platz im Baumkollektiv festigen und später sogar ausbauen kann – sofern er zur

Gruppe der Schatt- und Halbschattbaumarten gehört. Irgendwann wirkt er dann jung, vital und spritzig und damit ganz anders als seine gleichaltrigen Nachbarn.

Dieser Baum ist auf dem Weg zum Wald der verzahnten Generationen ein ganz wichtiger Eckpfeiler, denn er baut eine Mittelschicht mit auf. Haben wir nämlich die Durchforstung einige Male wiederholt, wird von unten eine neue junge Generation heranwachsen. Starke Bäume sind noch vorhanden, wenn auch in geringerer Anzahl, und die ehemals benachteiligten Bäume können jetzt in die Freiräume hineinwachsen und so eine zeitliche Lücke schließen. Allein nach Kalenderjahren bemessen ist unser Beispielwald über 70-jährig, denn so alt sind die Bäume des Altbestands, und die jungen, die nach der Durchforstung wachsen, warten ja gewissermaßen noch auf ihren ersten Geburtstag. Doch mit den ehemals unterdrückten schwachen, aber reaktionsfreudigen Bäumen wächst eine vitale Mittelschicht heran. Somit helfen uns diese ehemals schwächsten Bäume, die auch schon 70 Jahre auf dem Buckel haben, aber durch die Durchforstung aktiviert wurden, eine Lücke zu schließen, und der Wald wirkt hier deutlich jünger und lebendiger als der Fichtenreinbestand, der er einst war.

Dieses Prinzip versuche ich auch in Wäldern umzusetzen, die aus reinen Douglasienflächen bestehen. Obwohl ich gegenüber dieser Baumart eine gewisse Skepsis verspüre, freue ich mich doch über die aus natürlicher Verjüngung hervorgegangenen kleinen Douglasien, die das Licht, das durch das aufgelockerte Kronendach fällt, dazu nutzen, der älteren Baumgeneration gewissermaßen hinterherzuwachsen. Zwar stellt sich so keine Artenmischung ein, aber wenigstens eine Altersmischung. Und wir kommen meinem Grundsatz in der waldbaulichen Behandlung, dass der Wald ungleichartig und ungleichaltrig sein soll, schon recht nah.

Erinnern Sie sich an den Wald in Unterfranken, dessen Idee der vertikalen Fotosynthese mich so beeindruckt hat? Genau darum geht es auch hier: In einem gut aufgebauten Mehrgenerationenwald ist der ganze Raum zwischen der Bodenoberfläche und dem Kronendach mit grünem Laub gefüllt. Nicht nur im oberen Kronenbereich und an den Außenrändern wird dann Kohlenstoff gespeichert und Sauerstoff produziert, sondern auf allen Ebenen. Der ganze Wald betreibt Fotosynthese und Kohlenstoffspeicherung! Und in dem stufigen Kronendach der älteren Bäume ergeben sich noch dazu, weit über unseren Köpfen, Entwicklungsmöglichkeiten für eine viel größere Artenvielfalt, als es in einem gleichförmig aufgebauten Kronenbereich möglich wäre.

Mein Ziel ist es, dass in einer weiteren Zukunft für unsere Wälder kein Bestandsalter mehr angegeben werden kann. Also kein einheitliches Lebensalter der Bäume auf einer Waldfläche, sondern Altersangaben, die eine Zeitspanne benennen: Von 1 Jahr, gerade erst gekeimt, bis zu einem Alter von 150 und mehr Jahren soll alles dabei sein. Alte Wälder gibt es dann nicht mehr, sondern nur noch Wälder, die alt sind und jung zugleich.

DEN BODEN BEREITEN FÜR NEUE ARTEN

Nur wenn Reinbestände – und das sind bei uns eben häufig noch die Fichtenmonokulturen – langsam, aber stetig durchforstet und genutzt werden, schaffen wir nach und nach dann auch die notwendigen Bedingungen, um sie zu Mischbeständen zu entwickeln. Denn durch die regelmäßige Durchforstung und Ernte erreichen wir eine sukzessive Aktivierung der Humussituation am Boden und können gezielt andere Baumarten in den Bestand einführen und sie dann mit so viel Licht versorgen, wie sie für ihre Entwicklung brauchen.

Durch die Menge an Holz, die wir ernten, bestimmen wir die Intensität des Lichteinfalls auf den Boden. Wachsen an einer Stelle beispielsweise junge Buchen, fällen wir einen Baum in unmittelbarer Umgebung, denn die Buchen benötigen womöglich etwas mehr Licht, um etwas schneller nach oben zu wachsen. Haben sich seltenere Arten auf dem Waldboden angesiedelt, die für ihre Entwicklung noch mehr Sonneneinstrahlung brauchen, entnehmen wir weitere Einzelbäume. Denn immer dann, wenn wir aus der oberen, der »herrschenden« Baumschicht ein Exemplar fällen, schaffen wir ein Loch im Kronendach, das sich als Lichtfleck am Waldboden abzeichnet. Diese Lichtflecken wandern im Laufe eines Tages über den Boden, erwärmen die Fläche ein wenig, und mit dem Gang der Sonne kommt die kleine Pflanze auch wieder in kühlenden Schatten – was gerade die Halbschattbaumarten zu schätzen wissen. Durch die gezielte Entnahme von Einzelbäumen können wir Forstleute also das Feld für eine natürliche Verjüngung von Schatt- und Halbschattbaumarten bereiten, und eine neue Baumgeneration wächst empor – schneller oder eher langsam, je nachdem, wie viel Licht durch das Kronendach der älteren Generation fällt.

Auf diese Weise werden auch sogenannte Verjüngungsvorräte entwickelt, die sich aus der Vielzahl kleiner Bäumchen am Boden zusammensetzen. Damit diese Verjüngungsschicht aus verschiedenen Baumarten aber so viel Licht erhält, wie sie benötigt, muss auch der Altbestand gepflegt werden. Werden einzelne Bäume gefällt, stehen ihre Altersgenossen plötzlich recht allein da – und an diese neue Situation müssen sie sich erst noch gewöhnen. Vorher waren sie als Block dem Wind ausgesetzt, jetzt muss jeder einzelne Baum allein Licht und Wind standhalten, und an diese neue Herausforderung muss er herangeführt werden – auch das ist Ziel und Hintergrund regelmäßig durchgeführter Durchforstungen. Nach und nach wird der Baum immer stärker freigestellt und kann so langsam in seine neue Position hineinwachsen.

Und gleichzeitig werden wir unter den stehenden Bäumen aktiv. In den Nadelwäldern unserer Region wurden im Zuge der Umwandlung hin zum Mischwald oft Buchen unter den aufgelichteten Altbestand aus Fichten gepflanzt. Damit hat man den ersten Schritt eines sukzessiven Übergangs zum Mischwald gemacht. Auf fast allen Fichtenflächen, die ich in den vergangenen Jahren auf diese Weise bewirtschaftet habe, hat sich im Laufe der Zeit zusätzlich zu den Buchen, die wir gepflanzt haben – man nennt das »Voranbauten« –, eine natürliche Verjüngung eingestellt, die der Trockenheit bisher standgehalten hat. Und diese Schicht aus jungen Bäumen besteht zu unserer großen Freude eben nicht nur aus kleinen Fichten, sondern auf den meisten Flächen finden wir tatsächlich mindestens drei verschiedene Baumarten vor, und so können wir den Start in eine neue Mischwaldgesellschaft schon heute vermelden.

Auf den allermeisten Flächen, die wir von trockenen Fichtenleichen freigeräumt haben, wächst so allerhand, das uns Hoffnung macht. Diese Vielfalt haben wir uns im Jahr 2021 sehr anschaulich gemacht, indem wir alle Eichen, Kirschen, Buchen und etliche weitere Baumarten, die sich von selbst hier eingefunden haben, mit bunt angemalten Holzstäben markiert haben. Zunächst als Übungsobjekt für unsere Forstwirt-Auszubildenden gedacht, war ich von dem reichhaltigen Geschenk, das uns die Natur hier gemacht hat, mehr als überrascht und erfreut. Wir betreiben nun einen großen Aufwand, um die kleinen Eichen und Kirschen gegen den Verbiss durch Rehe zu schützen, indem wir die Pflänzchen in sogenannte Wuchshüllen eingepackt schützen. Das sieht zunächst nicht sehr schön aus, zumal die Hüllen aus Kunststoff sind, aber natürliche Materialien sind auch bei uns in der Erprobung. Unser neuer Wald wächst bereits heran! Vielleicht können Sie eine ähnliche Entwicklung in Ihrer Umgebung beobachten. Prüfen Sie doch einfach im Frühjahr einmal, welche Pflanzen auf einer Käferholzfläche in einem nahe gelegenen Wald zu finden sind. Solche Flächen erkennen Sie daran, dass entweder der Fichtenbestand frisch abgestorben mit leuchtend roten Nadeln auf sich aufmerksam macht, oder die Bäume haben bereits Rinde und Nadeln verloren. Vielleicht sind sie sogar schon geerntet und abtransportiert worden. Sie werden staunen, was da so alles wächst.

Durchforstungen haben sich auch in den zunächst sehr monoton wirkenden Nadelholzforsten in meinem Revier als erster

Schritt in einen vielfältigeren Wald bewährt. Zudem sind sie die Grundvoraussetzung dafür, Verjüngungsvorräte zu entwickeln. Und so verbinden solche Maßnahmen mehrere positive Effekte: die Steuerung der Lichtzufuhr zur Förderung jüngerer Bäume für den Mehrgenerationenwald, die langsame Aktivierung des Oberbodens, um neue Baumarten einzuführen sowie den Mischwald anzuschieben, und die fortgesetzte Erwirtschaftung eines Erlöses für den Waldbesitzenden, der das geerntete Holz verkaufen kann. Die Verpflichtung des Waldbesitzenden, Gewinne zu generieren, brauche ich ja nicht mehr eigens zu erwähnen.

Bitte verstehen Sie mich nicht falsch, dies ist kein Schnellkurs im Fach Waldbau, und Sie werden mit meinen Informationen keine Prüfung an einer forstlichen Fakultät bestehen, aber es ist mir sehr wichtig, den vielfach geäußerten Zweifeln an der Notwendigkeit von Durchforstungsmaßnahmen entgegenzutreten. Über die Intensität, mit der man in die Waldentwicklung forstlich eingreift, mag man streiten, dass aber ein Eingreifen grundsätzlich notwendig ist, um den Wald in all seinen Funktionen zu erhalten und für den galoppierenden Klimawandel zu wappnen, hat meine Erfahrung bewiesen. Und viel Zeit bleibt uns nicht mehr.

EIN MOSAIK AUS FLIESSENDEN ÜBERGÄNGEN

Nicht nur in gleich alten Fichtenbeständen ist die Durchforstung ein geeignetes Mittel, um einen Mix aus verschiedenen Baumarten und Generationen zu entwickeln, auch in den anderen Wäldern versuchen wir Forstleute mit dieser Maßnahme, den Lichteinfall in einer waldbaulichen Situation und darüber den Bestandsaufbau zu steuern. Um zu zeigen, wie genau das geht, möchte ich Sie in die Buchenwälder meines Reviers mitnehmen.

Mein Vorgänger hatte bei seiner Ausbildung in den 1950er-Jahren noch gelernt, selbst einen Wald aus Buchen und Eichen nach gewissen strengen Regeln möglichst gleichförmig auf das Ziel eines Kahlschlages hinzuführen. Kurz bevor die Bäume das entsprechende Alter erreicht hätten und die Fläche kahl geschlagen werden würde, sollte mithilfe eines ausgeklügelten Systems mehrerer dicht aufeinanderfolgender Durchforstungen eine möglichst ebenfalls gleichförmige natürliche Verjüngung angestoßen werden. Alles, was vom Altbestand nach den starken Durchforstungen zur Anregung der Naturverjüngung übrig war, wurde im Anschluss regelrecht abgeräumt. Ein Kahlschlag über ganz kleinen jungen Bäumen also. Grundlage dieses Ansatzes war die flächenbezogene Betrachtung der Wälder.

Für meine Wälder war es schon ein Glück, dass mein Vorgänger bereits 1990 zu der Überzeugung gekommen war, zukünftig keine Kahlschläge mehr durchzuführen. Für die forstliche Arbeit hieß das vor allem, dass die Holzmengen, die man bislang durch Kahlschlag erzielt hatte, nunmehr durch entsprechende Durchforstungsmengen gewonnen wurden. Und dies auf großer Fläche oder besser gesagt in großräumigen Bereichen. Von jetzt an wurden überall im Revier Einzelstämme entnommen und nicht mehr ganze Baumbestände kahl rasiert. Das war nicht nur schonender für jede einzelne waldbauliche Situation, die auch für die Tiere und begleitenden Pflanzen weitestgehend erhalten blieb, sondern hatte auch deutliche Auswirkungen auf die weitere Waldentwicklung. In den durchforsteten Bereichen vollzog sich eine Revitalisierung der Oberböden. Unter dem Schirm von Buchen und Eichen wurde der Oberboden wärmer, das Bodenleben erhöhte seine Aktivität, und die Flächen boten den herunterfallenden Bucheckern ein wunderbares Keimbett.

Damit hatte mein Vorgänger die Wälder und Böden gut vorbereitet. Das – sowie später dann mein Blick auf den Einzelbaum, der uns nachfolgender Förstergeneration in der Ausbildung ans Herz gelegt worden war – führte dazu, dass heute alle Buchenwälder in meinem Revier, bei denen die ältesten Bäume mindestens 90 Jahre alt sind, bereits mit einer verschieden hohen Verjüngung aus Buchen und stellenweise Bergahorn und anderen Baumarten gesegnet sind. Im Grunde genommen waren es also allein der Entschluss, keine Kahlschläge mehr durchzuführen, und die nachfolgenden Durchforstungen, die diese Waldentwicklung ermöglicht haben.

Auch in vielen anderen Revieren kann man erkennen, dass die Forstleute dort dieses Ziel vor Augen haben: Erstaunlich schnell, nachdem man entsprechende Nutzungen durchgeführt und der Waldboden mehr Licht bekommen hat, entwickelt sich vielerorts, gerade unter älteren Buchen, ganz von allein eine Schicht junger Bäume. Und das Prinzip wiederkehrender Durchforstungen lässt sich auf alle Baumarten übertragen. Es variiert lediglich in der Intensität oder Häufigkeit der Maßnahmen.

In den Wäldern, die ich betreuen darf, versuche ich durch regelmäßige Durchforstungen stufige stabile Bestandsstrukturen zu erreichen. Und dieses Vorhaben wird mich wohl mein ganzes Berufsleben beschäftigen. Denn wie das Beispiel meiner Buchenwälder zeigt, braucht Waldentwicklung einen langen Atem. Vom Entschluss meines Vorgängers, künftig keine Kahlschläge mehr anzuordnen, bis zum heutigen Tag sind über 30 Jahre vergangen. Und obwohl mich die Entwicklung vieler Wälder mit großer Freude erfüllt, ist doch noch immer deutlich ablesbar, dass hier zwei Waldgenerationen aufeinanderfolgen: oben die ältere Generation, die unten von einer jungen Baumgeneration gewissermaßen verfolgt wird. Man kann also von einer Schichtung sprechen. Diese Schichtung möchte ich in eine Strukturierung überführen, in der sich auch in der jüngeren Generation höhere und niedrigere Bereiche abwechseln.

Das gleiche Ziel verfolge ich natürlich in den Bereichen meines Reviers, in denen vor über 100 Jahren ein kluger Kollege die Pflanzung von Weißtannen veranlasst hat. Hier ist es nicht nur die Steuerung des Lichtgenusses auf den Waldboden, die dazu führt, dass sich junge Tannen etablieren, sondern wir versuchen auch, den Einfluss der Rehe und vorwitzigen Buchen und Fichten zu begrenzen. Nach etlichen Jahren der vorsichtigen

Pflege starten nun die Weißtannen durch und wachsen gemeinsam mit Buchen und einigen Fichten hinter den Mutterbäumen her. Das vorsichtige Bearbeiten dieser doch sehr wild aussehenden Flächen erzeugt Waldbilder, die meine Mitarbeiter und mich mit großer Freude und Zufriedenheit erfüllen. Ein Wald aus verschiedenen Baumarten in ganz verschiedenen Altersstufen. Auf kleinen Flächen des Reviers haben wir das schon erreicht, doch in den gut 15 Jahren bis zu meinem Dienstende wird die Zeit knapp werden, solche Strukturen auch nur annähernd großflächig zu etablieren. Und das, obwohl schon 30 Jahre vergangen sind, seit sie angestoßen wurden. Wald braucht Zeit in Dimensionen, die vielen heute unvorstellbar sind.

DAS ZUSAMMENSPIEL VERSCHIEDENER BAUMARTEN

Auch Wald, der noch unbeeindruckt von der Klimakatastrophe zu sein scheint, versuchen wir schon jetzt auf eine zukünftige Krisensituation vorzubereiten. Baumarten, die eine höhere Resilienz in Bezug auf die Trockenheit oder die Temperaturen aufweisen, werden gefördert und erhalten, damit sie sich prächtig entwickeln und wenn möglich Samen produzieren.

Das Paradebeispiel dafür ist das Zusammenwirken von Buche und Eiche. In meinem Revier und sehr vielen anderen in Südwestdeutschland wachsen Buchen ab einem bestimmten Alter so zügig heran, dass Eichen schlichtweg mit diesem Tempo nicht mithalten können. Wir leben hier ja immer noch im sogenannten Buchenoptimum. Damit beschreiben wir Forstleute die Situation, dass alle Rahmenbedingungen für die Baumart Buche optimal passen – oder besser gesagt bis vor Kurzem gepasst haben: Ausreichend Niederschläge, gut verteilt übers Jahr, gaben sich mit ausgeglichenen Temperaturen die Hand. Weder war es bis vor einigen Jahren im Sommer zu lange zu heiß für unsere Buchen, noch fiel der Frost im Winter zu streng aus.

Nur müssen wir leider dringend davon ausgehen, dass die klimatische Veränderung dieses Buchenparadies austrocknen wird. Und wir Forstleute sind gut beraten, einzelne in den Buchenbeständen versteckte Eichen zu finden und zu fördern. Das gilt natürlich nicht nur für die Eichen, sondern auch für etliche weitere Baumarten, die sich in einem Buchenoptimum womöglich nicht gut gegen die auch zahlenmäßige Überlegenheit der Buche wehren können.

Am Beispiel von Buche und Eiche können wir sehr schön beschreiben, wie sich Baumarten in einigen Punkten voneinander unterscheiden. Den wichtigsten Aspekt haben wir bereits besprochen, es ist der Lichtbedarf des jungen Baumes. Zur Erinnerung: Die Eiche braucht gerade in ihrer Jugendphase reichlich Sonnenlicht, um sich gut entwickeln zu können. Eine kleine Buche ist da viel bescheidener. Darüber hinaus kennen wir einen gewissen Fingerabdruck der Baumarten, was ihre Reaktionsfähigkeit bezogen auf ihr tatsächliches Alter angeht. Während die Eiche in ihrer Jugendphase zu raschem Längenwachstum fähig ist, was sie ja auf Freiflächen durchaus braucht, um sich gegen alle möglichen Konkurrenten durchzusetzen, lässt es die Buche eher langsam angehen, um dann im Alter mit ihrem nahezu penetrant gleichmäßigen Wachstum andere Baumarten, die womöglich zunächst zügig davongestürmt sind, langsam, aber sicher einzuholen und später sogar zu verdrängen.

Der Eiche, die in fortgeschrittenem Alter deutlich weniger konkurrenzfähig beim Kampf um einen Platz an der Sonne ist, nützt die Fähigkeit, sehr lange leben zu können, dennoch nichts, wenn sie vorher aufgrund von Lichtmangel abstirbt. Die Beschattung durch die Buchenkronen, die sie immer mehr umschließen, kann durchaus das Ende für die kleine Eiche bedeuten. Um diese Konkurrenzsituation mit dem Ziel einer stetigen Mischung verschiedener Arten zu managen, bedarf es also lenkender forstlicher Eingriffe. Schließlich wissen wir mittlerweile um die Gefahren des Klimawandels und damit auch um die zunehmende Bedeutung der Eiche in unserem Wald.

Die Bäume können diese Veränderung noch nicht einmal ahnen. Ebenso wenig, wie sie einen strengen Winter vorherzusagen vermögen. Und der klimastabile Wald sollte ungleichartig und ungleichaltrig sein – eben der Mischwald der verzahnten Generationen.

Sofern es also glückt, Arten zu mischen und gemischte Generationen zu einem dreidimensionalen Gefüge zu verknüpfen, ist neben vielen, vielen anderen positiven Ergebnissen auch das gelungen: Ein solcher Wald verfügt über ein Höchstmaß an Betriebsstabilität durch ein ebenso hohes Maß an Risikostreuung.

Zweifellos sind Begriffe wie Risikominimierung und Betriebssicherheit eher im wirtschaftlichen oder auch technischen Umfeld verortet, aber ich finde sie auch für unseren Zusammenhang hier sehr zutreffend. Wir wollen und müssen versuchen, den Wald mit all seinen Funktionen zu erhalten, schließlich ist er in seinen unterschiedlichen Formen und Ausprägungen immer stärker vielfältigen Gefahren ausgesetzt. Auch deshalb versuche ich, genau wie viele meiner Kolleginnen und Kollegen, das Risiko in den Wäldern zu verteilen.

Eine solche Risikostreuung erreichen wir, indem wir möglichst viele Baumarten in den Wäldern erhalten und diese Vielfalt noch erhöhen, wann immer es möglich ist. Denn indem wir die Vielzahl an Baumarten steigern, erhöhen wir auch die Anzahl der mit diesen Baumarten verknüpften Arten von Insekten, Vögeln oder Pilzen. Kommt nun eine Baumart aufgrund eines besonderen Ereignisses – sei es eine länger anhaltende Trockenheit, Pilzbefall oder die Massenvermehrung eines bestimmten Insektes – in Schwierigkeiten oder verschwindet gar ganz von einer Fläche, ist nicht der Wald in seiner Gesamtheit betroffen. Dieser bleibt erhalten und kann seine vielen wichtigen Wirkungen entfalten oder Funktionen erfüllen.

Dabei denke ich jetzt nicht nur an Flächen, die infolge der Trockenheit der letzten Jahre abgestorben sind, sondern auch an Wälder, die derzeit noch halbwegs intakt sind. Denn das Prinzip greift auch in Wäldern aus Birken, Aspen oder Ebereschen. Mit der gezielten Einzelbaumentnahme können wir dem Waldboden mehr Licht verschaffen und entweder neue Baumarten im Schutz des Kronendachs des bereits vorhandenen Waldes anpflanzen oder den Boden für eine Verjüngung aus Buchen oder Weißtannen bereit machen, die sich vielleicht von allein dort ansiedeln oder ebenfalls gepflanzt werden.

VON DER KAHLEN FLÄCHE ZUM VIELFÄLTIGEN WALD

Wir müssen versuchen, die beiden Standbeine, also die Mischung der Arten sowie die Mischung der Generationen auch dort schon zusammenzudenken, wo die Flächen derzeit noch kahl von der Käferholzernte vor uns liegen. Aber ich gebe zu: Es braucht viel Fantasie!

Nicht nur zwischen Naturschützenden und Forstämtern, auch unter uns Forstleuten gibt es durchaus Differenzen und Diskussionen darüber, wie man mit den Mondlandschaften ehemaliger Kahlschlagsflächen umgehen sollte. Wie stark eingreifen und wie viel Geduld aufbringen mit einer natürlichen Waldentwicklung auf diesen Freiflächen? Oder noch deutlicher gesagt: Wie groß soll der technische, menschliche und finanzielle Aufwand sein, und welchem zeitlichen Druck unterliegt er?

Auch hier habe ich weder ein Patentrezept zu präsentieren, noch halte ich Musterlösungen bereit, sondern ich begebe mich wie viele meiner Kollegen und Kolleginnen auf die Suche nach einem Erfolg versprechenden Weg, die Entwicklung eines klimastabileren Waldes zu begleiten. Denn darin sind sich alle einig: Dieser neue Wald muss klimastabiler und vielfältiger sein als der Wald, der uns in den letzten Jahren unter den Händen weggestorben ist.

Widmen wir uns also noch einmal einer beispielhaften Waldfläche von einigen Hektar Größe, auf der ein reiner Fichtenbestand von etwas mehr als 70 Jahren Alter nicht mehr zu retten war und infolge der Trockenheit der letzten Jahre abgestorben ist. Das Holz wurde mit dem Vollernter entfernt, und das Reisig der Kronen liegt noch als Matte auf den Befahrungslinien, den sogenannten Rückegassen. Hier gilt es nun, die Entwicklung eines neuen Waldes anzustoßen.

Auf den ersten Blick wirkt die Fläche tatsächlich öde, trist und hoffnungslos. Doch bei genauerem Hinsehen kann man erkennen, dass schon während des Absterbens der Fichten ein natürlicher Prozess in Gang gekommen ist, der die Hoffnung auf einen zukunftsfähigen Wald in sich trägt. Denn es hat sich bereits eine Vielzahl an unterschiedlichen Pflanzen ganz von allein entwickelt.

Im Frühsommer des Jahres 2022 hat eine junge Kollegin im Rahmen ihrer Bachelorarbeit an der Hochschule für Forstwirtschaft in Rottenburg am Neckar sich die Mühe gemacht, die Artenvielfalt auf zwei repräsentativen Flächen in meinem Revier zu untersuchen, die ein Jahr zuvor von abgestorbenen Fichten freigeräumt worden waren. Dazu hat sie 29 Probeflächen von 5 mal 5 Metern nach strengem Schema abgesteckt und anschließend alle Moose, Gräser, krautige und Gehölzpflanzen in diesen Bereichen bestimmt. Auch der Umfang, in dem sich die verschiedenen Arten auf den Flächen breitgemacht haben, wurde geschätzt. Ein erstes Zwischenergebnis brachte immerhin 70 verschiedene Pflanzenarten zum Vorschein! Das allein schon zeigt, dass wir auch mit abgeräumten Käferholzflächen respektvoll umgehen müssen, wobei wir das Ziel, dass hier wieder Wald wachsen soll, nicht aus den Augen verlieren dürfen.

Unter den Pflanzenarten waren auch verschiedene Bäume, was wenig verwundert, denn schließlich wird der Luftraum über den Freiflächen nicht nur von emsigen Eichelhähern bevölkert, die ihren Eichelvorrat hier deponieren, sondern es ist auch noch reger anderer Flugverkehr zu beobachten. Eine große Schar an Drosseln lässt mit ihrem Kot reichlich Ebereschensamen fallen, und auf ähnlichem Weg finden sich kleine Kirschbäumchen ein. Allein durch die Luft und die Kraft des Windes verbreiten sich Birken, Aspen oder Salweiden, und ganz häufig erscheinen Fichten, Fichten und noch einmal Fichten. Dazu ein paar Lärchen und Kiefern. Kurz und knapp: Auf vielen unserer ehemaligen Freiflächen werden wir ganz von allein eine interessante Baummischung haben, und unsere spannende und herausfordernde Aufgabe wird darin bestehen, die jungen Wälder zu pflegen und zu fördern, damit sie in ihrer vielfältigen Zusammensetzung erhalten und ausgebaut werden können.

Ich habe mich dafür entschieden, nur langsam in die Waldentwicklung auf solchen Flächen in meinem Revier steuernd einzugreifen, damit der Prozess der Sukzession zunächst seine Kraft entfalten kann. Zur Beobachtung der Flächen werde ich mir sicher ein paar Jahre Zeit nehmen, doch unweigerlich begebe ich mich damit in Gefahr, dass die Flächen manchmal schon nach einem Jahr unter einem dichten Filz aus Brombeerranken verschwinden. Aber dieses Risiko nehme ich in Kauf, denn dahinter steht die Idee, dem Boden unter dem Brombeerfilz zunächst Zeit zu geben, um sich von der schockartigen Freistellung zu erholen und der natürlichen Wiederbewaldung Raum zu verschaffen – auch wenn der Brombeer- oder auch Holunderfilz so beherrschend werden könnte, dass keine Baumart auf der Fläche in absehbarer Zeit einen Fuß auf den Boden bekommt.

In diesem Fall müssten mein Team und ich zur Etablierung einer neuen Waldgeneration die Brombeere oder ähnlichen Bewuchs, der die kleinen Waldbäume blockiert, zumindest kleinräumig zurückdrängen – durch schweißtreibende Arbeit mit der Motorsense. Zwangsläufig müssten wir zudem die Stückzahl neuer Baumpflänzchen je Hektar auf ein absolutes Mindestmaß reduzieren, denn jeder, der bereits einmal versucht hat, die Brombeere oder eine ähnliche Vegetation zurückzudrängen, weiß, dass diese Arten zur entschlossenen Gegenoffensive fähig sind!

Mit anderen Worten: Wenn wir in den Wäldern einmal begonnen haben, die Sukzession zu begrenzen, um eine bestimmte Baumart zu etablieren, müssen wir einige Jahre lang regelmäßig nach den jungen Pflanzen schauen und sie vor der Konkurrenz der schon vorhandenen Arten schützen. Im Zweifel müssen die Forstleute tatsächlich jährlich um die neu eingebrachten Bäumchen herummähen.

Der damit verbundene Aufwand an Arbeit und Finanzierung ist enorm, und ich habe ehrlich gesagt keinen Schimmer, wo all das Geld und vor allem das Fachpersonal herkommen sollen, um die gewaltigen Flächen so zu bewirtschaften – noch dazu unter Zeitdruck. Ein solches Vorgehen mag in einem kleinen, begrenzten Bereich funktionieren, auf großer Fläche ist es wohl kaum zu realisieren.

Aus diesem Grund habe ich mich entschieden, die Wiederbewaldung mit einem gewissen langen Atem anzugehen und uns einige Jahre Zeit zu lassen. Mähen und pflegen müssen wir in jedem Fall, ob wir uns nun um gepflanzte Bäume kümmern oder in die Baumartenzusammensetzung der natürlichen Verjüngung eingreifen. Vor allem wenn wir viele Bäume gepflanzt haben und damit in finanzielle Vorleistung gegangen sind, erhöht das den Druck, dafür zu sorgen, dass sie auch entsprechende Entwicklungsmöglichkeiten bekommen. Die Pflege von Naturverjüngung hingegen ermöglicht uns ein punktwirksames Eingreifen, wodurch sich die Pflege weniger kostenintensiv gestaltet. Die Zeit, die wir in die Pflege großer bepflanzter Flächen investieren, fehlt uns dann womöglich in den Bereichen mit Naturverjüngung, wo vielleicht dringendere Aufgaben auf uns warten. Das Nadelöhr ist also der Umfang der Pflegearbeiten. Deshalb werden wir sicher die eine oder andere Fläche zunächst unbearbeitet lassen. Zeitdruck kann bei der großen Aufgabe des Waldumbaus nach meinem Gefühl kein guter Ratgeber sein.

In anderen Revieren verfolgt man zum Teil eine ganz andere Strategie und versucht, die Fläche mit PS-starken Forstmulchern gewissermaßen zunächst auf null zu stellen. Bei allem Respekt vor den vor Ort getroffenen Entscheidungen ist das ein

Weg zur Wiederbewaldung, den ich für die mir anvertrauten Flächen nicht vertreten könnte und der auch zum Glück oft genug rechtlich nicht gedeckt ist.

Das Mulchen einer Fläche zur Vorbereitung einer Pflanzung hat nämlich zur Folge, dass die gesamte Fläche mit einem Traktor befahren wird. Ein Traktor, der einen entsprechenden Mulcher antreiben kann, ist dann mit einem Gewicht von gut und gerne 17 Tonnen am Werk und befährt die Fläche Bahn für Bahn. Jede Mulchbahn ist 3 Meter breit. Ein solches Verfahren ist nicht nur ungemein teuer, sondern auch extrem naturzerstörend. Denn die sich schnell drehenden Mulchermesser machen alle zaghaften Vorstöße der Natur auf der Fläche zunichte und verwandeln sie schlichtweg in Häckselgut. Für das Mulchen schmaler Pflanzstreifen mag es an der einen oder anderen Stelle eine dringende Notwendigkeit geben, auf einer großen Fläche ist der Schaden größer als der Nutzen.

Auch werden häufig die Kronen der toten Fichten oder ihr Reisigmaterial auf der Freifläche durch einen am Traktor montierten Hacker gejagt und die dabei entstehenden Hackschnitzel breit wieder verteilt. Dabei verbleibt die Biomasse auf der Fläche und die kleinen Bäume können leichter in den Boden gebracht werden. Man macht sich hier die Prozesse zunutze, die auf unseren Waldböden ablaufen und die auch im ökologischen Gartenbau zum Tragen kommen: Will man zwischen den Gemüsepflanzen kein Unkraut haben, ist es ratsam, aus Rasenschnitt oder Holzhackschnitzeln eine Mulchschicht aufzutragen, unter der die unerwünschten Pflänzchen so abgedunkelt werden, dass sie eingehen. Mit der Mulchauflage ist zudem der Effekt verbunden, dass das Wasser, das durch die Bodenkapillare langsam nach oben steigt, nicht so schnell verdunstet und den Pflanzen erhalten bleibt. Noch dazu wird das organische Material wieder zu Humus umgesetzt, etwas, das bereits mittelfristig einen positiven Effekt auf die Bodenentwicklung hat und schon allein deshalb sehr zu begrüßen ist.

Das klingt nun alles schön und gut, aber für eine natürliche Waldentwicklung ist es unbedingt erforderlich, dass das Saatgut welcher Baumart auch immer möglichst rasch Kontakt mit dem eigentlichen Boden erlangt. Denn nur der sogenannte Mineralboden kann die junge Pflanze langfristig mit Wasser und Nährstoffen versorgen. Ist die Fläche nun zentimeterdick mit Mulchmaterial abgedeckt, kann auf dieser Fläche für eine gewisse Zeit nur die Baumart wachsen, die zuvor aufwendig von Hand oder maschinell durch die Mulchschicht hindurch gepflanzt worden ist. Kleine Bäumchen, die sich womöglich schon entwickelt hatten, sind komplett verloren.

Lässt man die Äste aus dem Kronenbereich der gefällten Bäume jedoch auf der Fläche vermodern, ergeben sich beim Zerfall der Äste und Stammteile kleinräumige Strukturen und Kleinstbiotope, die bei einer Besiedlung durch neue Pflanzen auch immer wertvolle Keimvoraussetzungen mit sich bringen.

Auch die Vorstellung, durch das Zerkleinern des Kronenmaterials an Ort und Stelle könne man dem Borkenkäfer, der in den toten Fichten sitzt und sich rasch ausbreiten will, den Brutraum entziehen, erweist sich häufig als unzutreffend. Auf großer Fläche gelingt es nicht, den Borkenkäfern auf diese Weise Einhalt zu bieten – das hat die Erfahrung gezeigt. Somit hat der Hacker, der die Hackschnitzel auf die Fläche bläst, kein besseres Arbeitsresultat vorzuweisen als der Mulcher. Auch wenn er immerhin nicht die gesamte Fläche befährt und den Boden daher nicht überall verdichtet.

Unabhängig davon, wie die Verantwortlichen vor Ort mit einer Freifläche umgehen und wie viel Zeit sie der Entwicklung geben: Früher oder später taucht die Frage auf, ob sich die Fläche auf dem Weg zum klimastabilen Wald befindet. Hat sich ein zukunftsträchtiger Baumartenmix etabliert?

Ich bin überzeugt: Wir werden auf vielen Flächen über die Baumarten, die sich von allein auf den Freiflächen ansiedeln, hinaus weitere Arten pflanzen oder säen müssen. Denn zum einen verteilen sich die verschiedenen natürlich vorkommenden Baumarten nicht gleichmäßig über den Bereich, und zum anderen stehen die Baumarten in Konkurrenz zueinander und machen eine schöne bunte Mischung aus verschiedenen Baumarten auch aus diesem Grund ohne unterstützende Maßnahmen unwahrscheinlich. Beim Ringen um Licht und Platz setzt sich eine Baumart zumeist durch und lässt andere gar nicht erst hochkommen. Wenn sich beispielsweise eine starke natürliche Verjüngung der Fichte entwickelt hat, ist davon auszugehen, dass diese Baumart bald die ganze Fläche dominiert. Auf Flächen, die mit sehr viel Birkensamen versorgt werden, spielt in naher Zukunft diese Baumart wiederum die größte Rolle. Beides führt nicht zu einem stabilen Mischwald, den wir in Zukunft dringend brauchen. Wir werden demnach nicht darum herumkommen, auf der Fläche pflegerisch einzugreifen und neue Baumarten dazwischenzusetzen.

Im nächsten Schritt geht es also um das Pflanzsystem. Noch vor wenigen Jahren war die klassische Reihenpflanzung, bei der die Setzlinge in einer Folge mit festgelegten Abständen von Reihe zu Reihe oder von Bäumchen zu Bäumchen in die Erde gebracht werden, das Standardverfahren. Doch angesichts der wirklich riesigen Kahlflächen in Deutschland, die wiederbewaldet werden müssen, kann ein Pflanzverfahren, das womöglich nach 5000 Pflänzchen oder mehr pro Hektar verlangt, nicht mehr der Regelfall sein. Selbst mit öffentlicher Förderung wird kaum ein Waldbesitzender das nötige Geld aufbringen können, es fehlt an ausgebildetem Personal zur Durchführung der Pflanzungen, und auch die Baumschulen haben Probleme, genügend Jungpflanzen bereitzustellen.

Es gibt durchaus Waldbereiche in Deutschland, auf denen noch großflächig Reihenpflanzungen vorgenommen werden, doch auch ein anderes Verfahren kann man vielerorts beobachten: die Nester- und Gruppenpflanzung. Hierbei werden vergleichsweise wenig Pflanzen pro Hektar benötigt, und dennoch entsteht innerhalb der Nester und Gruppen ein Dichtstand zwischen den einzelnen Bäumen, der die einzelnen Bäume zu einem geraden Wuchs nach oben animieren soll.

Solche Gruppenpflanzungen wurden bereits Anfang des 20. Jahrhunderts in der Ukraine entwickelt, weil man den geringeren Aufwand gegenüber groß angelegten Reihenpflanzungen erkannte. Auch in Polen fand dieses Pflanzsystem regen Zuspruch und wurde weiter ausgebaut. Bei uns kam es vor allem nach den heftigen Stürmen in den 90er-Jahren zum Einsatz und findet seitdem in Deutschland immer mehr Anhänger, gerade im südwestdeutschen Raum.

In meinem Revier gibt es ebenfalls Baumgruppen, die auf eine Nestpflanzung zurückgehen und vor etwa 30 Jahren angelegt wurden. Aber hier in Rheinland-Pfalz findet man in den Wäldern auch Gruppen von frisch gepflanzten Bäumchen, die oft, durch auffällige Kunststoffhüllen gegen Wild geschützt, in der Landschaft stehen. Sicherlich eine Technik, die auch in Zukunft angewendet und weiterentwickelt wird.

Abgesehen von den geringeren Kosten bietet die Gruppenpflanzung den Vorteil, dass in den Bereichen zwischen den einzelnen Nestern ausreichend Platz für eine natürliche Entwicklung erhalten bleibt. Dort kann sich die Sukzession frei und unbeeinflusst entwickeln, und auch all den kleinen Bäumchen in diesen Freiräumen müssen wir unsere Aufmerksamkeit widmen. So sollten wir jede kleine Eiche, die aus einer vom Eichelhäher herangebrachten Eichel entsteht, jede einzelne vom Himmel gefallene Wildkirsche, aber auch die kleine Waldkiefer besonders pflegen. Denn sie leisten jetzt und ganz direkt einen wichtigen Beitrag zur Entwicklung zukunftsfähiger Mischwälder.

EINE ALTE IDEE

Meinen wir es ernst mit einem neuen Mischwald, dann ist das nicht mit weniger, sondern mit mehr Aufwand verbunden. Denn die Arbeit in Wäldern, die eine Mischung der Altersstufen und der Baumarten zum Ziel hat, muss immer zweierlei leisten: Da ist zum einen die Pflege des bereits vorhandenen Waldes. Hier sollte man den Erhalt und die Förderung von Baumartenmischungen ebenso im Blick haben wie die Begünstigung von Bäumen mit besonderen Qualitäten – sei es für den Waldaufbau, die Nutzung oder das Klima. Zum anderen geht es um den Boden, auf dem bereits die nächste Generation verschiedener Waldbäume Fuß fassen soll. Er muss geschützt und so schonend behandelt werden, dass er Sämlingen und Jungpflanzen die nötigen Entwicklungsmöglichkeiten bietet.

Angesichts großflächig gleichförmiger Wälder, die womöglich noch immer in Ihrer Region wachsen oder in den letzten Jahren abgestorben sind, fragen Sie sich natürlich, ob es Vorbilder für eine solche Form der Waldbewirtschaftung gibt oder ob wir mit diesen Gedanken womöglich komplettes Neuland betreten. Es ist im Grunde erschreckend, wie lang die Idee einer naturgemäßen Bewirtschaftung der Wälder bereits an deutschen forstlichen Hochschulen diskutiert wird und wie selten die konsequente Umsetzung der Grundsätze der naturgemäßen Waldwirtschaft zu beobachten ist.

Der preußische Forstwissenschaftler Alfred Möller formulierte bereits im Jahr 1922 in mehreren Veröffentlichungen den »Dauerwaldgedanken«. Ein Dauerwald, wie er ihn forderte, zeichnet sich vor allem durch eine Stetigkeit aus, die nicht durch Kahlschläge unterbrochen wird. Möller ging noch weiter und betrachtete den Wald als einen Gesamtorganismus und die Entnahme von Holz als das Ernten einer Frucht, die der Wald in seiner Ganzheit hervorbringt. Damit erteilte er auch der damals verbreiteten Verackerbaulichung des Waldes eine klare Absage, bei der wie in der Landwirtschaft für eine Fläche festgelegt wird, was wo wie zu wachsen hat.

Etliche berühmte Forstleute wie Walter Ammon, Karl Dannecker oder Hans Leibundgut haben Jahrzehnte später die Verackerbaulichung der Wälder als ein System von Befehl und Gehorsam bezeichnet, das der Mensch auf die Natur überträgt: Dem Wald wird befohlen, innerhalb welcher Grenze er sich zu entwickeln hat. Eine Anmaßung, deren dramatische Folgen man heute an unseren Wäldern vielerorts noch ablesen kann.

Die Worte von Alfred Möller, der später Direktor der forstlichen Fakultät in Eberswalde wurde, hatten Gewicht. In den

1920er- und 30er-Jahren diskutierte die forstliche Fachwelt heftig über die Idee des Dauerwaldes und die daraus folgenden Grundsätze der naturgemäßen Waldwirtschaft. Anfang der 30er-Jahre konnte der preußische Forstchef Walter von Keudell sogar die Möller'schen Vorstellungen zum bestimmenden Leitmotiv der deutschen Forstwirtschaft erheben! Und damit musste er sich gegen große Widerstände durchsetzen. Doch während und nach dem Zweiten Weltkrieg kamen auch diese Überlegungen im wahrsten Sinne des Wortes unter die Räder, wie wir bereits gesehen haben. Als Idee blieb der Dauerwald aber erhalten, und bereits 1950 wurde die Arbeitsgemeinschaft Naturgemäße Waldwirtschaft gegründet, die Forstleute und Waldinteressierte zusammenbringt, die eine naturgemäße Form der Bewirtschaftung der Wälder zum Ziel haben. Sie bietet ein Forum zum Lernen und Lehren, zum Diskutieren und Sichweiterentwickeln. Ganz wichtig ist hinsichtlich der langen Zeiträume, die ein Wald braucht, um sich zu verändern, auch der Austausch zwischen den Förstergenerationen.

Bis heute wird um Alfred Möllers Idee und die Grundsätze naturgemäßen Wirtschaftens heftig gestritten. Doch darüber, dass der Waldbestand erhalten und keine Kahlschläge mehr durchgeführt werden sollen, besteht weitestgehend Einigkeit. Und obwohl gerade in verschiedenen Privatwäldern sehr eindrucksvoll vorgeführt wird, dass eine Bewirtschaftung von Wäldern nach den Vorstellungen Möllers nicht nur zukunftsweisend, sondern auch ertragreich sein kann, gibt es immer noch viele Kollegen und Kolleginnen, die ungeduldig sind und womöglich Angebote, die die Natur uns macht, ausschlagen, um stattdessen dichte Pflanzungen anzulegen und der Waldentwicklung auf diese Weise eine strikte Richtung vorzugeben. Und wie wir wissen, kann es auch fatale Folgen haben, ganz auf die Nutzung in den Wäldern zu verzichten. Denn wenn wir nicht durchforsten und pflegen, verwandelt sich ein abwechslungsreiches waldbauliches Mosaik eben unter Umständen in einen eintönigen, dichten, dunklen Bestand – womöglich noch dazu dominiert von der Baumart Fichte.

Die positiven Auswirkungen einer umsichtigen, handwerklichen Bewirtschaftung kann man gerade in den bäuerlichen Privatwäldern des Schwarzwalds oder in der Schweiz beobachten. Die Wälder in Thüringen habe ich ja bereits erwähnt. In all diesen Wäldern werden immer nur einzelne Bäume genutzt, und bei der Arbeit – also auch bei allen Pflegemaßnahmen – steht immer der Einzelbaum im Fokus. Auch deshalb tragen viele dieser sorgfältig bewirtschafteten Privatwälder zu Recht die Bezeichnung Plenterwald. Eine Art Gütesiegel, das einen sich stetig verjüngenden Dauerwald beschreibt, in dem Bäume aller Dimensionen kleinstflächig bis einzelstammweise vermischt sind. Im Plenterbetrieb werden einzelne Bäume gefällt und so ein permanenter Hochwald geschaffen, der nicht nur zukunftsweisend, sondern auch äußerst prachtvoll anzusehen ist!

BEDROHUNG DURCH WILD

Wenn wir einen Wald entwickeln wollen, der eine große Artenvielfalt aufweist und mit dem wir die Hoffnung auf eine gewisse Toleranz gegen klimatische Veränderungen verbinden, so müssen wir uns auch mit den verschiedenen Wildtieren beschäftigen. Schließlich greifen Rehe, Hirsche und Mufflons ganz unmittelbar in das Geschehen der Wiederbewaldung ein. Das, was für uns ein kleiner Baum ist, der besondere Fähigkeiten in seinem Erbgut trägt und womöglich hervorragend auf Hitze und Trockenheit vorbereitet ist, ist für ein Reh vor allem eins: leckere Nahrung.

Und während ein Reh großen Appetit auf die feinen Knospen einer kleinen Eiche entwickelt, benötigt ein Hirsch die Rinde einer 20 Jahre alten Weißtanne, um sich eine leicht bekömmliche Futtermischung zusammenzustellen. Das Ergebnis ist in beiden Fällen gleich: Das Wildtier ist satt, und der Baum trägt eine Schädigung davon, die im schlimmsten Fall dafür sorgt, dass wir ihn bei unserem Ringen um den klimastabileren Wald der Zukunft leider abschreiben müssen. Zumindest aber wird die kleine Pflanze nach dem Verlust gerade der obersten Knospe – der sogenannten Terminalknospe – in ihrer Entwicklung zurückgeworfen und bedarf dann noch mehr pflegender Unterstützung, um sich gegen die Konkurrenz anderer Baumarten durchzusetzen.

Auch das Abschälen der Rinde halbwüchsiger Bäume durch Hirsche oder Mufflons führt, sofern es im Frühjahr geschieht, zu einer dramatischen Schädigung des jungen Baumes. Zwar stirbt er nur in seltenen Fällen direkt ab, aber er bleibt langfristig gefährdet, denn durch das Entfernen der Rinde ist eine Eintrittspforte für holzzerstörende Pilze geschaffen worden, die Verursacher von Stammfäule sind. Vor allem für Rot- und Damwild sowie Mufflons ist das Abschälen ein typisches Verhalten. Aber wir werden es hier nicht näher behandeln, denn bei der Wiederbewaldung der vielen Freiflächen geht es in erster Linie darum, die Entwicklungsmöglichkeiten der vielen wertvollen kleinen Bäume zu erhalten, und für sie besteht die weitaus größere Gefahr darin, dass ihre Knospen abgefressen werden.

Und damit sind wir beim Rehwild. Vor allem diese Wildart spielt bei der Wiederbewaldung der Kahlflächen eine entscheidende, oft problematische Rolle und ist in Deutschland von Flensburg bis Passau und von Saarbrücken bis Görlitz überall vertreten. Es lohnt sich also, das Rehwild einmal genauer unter die Lupe zu nehmen: Rehe erreichen in Deutschland Lebendgewichte zwischen 20 und 30 Kilogramm, werden etwa 75 Zentimeter hoch und gut 1 Meter lang. Das männliche Tier bildet jedes Jahr ein neues Geweih (Gehörn) aus, die weiblichen Tiere bringen jährlich ein bis drei Kitze zur Welt. Rehe sind Wiederkäuer und flüchten bei Unruhe in die nächstgelegene Deckung, in der sie aufgrund ihrer schlanken Figur wie von Zauberhand verschwinden und dann kaum noch zu sehen sind.

Für die Entwicklung der zukünftigen Wälder aber ist vor allem interessant, wovon sich die eleganten, schlanken Tiere ernähren. Denn ganz im Gegensatz zu anderen Wiederkäuern, wie beispielsweise Rindern, folgt das Reh beim Futter eher dem

Motto »Klasse statt Masse«. Rehwild wählt also sehr genau aus, welche Pflanze und welches Pflanzenteil verzehrt wird, während die größeren Wiederkäuer eher auf möglichst große Nahrungsmengen aus sind.

Diese anspruchsvolle Nahrungswahl liegt am schlanken Körperbau und dem entsprechend abgestimmten Verdauungstrakt der Rehe. Sie müssen in vergleichsweise kurzen Abständen fressen, weshalb sie etwa alle drei Stunden losziehen, um sich mit Grünfutter zu versorgen – auch wenn wir sie zumeist nur am Abend und Morgen sehen. Im Laufe eines Tages kommen dabei rund 4 Kilogramm Nahrung in Form von Knospen, Blättern und Gräsern zusammen, wobei Rehe zwischen über 100 verschiedenen Pflanzenarten auswählen und sich so einen hübschen, bunten Salat zusammenfuttern.

Dabei behalten sie diesen exquisiten Speiseplan auch in den Wintermonaten bei, wenngleich ihr Stoffwechsel dann deutlich gebremst arbeitet. Und genau in dieser Zeit verlegen sie ihre Ernährung auf die Organe einer Pflanze, die den höchsten Nährstoffgehalt aufweisen: die Knospen. Wildtiere müssen ihr Leben gut organisieren. Im Fall der Rehe bedeutet das, dass es vor allem effizient zugehen muss. Im Winter also gilt es, möglichst hoch konzentrierte Nahrung aufzunehmen, die dann ausgiebig wiedergekäut wird, am besten in einem guten Versteck in der warmen Wintersonne.

Was liegt da näher, als die größten und kräftigsten Knospen einer Pflanze, die in erreichbarer Höhe zu finden sind, zu verzehren? Schließlich ist es wirtschaftlicher, eine große Knospe abzurupfen als mehrere kleine Exemplare. Dumm nur, dass die größte Knospe eines jungen Baumes immer die schon erwähnte Terminalknospe ist, die im kommenden Frühjahr für das nach oben führende Längenwachstum zuständig wäre. Hat sich das Reh nun aber genau diese Knospe einverleibt, muss sich der junge Baum gewissermaßen neu organisieren. Knospen, die ursprünglich zu einem Ast werden sollten, müssen jetzt das Wachstum in die Höhe übernehmen, und da meist mehrere aus diesen Knospen hervorgehende Triebe nach dem Verlust der Terminalknospe nach oben streben, kommt schnell ein merkwürdiges Gebilde zustande mit mehreren nach oben zeigenden ehemaligen Ästen. Auf jeden Fall bildet sich kein rasch nach oben wachsender Stamm mehr aus, sondern es entsteht ein sogenannter Zwiesel.

Manchmal aber scheint die Knospenmahlzeit so gut zu schmecken, dass ein und dieselbe Pflanze regelmäßig gleich um mehrere Knospen erleichtert wird. Aus einem ehemals nach oben wachsenden jungen Bäumchen entsteht ein Gewächs, das aussieht, als würde es regelmäßig vom Friedhofsgärtner gestutzt. Ein gerader und schlank nach oben wachsender Stamm ist da nicht zu erkennen.

Und um die Problematik rund um Reh und Wald noch zu steigern: Nicht umsonst gelten Rehe als sogenannte Konzentratselektierer, womit ihre Nahrungsauswahl treffend in einem Wort beschrieben ist. Sie entscheiden sich sehr oft gerade für seltenere Baumarten wie Eiche oder Tanne. Häufig genau die Arten also, die wir für die Zukunft der Wälder brauchen. Mit dem Ergebnis, dass wir einen Verlust der Artenvielfalt zulasten der Chancen auf einen stabilen Mischwald beklagen müssen. Es tritt eine Entmischung ein, die unseren Wald eintöniger und damit am Ende wieder anfälliger macht.

In einer Zeit, in der der Waldumbau ganz klar in Richtung Vielfalt laufen muss, ist es schon problematisch, wenn immer wieder die seltenen Baumarten abgefressen und in ihrer Wuchsdynamik gestört werden. Doch die Auswirkungen des Fressverhaltens der Rehe gehen weit über die Baumarten hinaus. Der Artenverlust, an dem sie mitwirken, ist auch für den Naturschutz von Bedeutung.

Zur Verdeutlichung möchte ich Sie exemplarisch mit zwei Pflanzenarten bekannt machen, die ganz konkret davon betroffen sind: das Waldweidenröschen und die Heidelbeere. Beide sind auf der Nordhalbkugel im Grunde Allerweltsarten, und gerade das Waldweidenröschen müsste sich auf den großen Freiflächen nach der Trockenheitskatastrophe weit verbreiten und die Landschaft im Spätsommer in einen gewaltigen summenden und brummenden lila Teppich verwandeln.

Leider ist das in den meisten Regionen Deutschlands nicht zu erwarten, und blüht es doch irgendwo kräftig violett, wächst dort nicht das Waldweidenröschen, sondern der Rote Fingerhut, der im Gegensatz zum Waldweidenröschen auch für Wildtiere giftig ist. Das Waldweidenröschen hingegen, eine Pflanze, die gut und gerne 150 Zentimeter groß werden kann und gleichzeitig geschlossene Blütenknospen, geöffnete Blüten und fertig ausgebildete Samen trägt, wächst meistens nur noch im Schutz von Gatterzäunen, die die Rehe von dieser anscheinend sehr beliebten Pflanze abhalten.

Jetzt könnte man argumentieren, dass es sich ja »nur« um eine schön blühende Allerweltsart handelt, die in Sibirien oder Alaska schließlich ausreichend Platz zur Entwicklung hat. Doch wie wir schon bei verschiedenen Baumarten festgestellt haben, ist mit dem Verlust jeder Pflanzenart auch der Verlust einer ganzen Reihe von Tierarten verbunden, die ausschließlich von und an dieser Art leben.

So bieten die Blüten des Weidenröschens vielen Bienen und Hummeln Nahrung, doch auch verschiedene Nachtfalterarten, wie der Mittlere Weinschwärmer, sind auf diese Pflanze als Fraßpflanze für ihre Raupen angewiesen.

Aufgrund des massiven Verbisses durch Rehe und Rotwild kommt das Waldweidenröschen nun in weiten Teilen Deutschlands nicht zur Blüte. Ähnlich verhält es sich mit der Heidelbeere, die durchaus die Fähigkeit in sich trägt, bis zu 60 Zentimeter groß zu werden. Leider gelingt es vielen Heidelbeersträuchern aber nicht, zu zeigen, was in ihnen steckt, da sie durch den Äser des Wildes auf eine deutlich geringere Größe zurückgestutzt werden. An die Ausbildung von Blütenknospen oder gar reifen Beeren ist auf vielen Flächen gar nicht erst zu denken. Und gerade die wären für die Artenvielfalt im Wald wichtig. Um die Heidelbeere tummeln sich nämlich nicht nur allerlei Insekten, sondern vor allem das seltene Auerwild. Auf dem Speiseplan dieser beeindruckenden Vögel spielt die leckere dunkelblaue Beere eine entscheidende Rolle, denn sie fressen zum Zeitpunkt der Reife täglich bis zu 4 Kilogramm der leckeren Beeren, wie man in ihrem Steckbrief des Bayerischen Staatsministeriums für Ernährung, Landwirtschaft und Forsten nachlesen kann.

Die Tatsache, dass es auch in Deutschland immer wieder streng bejagte Waldungen gibt, in denen die Artenvielfalt deutlich größer ist und Waldweidenröschen und Heidelbeere oft üppig sprießen, gibt uns einen deutlichen Hinweis darauf, was zu tun wäre. Einen noch deutlicheren Hinweis erhält man, wenn man die Entwicklung der Vegetation in eigens errichteten kleinen Weisergattern beobachtet. In solchen eingezäunten Flächen von 9 oder 16 Quadratmetern ist der Einfluss des Wildes gänzlich ausgeschlossen, und die Unterschiede in der Vegetation innerhalb und jener außerhalb der Gatter sprechen eine deutliche Sprache.

JAGEN FÜR DEN WALD

Alle, die sich für einen neuen, vielfältigen Wald einsetzen, sollten sich darüber im Klaren sein, dass die Frage, wie viele Rehe, Hirsche und andere große Pflanzenfresser in der Gegend unterwegs sind, keine Nebensächlichkeit ist. Ich würde sogar so weit gehen zu sagen, dass sie in der Waldentwicklung eine Schlüsselrolle einnimmt. Auf unserem Weg zu einem gemischten klimastabilen Wald gilt es, die jungen Bäume – ob gepflanzt, gesät oder womöglich durch den Eichelhäher sorgsam auf der Fläche etabliert – gegen Schäden durch Wildverbiss zu schützen.

Dabei gibt es verschiedene Möglichkeiten. Denkbar ist, einzelne Flächen einzuzäunen, wie schon beschrieben, sodass kein Wild sie mehr betreten kann, oder auch einzelne Pflanzen durch spezielle Wuchshüllen aus Kunststoff abzusichern. Doch sind von Zäunen durchzogene Wälder wirklich das, was wir mit einer natürlichen Wiederbewaldung verbinden? Sind Tausende zumeist helle Wuchshüllen auf freien Flächen nicht eher eine Niederlage auf dem Weg zum natürlich gemischten und stabilen Wald? Noch dazu verschlingen solche technischen Lösungen gewaltige finanzielle Mittel, die doch bei der eigentlichen Waldbegründung womöglich viel besser eingesetzt werden könnten.

Einen weitaus sinnvolleren Weg zum Schutz der natürlichen und vielgestaltigen Waldentwicklung sehe ich daher in der Reduzierung des Wildbestands durch die Jagd. Weniger Tiere auf der Fläche fressen weniger Knospen. Das ist ebenso einfach wie nachvollziehbar. Und etwas Neues ist dieser Ansatz beileibe auch nicht, denn schon seit Jahrzehnten beinhaltet die Jagdgesetzgebung in Deutschland genau diesen Gedanken: Der Abschuss ist so zu regeln, dass die Interessen der Land-, Forst und Fischereiwirtschaft gewahrt bleiben. So kann man es bereits im Bundesjagdgesetz aus dem Jahre 1952 lesen.

Jede forstwirtschaftliche Arbeit hat in Zeiten der Klimakatastrophe eine möglichst vielfältige Zusammensetzung an Baumarten in den Wäldern zum Ziel. Und so besteht auch in weiten Teilen der Försterzunft Einigkeit darüber, dass die Regulierung von Rot-, Dam-, Muffel- und Rehwild neben der schonenden Bewirtschaftung und dem Kahlschlagsverbot eine weitere wichtige Säule bei der Entwicklung klimatoleranter gemischter Wälder ist. Diese Wildarten müssen in einer festgelegten Größenordnung bejagt werden, wodurch die Jägerschaft zu einem enorm wichtigen Partner bei der Bewältigung dieser gewaltigen Aufgaben geworden ist.

Doch unsere Gesellschaft ist tief gespalten, wenn es um die Jagd und allgemein das Töten von Tieren geht. Einerseits boomen Jagdscheinkurse seit Jahren, andererseits wenden sich immer mehr Menschen einer veganen Lebensweise zu und lehnen das Töten von Tieren grundsätzlich ab. Viele Förster und Försterinnen fühlen sich nicht selten etwas verloren, wenn sie auf die dringende Notwendigkeit hinweisen, Rehe und Hirsche kräftig zu bejagen, damit ein neuer klimastabilerer Wald heranwachsen kann. Vielleicht hilft ein genauerer Blick auf die Jagd und wie sie heute betrieben wird, dabei, die Konflikte einzudämmen.

Bis vor wenigen Jahrzehnten noch verbanden viele Menschen mit der Jagd das Bild vornehmer Jagdrunden, bei denen betuchte Jäger und Jägerinnen sich in der Anzahl erbeuteter Geweihe zu übertreffen versuchten, um sie in eigens eingerichteten Jagdzimmern zur Schau zu stellen. Nicht selten hat so manches Hirschgeweih auch den Weg in den Gastraum eines Wirtshauses, vor allem aber in die Eingangshallen adliger Gutshäuser gefunden.

Und so löste der Wissenschaftsjournalist und Tierkenner Horst Stern 1971 mit seinem legendären Fernsehbeitrag »Bemerkungen über den Rothirsch«, der noch dazu an Heiligabend ausgestrahlt wurde, geradezu einen Skandal aus. In deutlichen Worten prangerte Stern die Überhege und Fütterung des Rotwildes mit dem Ziel, möglichst viele und kapitale Trophäen zu erzielen, an. Für ihn war das eine feudalistische Jagd, die weniger dem Schutz des Waldes als vielmehr dem Vergnügen einiger weniger Freizeitjäger diente. Denn eine Jagd nach Trophäen konzentriert sich auf Hirsche mit prächtigem Geweih und verschont das weibliche Wild, das sich ungehindert vermehren kann und große Schäden an den jungen Bäumen anrichtet.

Es lohnt, sich den Beitrag anzuschauen, denn er zeigt auch, wie alt manche heute hitzig geführte Diskussion schon ist und – wieder einmal – in welchen Zeitdimensionen wir bei der Waldentwicklung denken müssen. Manches an den Beobachtungen des streitbaren Journalisten besitzt durchaus bis heute eine gewisse Gültigkeit, doch vieles rund um die Jagd hat sich in den vergangenen 50 Jahren auch stark verändert, darunter die Jagd selbst. Betrachtet man allein die stetig wachsende Anzahl an Jägerinnen und Jägern, kann man fast sagen, dass sich die Jagd demokratisiert und immer weiter aus solch feudalistisch anmutenden Strukturen herausgelöst hat.

Seit der Deutschen Revolution 1848/49 ist das Jagdrecht an

den Besitz von Grund und Boden gebunden, und bis heute kann jeder, der im Regelfall 75 Hektar Fläche sein Eigen nennt, diese auch selbst bejagen. Natürlich müssen die 75 Hektar in einer kompakten Form zusammenliegen, damit ein sogenannter Eigenjagdbezirk ausgewiesen werden kann – in Bayern und im Hochgebirge gelten besonders bei der geforderten Mindestgröße Sonderregelungen.

Allerdings ist ein Eigenjagdbezirk in privater Hand in Deutschland eher die Ausnahme. Einige Flächen mit der entsprechenden Größe sind im Besitz von Bund, Ländern und meist größeren Kommunen. Der größte Anteil jedoch ist in der Hand von Jagdgenossenschaften, in denen sich verschiedene Eigentümer mit kleineren Flächen zusammengetan haben, um die erforderliche Fläche auszuweisen, die im Jagdgesetz zur Bildung einer Jagdgenossenschaft vorgegeben ist.

Solche Jagdgenossenschaften sind vielfach schon im 19. Jahrhundert entstanden, denn man hatte schnell erkannt, dass es mit allerlei Problemen verbunden ist, wenn jeder Grundbesitzer loszieht, um mit einer Waffe seiner Wahl auf kleiner oder gar kleinster Fläche auf die Jagd zu gehen. In die Institution der Jagdgenossenschaft bringen die Grundeigentümer von Flächen mit Feld und Wald – denn um diese geht es natürlich – ihr Jagdrecht ein und verwalten ihre Flächen, was das Jagen angeht, gemeinsam.

Bejagt werden die Flächen theoretisch von den Eigentümern – also Privatleuten oder staatlichem Personal. Wobei der weitaus größte Teil der Jagdgenossenschaften in Deutschland derzeit die Jagd nicht selbst ausübt oder einen Jäger damit beauftragt, sondern das Jagdausübungsrecht auf ihren Flächen an interessierte Jägerinnen oder Jäger verpachtet. Diese Pachtverhältnisse erfreuten sich je nach gesellschaftlichem Trend unterschiedlich großer Beliebtheit. Vor allem in den 1960er- und 70er-Jahren gehörte die Anpachtung eines Jagdreviers zu einem gewissen gesellschaftlichen Status, und in dem vorausgehenden Bieterwettstreit ergaben sich manchmal horrend hohe Pachtpreise nebst Übernahme aller entstehenden Schäden, die durch das Wild in Feld und Flur angerichtet werden würden. Und damit sich die hohen Ausgaben auch »lohnten«, wurde in manchen Revieren nichts unversucht gelassen, um einen möglichst hohen Bestand an Wildtieren gewissermaßen vorzuhalten.

So treffen bei der Verpachtung von Jagdrevieren zwei bisweilen sehr unterschiedliche Interessen zusammen. Während es dem Grundstückseigentümer darum geht, dass sich auf seinen Flächen Bäume oder Getreide, Wiesen oder Wälder vom Wild möglichst ungestört entwickeln können und das Wildaufkommen entsprechend durch Jagd reguliert wird, suchen Pächter, die die Jagd als Hobby betreiben, Entspannung, Ruhe, Naturgenuss und natürlich einen gewissen Wildreichtum im Revier. Wenn Sie also bei Ihren Waldwanderungen Jäger oder Jägerinnen in Geländefahrzeugen antreffen, deren Autokennzeichen auf eine teils mehrere Hundert Kilometer weite Anreise schließen lassen, dann haben Sie es vermutlich mit Menschen zu tun, die in ihre Freizeitgestaltung und Ausrüstung oft sehr viel Geld und Zeit investieren.

Und schon erahnt man einen Konflikt, der kaum aufzulösen ist. Erschwerend kommt hinzu, dass sich die Flächeneigentümer und Bewirtschafter bislang oft nicht gerade dadurch hervorgetan haben zu erklären, warum die Jagd intensiver als bisher ausgeübt werden sollte. Und damit sind wir bei der Frage, wie wer wann und für wie lange festlegt, wie viel Wild zu erlegen sei. Sie vermuten anhand meiner Formulierung sicher schon längst einen gewaltigen Verwaltungsakt, der selbstverständlich mit Meldungen, Formblättern und allerlei Fristen garniert ist. Und ich darf Ihnen versichern: Sie vermuten richtig.

Über die Abschusspläne, die für jedes einzelne Revier verfasst werden, wacht die Jagdbehörde des Landkreises mit Unterstützung weiterer Behörden und Gremien. Dabei hat jedes Bundesland seine eigenen Regeln. In Rheinland-Pfalz, wo ich in meinem forstlichen Dienstbezirk bei der Datenerhebung mitwirke, hat man sich schon vor einigen Jahren dazu entschlossen, die Anzahl der zu erlegenden Rehe und Hirsche an den tatsächlichen Schäden in den Wäldern festzumachen. Nach einem statistisch belastbaren Rahmen zählen wir junge Waldbäume und untersuchen sie auf Schäden durch Wildverbiss. Übersteigen sie bestimmte Schwellenwerte, muss mehr Wild erlegt werden. Andernfalls bleibt die Vorgabe gleich oder sinkt.

Bei uns wird also der Zustand der Vegetation zum Maßstab genommen – ganz wichtig! –, und die Jäger und Jägerinnen kommen eher mit der Behörde in Konflikt, wenn sie zu wenig Wild erlegt haben, als wenn die Jahresbeute größer ausgefallen ist. Das ist eine fundamentale Veränderung nach Jahrzehnten, in denen man die Zahlen des Abschussplans vielmehr als einen jährlichen Maximalwert verstand, der das Wild vor einer zu starken Dezimierung schützen sollte. Teilerfolge dieses Paradigmenwechsels sind mancherorts erkennbar, auf anderen Flächen bislang ausgeblieben. Den Grundgedanken jedoch, dass man frei lebende Wildtiere nicht zählen kann und der Zustand der Vegetation Hinweise über ein Gleich- oder eben Ungleichgewicht zwischen Wildbestand und der Kapazität des Lebensraums bietet, halte ich unbedingt für richtig.

HANDWERK UND VERANTWORTUNG

Aktuell gibt es in Deutschland nahezu 400 000 Jagdscheininhaber, und dieser Wert markiert erneut einen Höchststand in einer seit vielen Jahren stetigen Aufwärtsentwicklung. 1991, als ich meinen ersten Jagdschein löste, gingen noch gut 80 000 Menschen weniger auf die Pirsch. Angesichts dieser Zahlen kann man davon ausgehen, dass der weit überwiegende Teil der Jägerinnen und Jäger in Deutschland in der Freizeit jagt und sich also abseits von Zwängen einigermaßen frei und mit einem ganz persönlich formulierten Naturgenuss in Wald und Flur aufhalten möchte.

Doch ganz so ungezwungen geht es nicht zu, gerade heute ist mit der Jagd ein hohes Maß an Verantwortungsbewusstsein verbunden. Die Tatsache, dass ein Jäger in vielfältiger Weise in verschiedene Ökosysteme eingreift, also vom Zuschauer zum Akteur wird, setzt große Kenntnisse dieser Ökosysteme voraus.

Die Aufgabenstellung, der sich die Jäger und Jägerinnen in Deutschland heute gegenübersehen, erfordert eine gewisse Professionalisierung. Angesichts schwieriger Jagdbedingungen in den Misch- und Mehrgenerationenwäldern und dem wachsenden Anspruch, wertschätzend mit Tier und Natur umzugehen, steigen die Anforderungen an das Jagen. Das flächendeckende Absterben von Fichtenbeständen führt über kurz oder lang zu einer deutlichen Verbesserung der Lebensbedingungen für Reh- und Rotwild, denn auf den Freiflächen wächst schnell allerhand Krautiges sowie Brom- und Himbeeren, die den Tieren sowohl als Äsung dienen als auch wunderbar Deckung und Schutz gewähren. So kann es für einen Jäger oder eine Jägerin schon allein zur Herausforderung werden, das Wild auch nur zu entdecken. Dabei reden wir noch nicht vom sogenannten Ansprechen des Wildes, also der Beurteilung der Wildart, des Geschlechts, des Alters, Gesundheitszustands sowie der sozialen Stellung im Familienverband – alles Infos, die vor der Abgabe eines Schusses bekannt sein müssen.

Außerdem handelt es sich bei Wild um ein wertvolles, sehr natürlich gewachsenes Lebensmittel, das schon vor der Erlegung als solches auch behandelt werden muss. Das bedeutet: Der Treffer muss sitzen, sodass der Tod unverzüglich eintritt. Und nach der Erlegung ist wiederum ein hohes Maß an handwerklichem Können gefragt. Es gilt, das Tier fachgerecht auszuweiden, hygienisch einwandfrei zu reinigen und sofort entsprechend zu kühlen. Dann steht einer Weiterbearbeitung zu leckerem, fett- und cholesterinarmem, küchenfertigem Fleisch nichts mehr im Weg.

All das, nämlich die Notwendigkeit von hohen Abschusszahlen einerseits und tierschutzrechtlichen und hygienischen Anforderungen andererseits, erzeugt einen sehr hohen handwerklichen Anspruch an die Jagd von heute. Denn ja, auch die

Jagd mit all ihren Facetten ist ein Handwerk, das man über einen langen Zeitraum erlernen muss und das viele ganz unterschiedliche Themengebiete miteinander verknüpft.

Nach abgelegter Prüfung ist bei manch frischgebackenem Jäger die Ernüchterung groß, wenn er sich in einem Dickicht aus Vorgaben, Plänen, Auflagen und manchmal auch persönlichen Abhängigkeiten wiederfindet. Bei einigen ist neben einer gewissen Enttäuschung auch schon mal ein Gefühl der Überforderung spürbar, denn die Ausbildung zur Jagdausübung mag umfangreicher geworden sein – praxistauglicher ist sie nicht unbedingt. In den vergangenen Jahren wurden die Zeiträume der praktischen Ausbildung verkürzt und gleichzeitig der Umfang der theoretisch zu vermittelnden Themen erhöht. Neben einer traditionellen Ausbildung über fast ein Jahr erfreuen sich auch Kurse mit kurzer Laufzeit an professionellen Jagdschulen zunehmender Beliebtheit. Das mag einer gesellschaftlichen Tendenz der Beschleunigung entgegenkommen, ob es dem Erlernen eines Handwerks dient, möchte ich ganz vorsichtig in Zweifel ziehen.

Manch neuer Jagdscheininhaber, der doch eigentlich nur seine Freizeit nutzen wollte, womöglich um in der Natur zu sein und etwas Fleisch zu bekommen, findet sich in einer Zwickmühle wieder. Denn vor die Aufgabe gestellt, einem neuen klimastabilen Wald auf die Beine helfen zu müssen, braucht es reichlich Professionalität und handwerkliche Erfahrung sowie Zeit in den Revieren, um zu jagen. Manchmal ist das gegenseitige Unverständnis bei Jägern, Jägerinnen und Forstleuten gewissermaßen vorprogrammiert.

Doch bei aller Einsicht in die Notwendigkeit der effektiven und entschlossenen Jagd auf die wiederkäuenden Wildarten sowie auch auf das Schwarzwild, ist und bleibt der Respekt vor dem Tier ganz wichtig. Und der zeigt sich in einer auf hohem handwerklichen Stand durchgeführten Jagd.

ZERSTÖRUNG UND SEUCHEN: WILDSCHWEINE

Auch Wildschweine stellen Waldbesitzende und Jäger wie Jägerinnen vor große Herausforderungen. Sie können gewaltige Zerstörung auf Getreidefeldern, Wiesen und in Wäldern anrichten. Da sie zudem Viruserkrankungen wie der Afrikanischen Schweinepest ausgeliefert sind, geht von ihnen häufig auch eine Gefahr für Hausschweine und damit die landwirtschaftliche Versorgung aus. Die Seuche, die unter dem Kürzel ASP mittlerweile jedem Jäger und Landwirt bekannt ist, hat inzwischen auch die Region Deutschlands erreicht, in der die größten Schweinemastbetriebe ansässig sind, und es muss sich noch zeigen, ob es gelingt, ihre Ausbreitung einzudämmen.

Es gibt derzeit leider kein wirksames Medikament gegen diese Erkrankung, und Tiere, die mit dem Erreger infiziert sind, haben keine Überlebenschance. Das Virus wurde vom Menschen aus Afrika eingeschleppt und findet in den historisch außergewöhnlich hohen Wildschweinbeständen bei uns einen idealen Nährboden. Um ihren Einstand – so nennt man den Platz, an dem die Tiere ihre Ruhephase verbringen – herum verbreiten sie das Virus, indem sie infektiöses Material in der Landschaft verteilen, das wiederum über die Erntekette seinen Weg in die Mastställe der Hausschweine findet. Neben der Zugangskontrolle in die Ställe erscheint die Reduktion der Wildschweinbestände derzeit eines der wichtigsten Instrumente gegen die Ausbreitung der Afrikanischen Schweinepest zu sein.

Abgesehen von der Katastrophe, die die Schweinepest für die Landwirtinnen und Landwirte bedeutet, bekommen wir auch bei uns im Wald erste Auswirkungen schon jetzt zu spüren, obwohl das Seuchengeschehen noch Hunderte Kilometer weit von uns entfernt ist. Denn: Wenn ein Jäger die Gelegenheit hat, an einem Abend ein Wildschwein oder ein Reh zu erlegen, dann entscheidet er sich wahrscheinlich für das Wildschwein. Nicht zuletzt auch deshalb, weil das Wildschwein einen wirtschaftlich deutlicher zu spürenden Schaden in der

Feldflur verursacht und viele Jäger und Jägerinnen sich in der Verantwortung sehen, im Zweifel das Schwein anstelle des hochwertigeren Rehs zu erlegen. Und das vollkommen im Rahmen des Gesetzes, denn während beim Rehwild Stückzahlen festgeschrieben sind, die geschossen werden können, gelten beim Wildschwein allein die tierschutzrechtlichen Regelungen. Mit der vorrangigen Bejagung der Wildschweine wird das Ziel, einen gemischten Wald ohne Schaden aufwachsen zu sehen, noch einmal hintangestellt.

AUSGANG OFFEN: WOLF UND LUCHS

Ganz anders stellt sich für uns die Situation mit einem Tier dar, das erst seit einigen Jahren wieder bei uns eine Heimat sucht, aber für viel Aufregung sorgt: der Wolf. Gerade im Westen Deutschlands konnte man sich jahrzehntelang sicher sein, nie einem Wolf zu begegnen, denn die Grenzbefestigungen der DDR hielten ungewollt auch die Wölfe davon ab, sich die Landschaft westlich der Elbe einmal genauer anzusehen. Auch in Osteuropa, wo es große Wolfsvorkommen gibt, genießt der Wolf, besonders seit Beitritt einiger Staaten zur EU und den damit verbundenen Umweltschutzregelungen, strengen internationalen Schutz, und die Population in Mittel- und Osteuropa scheint zu wachsen. Die jungen erwachsenen Tiere gehen auf Wanderschaft und gründen in Regionen, die ihnen zusagen, neue »Niederlassungen«. Deutschland wird Wolfsland – davon sind nicht wenige Experten überzeugt, die Frage ist lediglich, wann es so weit sein wird.

Aus menschenarmen Regionen dieser Welt ist bekannt, dass dort, »wo der Wolf jagt, der Wald wächst«. Mit diesem Satz will man beschreiben, dass Wölfe durchaus in der Lage sind, Wildtierbestände so zu dezimieren, dass sich die Vegetation wieder vielfältiger entwickeln kann. Nur handelt es sich dabei ganz offensichtlich nicht um einen simplen linearen Prozess, sondern um ein sehr dynamisches System, das von vielen Faktoren beeinflusst wird und auch die Wissenschaft ins Grübeln bringt.

Wie sich die Ausbreitung des Wolfes in Mitteleuropa konkret auswirken wird, ist also weitgehend offen. Denn auch der Mensch ist eine Einflussgröße in diesem System, schließlich war er lange Zeit in Mitteleuropa bestimmend und der Wolf schlichtweg abwesend. Wir sind ein ganz entscheidender Faktor in dieser Rechnung, allerdings kann niemand wirklich sagen, wie sich unser Verhalten auf das Beziehungsgeflecht rund um den Wolf als Beutegreifer und das Wild als Beutetier auswirkt.

Um es konkreter zu machen: Allein der Straßenverkehr, den wir verursachen, ist eine Größe, die bei der Ausbreitung der Wölfe eine Rolle spielt, aber weder berechenbar noch in den Folgen abzuschätzen ist. Weiter geht es mit Infektionen, die typische Hundekrankheiten wie Staupe oder Parvovirose auslösen und einen Wildbestand an Wölfen radikal dezimieren können, zumal sich im dicht besiedelten Deutschland sehr viele Hunde mit ihren Frauchen oder Herrchen in den Wäldern bewegen und eine Übertragung daher leicht erfolgen kann. Auf der anderen Seite bietet unsere intensive Landwirtschaft hochwertige Nahrung für die Wildtiere – sodass sie in der Regel besser versorgt und fitter sind als in einem ungestörten natürlichen Umfeld. Die Wildtiere haben dann von den Beutegreifern Wolf und Luchs weniger zu befürchten als ihre Artgenossen beispielsweise in den entlegenen Nationalparks Nordamerikas, was sich wiederum auf die Größe der Population auswirkt. Verlässliche Prognosen über die Zukunft der Wölfe bei uns lassen sich bei dieser Gemengelage kaum anstellen.

In meiner Umgebung ist keine Hysterie ausgebrochen, nachdem die ersten frei lebenden Wölfe gesichtet wurden, weder in der Bevölkerung noch in der Jägerschaft. Dennoch wage ich nicht vorherzusagen, was passiert, wenn Wölfe – wie anderswo bereits geschehen – auch bei uns Nutztierbestände angreifen und zum Beispiel über eine Mutterkuhherde herfallen. Das

Verhalten der politischen Entscheidungsträger ist in diesem Falle vermutlich sogar noch unberechenbarer als das der Kühe. Obwohl der Wolf höchsten Schutz genießt, bleibt abzuwarten, welche Maßnahmen dann ergriffen werden.

Jedenfalls wäre es eine überzogen romantisch verklärte Sicht auf Wolf und Wald, wenn man annähme, der Wolf und auch der sich bei uns viel langsamer ausbreitende Luchs könnten rasch merkliche Effekte bei der Regulierung von Rot- und Rehwild erzielen. Die Jagd durch handwerklich versierte Jäger und Jägerinnen wird in absehbarer Zeit sicher nicht durch den Wolf überflüssig werden, und es ist äußerst fraglich, ob eine Wolfspopulation, die groß genug ist, um wirklich etwas auszurichten, von der Gesellschaft überhaupt akzeptiert würde.

Allerdings verändert gerade das Rotwild sein Verhalten, sobald der Wolf in einer Region auftaucht, wie mir zumindest verschiedene Jäger berichtet haben. Jagen Wolf und Luchs in den Revieren, wird das Wild unberechenbarer. Wo sonst fast nach Fahrplan ganze Rotwildrudel auf einer Wiesenfläche auftauchen, kommt plötzlich gar kein Wild mehr vorbei, oder aber einzelne Tiere verlassen in hohem Tempo den Waldrandbereich, da sie sich auf der freien Feldfläche vor Wölfen sicherer zu fühlen scheinen. Auch bekommt man plötzlich Rotwild in Revieren zu Gesicht, in denen es sich bislang nur selten gezeigt hat. Der Grund dafür können Wanderungsbewegungen sein, die vielleicht mit den Veränderungen im Wald nach den Katastrophenjahren zu tun haben, aber womöglich sind die Tiere auch auf der Flucht vor dem grauen Jäger.

Bleibt festzuhalten, dass die Entwicklungen rund um Wolf und Luchs sowie um einen weiteren Einwanderer – den Goldschakal – in den nächsten Jahren noch viele Überraschungen mit sich bringen werden. Denn anders als in manchen Regionen der Welt, wo diese Tiere schon länger zu Hause sind und ihre Population wissenschaftlich untersucht wurde, betreten wir hier Neuland. Ob sich Wolf und Luchs dauerhaft bei uns ansiedeln, wird von sehr vielen Faktoren bestimmt, deren Zusammenspiel noch lange nicht erkundet ist.

ZUM SCHUTZ UND WOHL DES WALDES

In den letzten Jahrzehnten ist die Zahl der erlegten Rehe, Wildschweine und anderer Tiere in Deutschland kontinuierlich gestiegen. Im Jagdjahr 2019/20 sind mehr als doppelt so viele Wildschweine geschossen worden wie noch im Jahr zuvor, und die Anzahl der erlegten Rehe stieg um gut ein Fünftel auf 1,2 Millionen Tiere an. Auch die Grafik über die erlegten Rot- und Damhirsche zeigt eine nach oben weisende Kurve. Das bedeutet, wir haben es nicht etwa mit einem abnehmenden Wildbestand in unseren Wäldern zu tun, sondern im Gegenteil: Es werden immer mehr Tiere.

Um dieses Phänomen zu erklären, müsste man verschiedene Faktoren untersuchen, angefangen bei den steigenden Jahresdurchschnittstemperaturen und fehlenden frostigen Wintern, über die Häufung von Mastjahren der Waldbäume bis hin zur Fütterung durch die Jägerschaft, die in manchen Revieren nach wie vor regelmäßig vorgenommen wird. Aber auch durch einen hohen Stickstoffeintrag und die damit einhergehende Eutrophierung, also die reichere Nährstoffausstattung der Böden, unserer gesamten Landschaft hat sich die Versorgungssituation des Wildes deutlich verbessert.

Weite Teile der Landwirtschaft betreiben seit Jahren einen immer größeren Aufwand, um Stickstoff gezielt und punktgenau einzusetzen, und auch die Stickoxidemissionen aus Verkehr und Industrie sind rückläufig – doch sie machen nach wie vor den Großteil der gesamten Stickoxidemissionen aus. Die Verantwortung für die hohen Werte liegt also bei uns als Gesellschaft insgesamt. Stickoxidverbindungen haben sowohl Auswirkungen auf die Atmosphäre als auch die Böden, und auch wenn sie in ihrer Komplexität noch erforscht werden müssen, gilt doch als gesichert, dass sie die Artenzusammensetzung in vergleichsweise naturnahen Ökosystemen wie dem Wald verändern.

Und das kann man auch schon beobachten: Stickstoffliebende Pflanzenarten werden konkurrenzstärker und verdrängen andere Arten. Durch ein verstärktes Wachstum von Stickstoffliebhabern wie Brombeere oder Holunder ist also einerseits die Artenvielfalt im Wald bedroht, andererseits wächst damit ein großes, wenn auch nicht mehr so vielfältiges Futterangebot für Reh und Hirsch heran, was vermutlich in eine Stabilisierung ihrer Population mündet. Noch dazu reagieren fast alle Bäume und Sträucher auf zu viel Stickstoff mit einem ungesunden, gewissermaßen schwammigen Wuchs. Sie werden übermäßig lang, entwickeln seltsam weiche Triebe und reagieren empfindlicher auf Wind und Wetter.

Gleichzeitig hat sich die Produktion von Getreide je Hektar in Deutschland in der Zeit von 1960 bis in die 2000er-Jahre deutlich erhöht, und gerade der Weizen mit seinem sehr hohen Proteingehalt spielt eine immer wichtigere Rolle im Anbau. Auch davon profitieren die Wildtiere, denn sowohl Rehe und Hirsche als natürlich auch Wildschweine bedienen sich nicht nur an den Früchten des Waldes, sondern auch an dem proteinreichen Getreide, das auf den Feldern wächst. Und dass Wildtiere sich stärker vermehren und eine niedrigere Sterberate aufweisen, wenn sie ausreichend Nahrung finden, erklärt sich so von selbst.

Wir haben es also mit einem hohen, wohlgenährten Wildbestand im Wald zu tun, der hier zudem immer bessere Bedingungen vorfindet: wunderbare ungestörte Einstände, die wegen einer üppig sprießenden Begleitvegetation auf den ehemaligen Fichtenflächen entstehen werden. Dort liegen Nahrung, Ruhebereich und sogar ein Platz an der Sonne dicht beieinander, und so kann beispielsweise ein Reh seinen Aktionsradius auf ein absolutes Mindestmaß reduzieren. Wer mag es ihm auch verdenken, wenn es an einem Ort all seine Bedürfnisse so wunderbar befriedigen kann?

Die Folge ist: Das Wild wird deutlich weniger herumziehen, als wir es bislang gewohnt sind, und die Möglichkeiten, es zu beobachten, werden seltener. Darauf zu reagieren wird Aufgabe der Jagd der Zukunft sein, und sie erfordert ein gewisses Geschick. Auch deshalb ist eine gute Ausbildung so wichtig.

Nur durch eine intensive und möglichst professionelle und handwerklich ordentlich praktizierte Jagd werden wir den Wildbestand regulieren und die Artenvielfalt in unseren Wäldern erhöhen können – davon bin ich überzeugt.

Tatsächlich haben große Teile der Jägerschaft ihre Aufgabe bereits angenommen. So ist es mittlerweile bei den Gesellschaftsjagden, die von privaten Jägern und Jägerinnen in meiner Umgebung veranstaltet werden, absolut gängige Praxis, Rehwild zur Erlegung freizugeben. Als ich vor über 20 Jahren meine ersten Jagden besuchte, hätte das zumindest hinter vorgehaltenen Jägerbärten ein laut vernehmbares Brummeln erzeugt. Noch etwas früher wäre es geradezu ein Sakrileg gewesen, Rehwild bei einer herbstlichen Treibjagd zu erlegen. Und das, obwohl in jeder Dorfgaststätte vergilbte Fotos vom Beginn des 20. Jahrhunderts zu bestaunen waren, auf denen sich gut gelaunte, langbärtige Männer hinter einem Berg aus Rehen und Hasen über ihre Treibjagdbeute freuen.

Die Jagdzeit auf den Rehbock wurde in vielen Bundesländern der des weiblichen Wildes angepasst. Das bedeutet, die Jägerinnen und Jäger können, wenn sie wollen, auch Böcke erlegen, die jahreszeitlich bedingt keinen Kopfschmuck tragen. Vor der Verlängerung der Jagdzeit vom 15. Oktober auf den 31. Januar war die versehentliche Erlegung eines männlichen Rehs eine Ordnungswidrigkeit. Auch die Abschussfreigabe beim Rotwild vor Beginn einer herbstlichen Treibjagd wird in der Regel heute deutlich großzügiger erteilt, als dies noch vor Jahrzehnten der Fall war. Die Freigabe bedeutet, dass der Veranstalter der Jagd vor Beginn des Treibens sehr präzise vorgibt, welche Tiere zu erlegen sind – nach den schon beschriebenen Kriterien wie Wildart, Geschlecht, Alter und sozialer Stellung im Familienverband.

Ist hier der Rahmen weiter gesteckt, hat es der Schütze dann leichter bei der Entscheidung, ob er ein Tier erlegen darf oder nicht. Denn trotz aller Freiheiten muss das Erlegen von Wild tierschutzgerecht erfolgen und auch den Muttertierschutz beachten – was für sich genommen schon eine Herausforderung darstellt, die großes handwerkliches Können erfordert. Oft genug muss in Sekunden entschieden werden, ob und wie der Schuss gesetzt werden darf, und ich kann alle jagenden Leser und Leserinnen hiermit nur dazu ermuntern, sich regelmäßig auf dem Schießstand fit zu halten und den Gebrauch der Waffe und ihre Handhabung zu trainieren.

Zum Handwerk gehört auch, dass ein Revierteil mit Hunden und geübten Scharfschützen bejagt wird, die gut organisiert und effektiv vorgehen. Ziehen hoch technisierte, mobile »Scharfschützen« zum Jagen in den Wald und verbringen im Zweifel ganze Nächte dort, versetzen sie das Wild in einen Zustand permanenter Beunruhigung und Unsicherheit – eine Unruhe, die im Wald niemand braucht. Bei der effektiven Bewegungsjagd hingegen folgt eine Phase der Beruhigung auf die eigentliche Jagd und das Revier kann zur Ruhe kommen. Es mag meine Einzelmeinung sein, aber viele Berichte aus der Praxis und auch eigene Beobachtungen scheinen mir darin recht zu geben, dass diese Form der Jagd schonender ist.

Abschließend möchte ich noch denjenigen, die das Jagen grundsätzlich ablehnen, Folgendes zu bedenken geben. Die Vorstellung, der Wildtierbestand könne allein durch Selbstregulierung auf ein für den Wald erträgliches Maß begrenzt werden, blendet eine grausame Realität aus: Eine Selbstregulation erfolgt nämlich erst bei einer dramatisch hohen Populationsdichte bei Rehen, Wildschweinen oder Hirschen gleichermaßen und dann zumeist durch den Ausbruch einer Wildseuche mit erschreckenden Bildern. Fieberkranke Wildschweine, die auf ihrer verzweifelten Suche nach Kühlung und Wasser jegliche Scheu vor dem Menschen verloren haben, gab es bereits vor einigen Jahren in Deutschland, als die europäische Schweinepest grassierte. Allein in den Niederlanden wurden 1997 über 12 Millionen Schweine gekeult, denn Tiermediziner sehen in den Wildschweinbeständen den Rückzugsbereich für den Erreger, wenn die Schweineställe nach einem Seuchenzug geräumt und desinfiziert sind.

Ich möchte mir nicht ausmalen, welche Bilder die Ausbreitung einer ähnlichen Seuche bei Rehen oder Rotwild produzieren würde. Auch deshalb nicht, weil Krankheiten, die bei Rehen und Hirschen umgehen, oft sehr leicht auf andere Paarhufer wie Kühe, Schafe oder Ziegen überspringen. Dass unkontrolliert anwachsende Bestände an Rehen und Hirschen die Gefahr eines Seuchenzugs ungemein erhöhen, kann man sich leicht vorstellen.

Und auch der Wald lässt sich so nicht retten. Bevor nämlich Viruserkrankungen extrem angeschwollene Populationen auf grausige Weise zusammenbrechen ließen, wären alle Versuche, einen vielfältigen, artenreichen und vor allem für die zukünftige klimatische Entwicklung vorbereiteten Wald zu entwickeln, schlichtweg aufgefressen worden.

Bei über 1,2 Millionen erlegten Rehen im Jagdjahr 2019/20 liegt das Streckenergebnis, also die Stückzahl erlegter Tiere, mit nahezu 200 000 Tieren über dem Ergebnis des Jagdjahres 1999/2000, wie beim Deutschen Jagdverband nachzulesen ist. Der kontinuierliche Anstieg dieser Zahl zeigt sehr deutlich, dass die Gefahr, die Rehe in Deutschland auszurotten, nicht im Geringsten gegeben ist. Im Gegenteil: Ganz offensichtlich kommen die Rehe mit den Menschen in der Nachbarschaft ganz hervorragend zurecht und verstehen es, sich an stetig veränderte Lebensbedingungen anzupassen.

Einstweilen werde ich also zum Wohle des Waldes weiter jagen und bitte gerade meine jungen Kollegen und Kolleginnen, bei der Ausbildung des Jägernachwuchses mitzuhelfen. Wir sollten es nicht versäumen, den Weg zum artenreichen Mischwald und die Aufgabe, die dabei der Jagd zukommt, vor allem den vielen neuen Jägern und Jägerinnen zu erläutern. Denn nur was man erkennt und versteht, unterstützt man schließlich auch.

5

MULTITALENT WALD

Erinnern Sie sich an den März 2020? Am 22. jenes Monats begann in Deutschland der erste Corona-Lockdown, der im Anschluss sieben Wochen andauern sollte. Öffentliche Veranstaltungen fanden nicht mehr statt, die Gastronomie musste schließen, und der Reiseverkehr kam so gut wie zum Erliegen. Die Menschen waren mit ihrer Freizeit allein

Während die Forstarbeit im Grunde genommen ungehindert weiterlief, bekamen wir fast blitzartig mehr Besuch in den Wäldern: Auf einmal entdeckte die Bevölkerung den Wald als Freizeitort – so war unser Eindruck. Heerscharen von Menschen, wie wir es noch nie bei uns erlebt hatten, suchten plötzlich zu Fuß oder mit dem Rad, teils in eigens angeschaffter Funktionskleidung, in den Wäldern das Weite. Und dieser Trend verstärkte sich noch mit den weiteren Einschränkungen, die folgten. Allein im Jahr 2020 nahm die Zahl der Fluggäste im Vergleich zum Vorjahr um 75 Prozent ab. Deutschland blieb am Boden und machte Urlaub direkt vor der eigenen Haustür.

TIEF DURCHATMEN!

Es war die Stunde des Waldes. In dieser Zeit erlangte er als Erholungsraum eine nie da gewesene Bedeutung. Für uns Forstleute steht diese wohltuende Wirkung des Waldes mal mehr und mal weniger im Vordergrund – je nachdem, wie nah er an einem Ballungszentrum oder einem Siedlungsgebiet liegt, spielt sie für unsere Arbeit eine größere oder kleinere Rolle. Aber das, was der Wald mit dem Menschen macht, ist überall gleich: Er neutralisiert Stress! Ganz offensichtlich entfaltet die Tatsache, sich in gedämpfter Geräuschkulisse, frischer Luft und natürlicher Umgebung zu bewegen, eine beruhigende Wirkung auf uns.

Vielleicht hängt es damit zusammen, dass wir die Natur als unsere ursprüngliche Lebenswelt verstehen, jedenfalls kennt wohl jeder die Ruhe, die von den unterschiedlichen Helligkeiten und Schattierungen der Grüntöne ausgeht, die man wahrnimmt, wenn man den Blick hoch ins Kronendach der Bäume schweifen lässt. Die Farbe Grün lässt uns unseren Stress vergessen. Menschen, die einen Baum vorm Fenster haben, sollen ja sogar entspannter sein und weniger von Unruhe geplagt als solche, deren Ausblick ohne Grün auskommen muss.

Die Farben, Formen und Strukturen des Waldes entführen uns in eine Welt, in der Krisen ihre Macht zumindest für eine kurze Zeit verlieren. Und so ist der Wald in den ersten Coronamonaten und immer dann, wenn die Nachrichten von überall, die uns über viele Kanäle unablässig erreichen, unserer Psyche zusetzen, für viele Menschen zu einem Fluchtpunkt geworden.

Dazu trägt sicher auch die Stille bei, die wir im Wald erleben und als wohltuend empfinden. Das dichte Blätterwerk der Bäume wirkt wie ein Lärmfilter und dämpft die Zivilisationsgeräusche deutlich herab. Fernab von Straßenlärm, Enge und Hektik empfängt der Wald uns mit heruntergedimmten Geräuschen, einem Halbdunkel, durch das hier und da Licht strahlenförmig hindurchscheint, und einem Boden, der die Schritte abfedert. Im Wald werden unsere Sinne auf eine ganz andere Weise angesprochen: Wir nehmen plötzlich Tiergeräusche wahr, die sonst vielfach vom Straßenlärm einfach übertönt werden.

Objektiv messbar ist die ausgleichende Wirkung von Wäldern bei den Temperaturen, denn gegenüber der freien Landschaft ist es im Wald gerade an einem warmen Sommertag schnell bis zu 6 Grad kühler, und im Vergleich zur Hitze in der Stadt fällt die Differenz noch deutlich größer aus. Der Wald entführt uns in einen klimatischen Bereich, der unserem Organismus dabei hilft, unsere Körpertemperatur optimal einzupendeln.

Und diese Klimaanlage funktioniert auch im großen Stil. Es ist nicht verwunderlich, dass im Umkreis großer Städte dem Wald mit seiner ausgleichenden und gesundheitsfördernden Wirkung eine besondere Bedeutung beigemessen wird. Schließlich funktioniert er auch wie ein Luftfilter. Allein die Tatsache, dass wir die Luftfeuchtigkeit im Wald deutlich wahrnehmen, bringt uns auf die Spur der Arbeitsweise dieses Filters: Staubpartikel in der Luft werden durch die höhere Luftfeuchtigkeit im Wald gewissermaßen gefangen und verklumpen zu entsprechend größeren Partikeln. Diese sinken aufgrund ihres Gewichts zu Boden oder werden auf der großen Oberfläche der Blätter und Nadeln, wie sie gerade im vielfältigen gemischten Wald vorkommen, aufgefangen. Einmal auf der Blatt- oder Rindenoberfläche gelandet, wird der Staub beim nächsten Regen abgewaschen. Dass sich die so gereinigte Luft umgehend mit verschiedensten, auch jahreszeitlich ganz unterschiedlichen Gerüchen anreichert, erhöht bei vielen Menschen das Wohlgefühl. Und ich darf Ihnen versichern: Mir geht es nach all den Jahren noch immer genauso wie jedem Waldbesuchenden. Wenn ich in den Wald komme, umfängt er mich mit seinem Duft und lässt mich immer wieder tief durchatmen.

Nur etwas mehr als 60 Kilometer trennen meinen Wohnort vom 881 Meter hohen Großen Feldberg, der höchsten Erhebung des Taunuskamms, von der aus man freie Sicht auf das Ballungsgebiet Frankfurt am Main hat. Von dort ist deutlich zu erkennen, dass die Mainmetropole sich, wie etliche andere deutsche Städte, einen Grüngürtel rund um den Innenstadtbereich herum erhalten hat. Damit verfügt Frankfurt innerhalb seiner Stadtgrenzen über eine Waldfläche von knapp 3900 Hektar, wobei sich der größte Bereich südlich der Innenstadt erstreckt.

Dieser Wald dient den Städtern vor allem als Erholungsraum und versorgt die Innenstadt mit Frischluft. Die Bedeutung ihres Waldes ist den Frankfurtern schon sehr lange bewusst. Bereits seit dem 18. Jahrhundert zieht es die städtische Bevölkerung am Dienstag nach Pfingsten ins dunkle Grün. Dann wird hier der sogenannte Wäldchestag gefeiert – lange Zeit ein exklusiver Frankfurter Feiertag, der sich zwar mittlerweile zu einer Art Kirmes entwickelt hat, aber als Tag der Erholung entstanden ist. Die Möglichkeit, sich im Wald – eben dem Wäldche – zu erholen, war den Arbeitgebern der Stadt früher einen halben Tag Freizeit für die Mitarbeitenden wert, die dann mit Sack und Pack in den Wald zogen, um zu feiern und die gute Waldluft zu genießen. Der krank machende Mief der Innenstadt lag für einige Stunden hinter ihnen. Und man glaubt es kaum, aber diese Tradition wurde tatsächlich bis Ende der 1980er-Jahre aufrechterhalten.

Die Bewirtschaftung des Wäldche durch die zuständigen Forstleute ist wie bei allen Stadtwäldern ganz auf den Erhalt ebendieser Erholungsfunktion ausgerichtet, und deshalb sind die Einnahmen, die meine Kollegen und Kolleginnen hier durch den Verkauf von Holz in den Stadtsäckel spülen, für den Haushalt der Stadt unerheblich. Die Forstarbeiten konzentrieren sich darauf, dass den Waldbesuchern kein Unglück zustößt. Wege und Stege, Fahrradstrecken und Reitparcours müssen sicher und gut ausgeschildert sein. Bänke und Waldspielplätze sind zu pflegen und sauber zu halten, es müssen Möglichkeiten zur Naturbeobachtung angeboten werden, und der Stadtförster muss erklären und erzählen, Müllsünder fangen und Bauunternehmen belangen, die Baumwurzeln beschädigen.

Doch mit deutlich gestiegenen Besucherzahlen in den Wäldern auch abseits der Metropolen hat die Aufgabe, die Verkehrssicherheit in den Wäldern im Blick zu behalten, auch in den ländlichen Gebieten an Gewicht gewonnen. Während wir Förster und Försterinnen in diesen Regionen bislang überwiegend nur für die Sicherheit des Straßenverkehrs zu sorgen hatten, geht es heute zunehmend auch um die Sicherung von Wander- und Radwegen, vor allem entlang bestimmter ausgewiesener Premium-Wanderwege, bei denen die Grundsätze der erhöhten Verkehrssicherungspflicht gelten. Dort sind wir dafür verantwortlich, dass kein Wanderer zu Schaden kommt, während die Haftung auf einfachen Wanderwegen bei jedem selbst liegt.

Eine gewaltige Aufgabe, vor allem, wenn man bedenkt, dass zeitgleich zum Boom der Outdooraktivitäten die Gesundheit der Wälder in Deutschland dramatisch leidet. Überall in den Kronenräumen der Bäume hängen trockene und abgestorbene Äste, die unerwartet abbrechen und für einen Wanderer zur tödlichen Falle werden können.

Doch noch hat der Forstkollege im städtischen Umfeld deutlich mehr damit zu tun, sicherzustellen, dass den Waldbesuchenden keine Gefahr droht, und seine Arbeit unterscheidet sich damit doch von der Aufgabenstellung eines Försters und einer Försterin im eher ländlich geprägten Umfeld. Überall aber dient der Wald als Erholungsraum – und nicht nur das. Auch für den Wasserhaushalt kommt ihm eine große Bedeutung zu. Und damit beschäftigen wir uns jetzt.

WASSER SPEICHERN UND DEN BODEN BEWAHREN

Es war an einem der letzten Augusttage 2014. Im Grunde ging ein Sommer zu Ende, den ich mir heute nur wünschen kann, denn es hatte geregnet und die Sorgen um absterbende Fichten waren noch in weiter Ferne, eine Katastrophe, wie wir sie heute in den Wäldern beobachten, beinahe noch undenkbar.

Dennoch hatte es dieser Augusttag in sich, da innerhalb nur eines Tages über 50 Liter Regen pro Quadratmeter herunterkamen. Das war schon was.

Wie öfter an solchen Tagen hielt es mich irgendwann nicht mehr im Büro, und ich startete zu einer Kontrollfahrt. Schließlich führen derartige Regentage auch immer mal zu umgefallenen oder umsturzgefährdeten Bäumen im Bereich von Wegen und Straßen. Und das wollte ich mir gleich anschauen, bevor ich dann womöglich nachts gerufen werden würde. Aber eigentlich wollte ich auch all die kleinen Seen und vollgelaufenen Gräben genießen. Das Rauschen der Bäche, die steil durch einen ganz besonderen Teil meines Reviers an der Landesgrenze zu Hessen führen, sollte der Höhepunkt meiner Erkundungsfahrt werden.

Doch schon unterwegs beschlich mich der Gedanke, dass es womöglich etwas zu viel des Guten gewesen war. Einige der Waldwege, die in Hanglagen verlaufen, hatten bereits Schaden genommen. Die Gräben standen voll Wasser, und der Regen suchte sich nun die Fahrspuren als Abfluss aus. Die Fahrbahnen waren schon jetzt zum Teil von tiefen Rinnen durchzogen, und kostspielige Reparaturen an den Wegen würden wohl anfallen. Ich ärgerte mich ein wenig, aber noch überwog die Freude über den Regen, den Wald immer dringend benötigt. Dass solche Regentage in den Jahren darauf so selten werden würden, konnte ich natürlich nicht ahnen.

Meine Fahrt entlang eines dieser rauschenden Bäche endete jäh, weil der Weg einfach nicht mehr da war! Er hatte hier als eine Art Damm, unter dem ein Rohr die Wassermassen ableiten sollte, entlanggeführt, doch davon war nichts mehr übrig. Ein klitzekleines Bächlein, das nach ein paar guten Regentagen wild geworden war, hatte einige Hundert Tonnen Gestein schlichtweg mitgenommen. Der Weg war verschwunden, der Damm einfach weg, und ich stand vor einem Loch, in dem das Wasser munter vor sich hin gurgelte.

Einige Wochen später war das Wegebauproblem gelöst. Damm, Weg und Fahrbahn waren wieder da, wo sie sein sollten, und auch die Wanderer, die einen Fernwanderweg durch diesen Waldbereich nehmen, können seitdem wieder ungehindert nach Hessen weiterziehen. Das alles war natürlich eine Kleinigkeit im Vergleich zu der Katastrophe im Ahrtal, die im Juli 2021 Tod und Verwüstung über einen ganzen Landstrich gebracht hat. Auch hier waren extreme Regenfälle der Auslöser. Der Ahr-Flut waren Regengüsse mit 94 Litern je Quadratmeter an einem Tag und damit nahezu 150 Prozent des Niederschlags vorausgegangen, der sonst in einem ganzen Monat zu erwarten war. Eine Wasserwand von geschätzt mehr als 7 Meter Höhe wälzte sich daraufhin durch das liebliche Tal, das für seine hervorragenden Rotweine und die herzliche Gastfreundschaft bekannt ist. Brücken brachen, Häuser und Anlagen wurden von den Fluten mitgerissen, und am Ende hatten 133 Menschen ihr Leben verloren.

Es führt zu weit, hier näher auf die Katastrophe einzugehen. Aber wir müssen sie zum Anlass nehmen, über die Ursachen einerseits und unsere Möglichkeiten, solches Elend und Leid zu verhindern, andererseits nachzudenken. Schließlich war sie nicht die erste dieser Art. Im Juli 1997 hatte die Oderflut eine Verwüstung angerichtet, über 60 Menschen waren in Polen und Tschechien in den Fluten gestorben. Auch damals waren Extremniederschläge die Ursache gewesen.

Doch neben den Schäden an Infrastruktur und Bebauung, für die das Hochwasser an der Ahr ebenso traurige Berühmtheit erlangte wie die Oderflut, ist der Verlust wertvollen Bodens durch Erosion, also die Abtragung der Bodenkrume durch die Kraft des Wassers, die eigentliche Gefahr für den Wald. Denn dort, wo fruchtbarer Boden als Ursprung der Vegetation erst einmal verloren ist, werden die felsigen Strukturen des Grundgesteins freigelegt und an eine baldige Wiederbewaldung ist vorerst nicht zu denken. Die freiliegenden Felsen rund ums Mittelmeer sollten uns als mahnendes Beispiel dienen. Auch hier standen einst Wälder, die jedoch über Gebühr beansprucht wurden. Die nachfolgende Vegetation wurde durch übermäßige Beweidung so stark geschädigt, dass die immer dünnere

Bodendecke bei nachfolgenden Gewitterregen einfach weggespült wurde. So weit darf es bei uns nicht kommen!

Dabei ist das Problem schon lange bekannt. Schon am 15. Februar 2011 – also zehn Jahre vor der Katastrophe an der Ahr – war die zu erwartende Häufung von Starkregenereignissen in Deutschland Thema einer gemeinsamen Pressekonferenz des Umweltbundesamtes, des Deutschen Wetterdienstes, des Technischen Hilfswerks und des Bundesamtes für Bevölkerungsschutz und Katastrophenhilfe, wie ich noch klar erinnere. Dabei erklärten die Experten, dass mit einer deutlichen Zunahme an Starkregenereignissen zu rechnen sei, und forderten, Anpassungsstrategien insbesondere für Städte wie beispielsweise Versickerungsmöglichkeiten für große Wassermassen zu schaffen. Da die Experten und Expertinnen eine Zunahme solcher Katastrophenereignisse aber erst ab dem Jahr 2040 erwarteten, nahmen viele Entscheidungsträger kaum Notiz von den bedrückenden Erkenntnissen.

Wir Forstleute hatten die Gefahr durchaus vor Augen, und mir ist ganz besonders der flehende Satz eines Försters aus dem Ahrtal in Erinnerung geblieben, mit dem ich kurz nach der Flutkatastrophe telefonierte: »Sag allen Kollegen, die du triffst, sie sollen Möglichkeiten schaffen, das Wasser im Wald zu halten!« Damit war nicht die Anlage großer Stauwehre gemeint, sondern die Schaffung und der Erhalt möglichst vielgestaltiger und gestufter Wälder aus Laub- und Nadelbaumarten von unmittelbarer Bodennähe bis in den Kronenraum der Altbäume. Denn ein solcher Wald, den wir als Wald der verzahnten Generationen ja schon kennengelernt haben, ist tatsächlich am ehesten geeignet, die Kraft von Regenmassen abzufangen. Jedes Blatt, das sich einem zu Boden fallenden Regentropfen in den Weg stellt, bremst dessen Energie! Der Tropfen wird kleiner und fällt langsamer herunter. Er sprengt den Boden nicht auf, sondern kann in ihn einsickern.

Sicher kennen Sie aus Ihrem Garten, dem Hof oder dem Bereich unter Ihrem Balkon solche Stellen, an denen es bei Regen immer tropft. Dort haben die großen Tropfen, die nach unten fallen, ein Loch in den Boden gestanzt, und auch der asphaltierte Hof unter dem Balkon hat genau an dieser Stelle eine Kerbe. Das Sprichwort vom steten Tropfen, der den Stein höhlt, trifft also zu. Und genau das gilt es zu beachten, wenn man Wälder unter der Überschrift Hochwasserschutz weiterentwickeln will. Jedes Blatt zählt!

Wälder, die aus welchen Gründen auch immer, unterhalb des Kronendaches ohne eine strukturierte Pflanzendecke dastehen, sind im Vergleich zu stufig aufgebauten Wäldern schnell damit überfordert, Starkregen abzupuffern. Auch deshalb treten selbst innerhalb mancher Waldbestände Erosionserscheinungen auf. Dagegen hilft jede Struktur, sofern sie fest mit dem Boden verbunden ist. Selbst die Brombeerranken auf einer Freifläche können von großer Bedeutung sein, denn die intensive Durchwurzelung des Bodens dient sowohl als Wasserspeicher als auch als Schutz vor Erosion nach einem Starkregenereignis. Also: Vegetation, Vegetation und nochmals Vegetation! Am besten als strukturierter Wald, aber auch in Form von Brombeer- und Holundersträuchern ist die Wasserbrems- und Speicherwirkung höher als auf einer kahl abgeräumten Freifläche.

Der wichtigste Wasserspeicher ist ein guter, humusreicher Waldboden, und so kommt beim Hochwasser- und Erosionsschutz auch den Bodenschutzmaßnahmen eine wichtige Rolle zu. Eine vielschichtige Struktur unter der Bodenoberfläche kann helfen, Wasser in die Tiefe abzuleiten oder im gesamten Bodenkörper zu speichern. Gerade in den Wäldern laufen in vielen Bereichen mittlerweile Bemühungen, große Regenmengen auch durch bauliche Maßnahmen zurückzuhalten. Dabei werden mit schwerem Gerät Mulden und Tümpel angelegt, die oberflächlich ablaufende Wassermassen zumindest kurzfristig in ihrer Wucht bremsen sollen. Auch alte Gräben werden verschlossen, die früher angelegt wurden, um Wasser aus den Wäldern abzuleiten. Wie der Kollege aus dem Ahrtal richtig sagte: Heute muss es gerade darum gehen, das Wasser im Wald zu halten.

Ich habe mir schon vor langer Zeit angewöhnt, als kleinen Naturschutzbeitrag bei jeder Arbeit mit schwerem Gerät im Wald auch ein kleines Feuchtbiotop quasi nebenbei anzulegen. Und genau diese Baumaßnahme wurde mir kürzlich als wichtiges Instrument der Hochwasservorsorge präsentiert. Mit noch größerer Freude bleibe ich nun an den vielen kleinen Teichen und Tümpeln stehen, die wir in den letzten Jahren geschaffen haben. War der Bagger oder die Planierraupe gerade in einem Waldstück, so hatten die Maschinenfahrer den Auftrag, an der einen oder anderen Stelle einfach ein Loch oder eine Mulde zu graben, die in Verbindung mit den die Wege begleitenden Gräben steht. So können sich bei Regen kleine Tümpel bilden, die das Wasser recht lang bis in eine Trockenzeit hinein halten. Ein Segen für wasserliebende Arten. Von der Libelle bis zur Erdkröte.

Sollte die Anlage solcher kleinen Reservoirs aus welchen Gründen auch immer nicht möglich sein, lassen wir das Wasser mittlerweile viel lieber in sogenannten Rigolen versickern, als es über Gräben und Rohre möglichst schnell dem nächsten Bach zuzuleiten. Dabei werden die Senken und Gräben, die möglicherweise mit den Fahrzeugen in Zukunft überfahren werden sollen, mit grobem Gestein gefüllt. Bei einem stärkeren Regenereignis füllt sich dort zunächst der Raum zwischen den Schottersteinen mit Wasser, bevor ein oberflächlicher Abfluss beginnt.

Auch damit betreiben wir Hochwassersicherung, denn Hochwasserereignisse entstehen vor allem dann, wenn die Zuflüsse eines größeren Baches oder Flüsschens zeitgleich anschwellen und eine Hochwasserwelle erzeugen. Jeder kleine Teich und jede Versickerungsmöglichkeit, die die abfließenden Wassermassen zunächst bremst und den Wasserabfluss so zeitlich entzerren kann, liefert einen wichtigen Beitrag dafür, dass eine Hochwasserwelle gar nicht erst entsteht. Die kleinen Tümpel und Senken wirken als Hochwasserbremse.

Die Fähigkeit der Wälder, Wasser zu speichern und zu binden und damit einen zu raschen Abfluss zu verhindern, wird in den kommenden Jahren immer wichtiger werden. Denn die Beobachtungen und Prognosen, die vom Umweltbundesamt und anderen berufenen Stellen immer wieder zu hören sind, machen deutlich, dass die Gesamtmenge der Niederschläge in Deutschland in den letzten Jahrzehnten langsam, aber stetig angestiegen ist! Laut Umweltbundesamt hat sich die durchschnittliche Jahresniederschlagsmenge seit 1881 um 10 Prozent erhöht. Aber eben leider nicht gleichmäßig übers Jahr verteilt, sondern mit einem deutlichen Anstieg der Niederschläge in den Wintermonaten, während gerade die Sommermonate in vielen der vergangenen Jahre deutlich zu trocken ausfielen. Und dieser Trend hat sich im Sommer 2022 fortgesetzt.

Zudem sind Niederschläge häufig in Form von Starkregen niedergegangen, sodass sich die Zahl teils heftiger Starkregenereignisse enorm erhöht hat, mit all den genannten Problemen, die sie mit sich bringen. Starkregenereignisse haben eine große zerstörerische Kraft, füllen aber die unterirdischen Grundwasserspeicher nicht auf. Die Wassermassen können, wenn sie in dieser Geschwindigkeit heranrauschen, nicht im Boden versickern, sondern fließen oft oberflächlich ab.

Und so steht neben dem Erosionsschutz durch das Binden von Wasser im Boden nicht zuletzt auch die Versorgung mit Grundwasser immer mehr im Fokus der Betrachtung. Denn Regen wird – gesetzt den Fall, er erreicht den Waldboden auch tatsächlich – vom Boden aufgesogen wie von einem Schwamm und in Teilen zur Grundwasserbildung abgegeben. In vielen Gemeinden schauen die Verantwortlichen der Stadtwerke mit wachsender Sorge auf die Pegelstände der Brunnen und Tiefbohrungen, die stetig sinken.

Beschäftigt man sich mit der Grundwasserneubildung, erlebt man als Waldfreund allerdings zunächst eine herbe Enttäuschung. Denn nicht, wie man es waldbegeistert vermuten würde, unter Wäldern ist die höchste Grundwasserneubildungsrate zu beobachten, sondern unter Ackerflächen und

Wiesen. Dort entsteht am meisten Grundwasser, allerdings nur bei gleichmäßigen, lang anhaltenden Regenfällen – dem klassischen Landregen – oder aber im Frühjahr, wenn sich die Schneeschmelze über einen längeren Zeitraum hinzieht. Hier macht sich durchaus bemerkbar, dass der Regen, der in den Baumkronen hängen bleibt, oft genug direkt von dort wieder verdunstet oder vom Wald selbst verbraucht wird, denn auch die Bäume benötigen schließlich ihren Teil an Regen. Und so wird im Wald eine geringere Wassermenge nach unten abgegeben als auf Ackerflächen.

Auch wenn zu dieser Thematik noch in zahlreichen Projekten geforscht wird, braucht es nur wenig Fantasie, um zu dem Ergebnis zu kommen, dass Wälder dennoch auch in diesem Zusammenhang einen gewaltigen Vorteil haben: Im Waldökosystem läuft weit weniger Wasser auf der Bodenoberfläche ab als auf ausgetrockneten Äckern oder Wiesen. Hier kann der Oberflächenabfluss enorm sein. Und so ist es sicher sinnvoll und wichtig zu erforschen, wodurch die Grundwasserbildung unter Wäldern noch unterstützt werden kann. Welche Baumart beispielsweise liefert dafür die besten Voraussetzungen?

Klar scheint – so die Forschungen zur Grundwasserneubildung –, dass die Qualität des Wassers, das sich unter Waldflächen bildet, grundsätzlich besser ist als jene unter Ackerflächen. Das Grundwasser unter einem Wald weist geringere Belastungen durch Pflanzenschutzmittel, Dünger oder andere Substanzen auf, die in der Landwirtschaft oder Siedlungen entstehen können.

Allerdings birgt das großflächige Absterben der Wälder in diesem Zusammenhang ganz neue Risiken. Es ist davon auszugehen, dass die Nitratbelastung des Grundwassers durch den Wegfall von Nadelwäldern ansteigen wird. Schließlich filtern gerade Fichtenbestände verstärkt Nitratverbindungen aus der Luft, die sie als lebende Bäume für ihre eigenen Stoffwechselprozesse gut brauchen können. Nun aber sind die Fichten abgestorben, und durch die teils explosionsartig gestiegene Umsetzung organischen Materials auf den Freiflächen werden viele

Nährstoffe freigesetzt, die womöglich nicht sofort wieder in Form lebendigen organischen Materials gebunden werden können. Unter diesen Flächen kann sich der Stickstoffwert durchaus erhöhen.

Es liegen mehrere Untersuchungen vor, die deutlich machen, dass dieser Vorgang in Wäldern mit einem hohen Laubbaumanteil nicht zu beobachten ist. Unter Laubbaumwäldern entsteht also Grundwasser, das höchsten qualitativen Ansprüchen genügt. Und so zeigt sich auch beim Grundwasser, dass es nur richtig sein kann, eine möglichste vielfältige Vegetationsdecke zu erhalten und zu entwickeln. Das beginnt damit, den Kräften der Sukzession Raum und Zeit zu geben, und geht weiter mit einer verantwortungsvollen Waldpflege zum Aufbau und Erhalt einer großen Baumartenvielfalt mit einem hohen Laubbaumanteil.

UNSER BESTER KLIMASCHÜTZER

Es gibt für mich keinen Grund, daran zu zweifeln, dass der menschengemachte Klimawandel für den rasanten Anstieg der Temperaturen weltweit verantwortlich ist. Die Bedeutung des Anteils an Kohlendioxid (CO_2) in der Luft für die Veränderungen des globalen Klimas ist hinreichend beschrieben. Es ist schon erschreckend, dass der dramatische Anstieg des CO_2-Gehalts bereits seit 1958 beobachtet wird, bislang jedoch keine umfassende Strategie entwickelt wurde, mit der man auch nur einen Stillstand der zunehmenden Kohlendioxidkonzentration in der Luft erreichen konnte – selbst wenn einige Maßnahmen in die richtige Richtung weisen. Es bedarf aller Anstrengungen, den Ausstoß zusätzlichen Kohlendioxids in die Atmosphäre zu reduzieren, also vor allem die Verbrennung fossiler Energieträger einzudämmen. Gleichzeitig sollten alle Verfahren genutzt werden, mit denen der Kohlendioxidanteil in der Atmosphäre reduziert und Kohlenstoff möglichst lange gespeichert werden kann.

Und an dieser Stelle kommen natürlich unsere Bäume ins Spiel! Die Verfahren, der Luft mit technischen Methoden das Kohlendioxid wieder zu entziehen, die kluge Ingenieurinnen und Ingenieure entwickeln, verdienen zwar den allergrößten Respekt, doch mit Verlaub: Die allein flächenmäßig bedeutendste Einrichtung, die ohne nennenswerten Aufwand diese Arbeit verrichtet, wird von den Forstleuten in aller Welt betreut – der Wald.

Bäume entziehen der Luft Kohlendioxid und geben den Sauerstoff (0) wieder an sie ab, denn damit können sie nichts anfangen. Aus den gewonnenen Kohlenstoffatomen (C) und allerlei dem Boden entnommenen und in Wasser gelösten Zutaten bilden sie eine Art Zucker, aus dem im Anschluss Holz entsteht. Und in diesem Holz ist das Kohlenstoffatom eingebunden, gewissermaßen fixiert. Diese Bindung hält sogar zumindest teilweise noch an, wenn sich das Pflanzenmaterial längst in Humus verwandelt hat. Die Energie dazu kommt von der Sonne, und am Ende ist der Kohlenstoff im Holz so lange gespeichert, bis er im Wege einer Verbrennung erneut mit Sauerstoff reagiert und in die Luft aufsteigt. Der erste Teil dieser simplen Darstellung wird Fotosynthese genannt, der zweite Oxidation.

Dieser Prozess macht Wälder zu positiven Akteuren im Kohlenstoffkreislauf, sie entziehen der Atmosphäre Kohlendioxid und werden zu einer Kohlenstoffsenke, sofern sie mehr CO_2 aufnehmen, als sie direkt wieder abgeben. Man nennt das Kohlenstoffsenke, weil zumindest für einen nennenswerten Zeitraum Kohlenstoff der Atmosphäre entnommen und gebunden wird. Dabei macht die Form der Bewirtschaftung den Unterschied, denn ihre Funktion als Kohlenstoffsenke kommt dann in Gefahr, wenn ganze Waldbestände absterben oder umfassend genutzt werden. Schließlich ist viel Kohlenstoff nicht nur im Holz, sondern auch im Humus des Waldbodens gespeichert. Hier wird Kohlendioxid frei, wenn der darüberstehende Wald entfernt wurde, oder eben abgestorben ist. Der Ansatzpunkt der Forstwirtschaft muss also zum einen darin bestehen, keine ganzen Flächen freizustellen – wieder einmal: kein Kahlschlag! –, und zum anderen einen vielfältigen klimastabilen Baumbestand zu etablieren und zu pflegen.

Bis heute entlastet der Wald in Deutschland die Atmosphäre jährlich um 52 Millionen Tonnen CO_2, so rechnen es die Experten und Expertinnen der Bundeswaldinventur vor. Wichtig ist eben nur, dass diese Menge den Wald auf dem umgekehrten natürlichen Wege nicht wieder verlässt! Das geschieht, wenn Holz verrottet, womöglich ungenutzt verbrennt oder sich die Kohlenstoffspeicher des Waldbodens durch dramatische Störungen des Waldbestands auflösen.

Bei der Bewirtschaftung des Waldes mit Blick auf die Klimakatastrophe müssen wir das alles mitbedenken. Wir müssen Wälder entwickeln, die aufgrund ihrer bunten Baumartenmischung eine natürliche Widerstandsfähigkeit gegen viele verschiedene Schadereignisse entwickeln, resilient auf Hitze und Trockenheit reagieren und in der Lage sind, Hölzer zu erzeugen, die derart beschaffen sind, dass man daraus möglichst langlebige Dinge herstellen kann. Denn auf diese Weise wird der Kohlenstoff, der darin gespeichert ist, nicht nur zur Lebenszeit eines Baumes gebunden, sondern eben auch noch all die Jahre, die das erzeugte Produkt besteht.

Erinnern Sie sich an die besonderen Leistungen der Baumart Eiche und die Tatsache, dass es in Deutschland Häuser gibt, die über 500 Jahre alt sind, aus Eichenbalken errichtet wurden und immer noch genutzt werden? Hier sind Kohlenstoffatome schon seit weit mehr als 500 Jahren gespeichert, denn die Eiche, aus deren Holz das Haus einst gebaut wurde, musste schließlich auch erst einmal wachsen und hat schon dabei Kohlenstoff gebunden.

Oberste Prämisse bei all unseren Bemühungen muss allerdings sein, den Waldbestand an sich nicht zu gefährden. Er ist nicht zuletzt Garant für den Schutz des darunterliegenden Bodens und gleichzeitig dessen größter Nutznießer. Auch deshalb müssen wir bei der Waldbewirtschaftung verantwortungsbewusst und schonend vorgehen. Um eine Idee davon zu geben, wie das aussehen kann, möchte ich Sie einmal mitnehmen zu meiner täglichen Arbeit im Wald.

WALDARBEIT

Wir betreten einen Wald, der für unsere Gegend typisch ist: Auf einer Fläche sind mindestens drei Baumarten vertreten, die unterschiedliche Ansprüche haben und auch verschieden gut für die klimatischen Veränderungen geeignet sind, die uns bevorstehen. Hier wollen wir Holz ernten und lenkend in die weitere Entwicklung des Waldes eingreifen.

Die Basis unserer Arbeit ist das sogenannte Forsteinrichtungswerk. Darin sind Informationen über die jeweilige Fläche, Nutzungsmengen sowie Ziele für den zukünftigen Waldzustand festgelegt und vom Eigentümer – bei unserem Wald dem Gemeinderat – formuliert und per Beschluss legitimiert. Auf dieser Grundlage wird eine mittelfristige Planung erstellt, nach der wiederum die Entscheidungen, welche und wie viele Bäume aus einer Fläche entnommen werden, erfolgen. Eine solche mittelfristige Planung umfasst einen Zeitraum von zehn Jahren, und innerhalb dieser Zeit obliegt es der Abstimmung mit dem Waldbesitzenden und dem handwerklichen Geschick des Wirtschaftenden – in diesem Fall also mir – wie, wann und welche Bäume gefällt werden.

Forsteinrichtungswerke kann man durchaus als eine Art Inventur verstehen, die zunächst die aktuelle Situation eines Waldes darstellt. Dabei werden sowohl Baumarten und Struktur beschrieben als auch die weiteren Entwicklungsziele auf Basis aller verfügbaren Informationen formuliert. Diese Inventuren liegen für das Revier, das ich betreuen darf, seit 1880 vor. Zwar haben sich die Untersuchungsmethoden weiterentwickelt, im Kern aber ist die Inventur unverändert geblieben: Sie verfolgt das Ziel, eine Übernutzung der Wälder zu verhindern und so die Nachhaltigkeit zu wahren.

Das war schon immer so, selbst wenn in manchen Jahrzehnten die Ökologie beispielsweise absolut keine Rolle spielte. Das Ziel, eine Waldsubstanz mit einem guten Holzvorrat unabhängig von der Baumart zu erhalten und gar noch auszubauen, hatte in allen Planungen einen zentralen Stellenwert. Die Wälder in unserer Region waren übernutzt und heruntergewirtschaftet, als die erste Inventur hier vorgenommen wurde. Und so bestand die erste und zentrale Aufgabe des Forsteinrichtungswerkes aus dem 19. Jahrhundert darin, die Flächen wieder zu einem nutzbaren Wald zu machen. Die Forsteinrichtung hat sich enorm weiterentwickelt, ist aber bis heute das zentrale Instrument, um den Begriff Nachhaltigkeit mit Leben zu füllen.

Bei der Umsetzung kommen nun wir Forstleute ins Spiel. Wie schonend eine geplante und mit der Forsteinrichtung abgeglichene Maßnahme durchgeführt wird, hängt schließlich maßgeblich von der Vorbereitung und der eingesetzten Technik ab. Um mit dem Fällen einzelner Bäume überhaupt beginnen zu können, muss der Zugang und Abtransport der Stämme gewährleistet sein. Dafür werden die Wälder mit möglichst schnurgeraden Rückegassen durchzogen, also Befahrungslinien, auf denen nur Holzrückemaschinen fahren dürfen. Diese Gassen sind als permanentes Erschließungsnetz gedacht und werden bei jeder weiteren Maßnahme erneut genutzt. Dieser wesentliche Teil der Vorbereitung einer Durchforstungsmaßnahme ist zumeist Jahre vor der Maßnahme selbst erfolgt.

Über den Abstand zwischen den Rückegassen wird mittlerweile auch in der Öffentlichkeit teils heftig diskutiert. Das kann ich gut nachvollziehen, denn am Ende einer winterlichen Holzerntemaßnahme kann ein Rückegassensystem schon mal recht ramponiert aussehen, und Waldbesuchende reagieren häufig schockiert beim Anblick schlammiger Fahrspuren mitten im Wald. Doch wir kommen an einer Festlegung von Rückegassen nicht vorbei, wenn wir Holz aus der Fläche holen wollen, denn nur so kann der Boden in den Bereichen zwischen den Gassen geschützt werden. Auch das ist Teil einer verantwortungsbewussten, umsichtigen Waldarbeit. Um nur wenige Spuren anzulegen, muss die Maxime lauten, die Abstände zwischen den Gassen so groß wie möglich zu halten. Mir scheint ein Abstand von 30 bis 40 Metern angemessen, denn damit ergibt sich viel absolut unbefahrene Fläche in den Zwischenräumen.

Ich beginne also damit, die Markierungen dieser Befahrungslinie zu erneuern, denn sie dienen vor allem mir und meinen Mitarbeitern zur Orientierung auf der Fläche. Der Maschinenfahrer benötigt die Kennzeichnung mittlerweile kaum mehr, da die Rückegasse noch vom letzten Eingriff erkennbar ist. Wir arbeiten sogar daran, das Rückegassennetz zu digitalisieren, damit die Maschinenfahrer auf ihren Bordcomputern genau erkennen können, wo sie fahren dürfen und wo nicht. Aber das ist aktuell noch Zukunftsmusik. Wir sprechen also von einem permanenten Rückegassensystem, das nicht alle paar Jahre geändert werden kann.

Die sich zwischen den Rückegassen ergebenden »Felder« des Waldbestandes schauen wir uns nun Stück für Stück an und beurteilen systematisch Baum für Baum innerhalb dieser Bereiche. Berücksichtigt werden dabei die Baumart, die soziologische Stellung eines Exemplars im Bestand, die Qualität in Bezug auf den Holzwert sowie der Biotopwert. Auf dieser Basis wird entschieden, wie wir mit den Bäumen weiter verfahren. Im Zuge dieser Beurteilung reift dann der Entschluss, einen Baum gezielt zu fördern, indem man einen anderen in der unmittelbaren Nachbarschaft fällt oder bewusst auf eine solche Entnahme verzichtet.

Das klingt jetzt ungemein theoretisch oder schematisch. Deswegen versuche ich Ihnen eine praxisnahe Situation zu beschreiben: Vor uns befinden sich also Buchen und Eichen in einer unregelmäßigen Mischung. Häufig werden die Eichen von den umstehenden Buchen bedrängt und haben im schlimmsten Fall bereits darauf reagiert und ihr Kronenvolumen reduziert. Da es aber, um meine Wälder klimastabil zu machen, mein erklärtes Ziel ist, den Anteil an Stiel- und Traubeneichen zu erhöhen, richte ich meine Aufmerksamkeit gerade auf diese Baumart.

Nun also gilt es, die Eichen zu finden, ihre Kronenbeschattung zu bewerten und gezielt eine oder mehrere Buchen in der Nachbarschaft zur Entnahme zu markieren. Dabei muss wiederum beurteilt werden, welche Auswirkungen diese Entnahme auf der anderen Seite der Buche hat oder ob es bei dem Baum Einschränkungen aufgrund von Qualität oder Biotopwert gibt.

Wenn also im Stamm der zur Entnahme gewählten Buche beispielsweise große Spechthöhlen erkennbar sind, dann muss dieser Baum erhalten bleiben und eine andere Buche ausgewählt werden. Ähnliches gilt für Horstbäume, also Bäume, die ein Nest von Schwarzstorch, Rotmilan, Bussard, Habicht oder Kolkrabe tragen. Auf diese großen Vertreter aus dem bunten Reich des Federviehs kommen wir später noch einmal zurück. Einstweilen ist klar: Ein Baum mit großem Biotopwert bleibt im Zusammenhang mit einer Entnahmeentscheidung in der Regel außen vor.

Eine solche Beurteilung nehme ich auch bezogen auf die soziologische Stellung eines Baumes im Bestand vor. Nicht jede Buche in der Nähe einer Eiche stellt für diese ein Problem dar. Ganz im Gegenteil: Buchen, die mit ihrer Krone unterhalb des Kronenansatzes einer starken Eiche bleiben, sind mir ausgesprochen lieb, denn sie spenden dem Eichenstamm wertvollen Schatten. Dieser verhindert die Bildung von Wasserreisern am Stamm der Eiche und hält die Borke kühl, was die Gefahr des Befalls mit allerlei für den Baum gefährlichen Insekten verringert.

Selbstverständlich liegt mein Augenmerk auch auf den selteneren Baumarten im Bestand. Das können Kirschen oder auch die eine oder andere Linde, selten eine Tanne oder häufiger einmal eine Lärche sein. Ihnen muss immer Vorrang eingeräumt und wenn nötig die Konkurrenz der dominanten Baumart Buche gebändigt werden.

Bleibt die Frage der Vermarktung des anfallenden Holzes,

die bei jeder Entscheidung eine Rolle spielt. Bei der rein waldbaulichen Abwägung, ob ein Baum entnommen werden kann oder muss, ist immer auch zu prüfen, ob das anfallende Holz verkauft werden kann und zu welchen Konditionen. Kann kein vernünftiger Preis erzielt werden, muss man die Erntemaßnahme unter Umständen um ein oder zwei Jahre verschieben. Denn im Wald gilt das Prinzip, dass erst ein Kaufvertrag gemacht und dann das Holz eingeschlagen wird. Ins Blaue hinein fällt kein Baum! Ist die Vermarktung des Holzes nicht gesichert, unterbleibt im Regelfall der Eingriff.

Durchforstungen zur Entnahme einzelner Bäume haben wir zuletzt auf den jeweiligen Flächen in einem Turnus von drei bis vier Jahren regelmäßig wiederholt. So bleiben auch die zugegebenermaßen auftretenden Belastungen für das Ökosystem Wald vergleichsweise gering, und der verbleibende Waldbestand kann langsam auf die Veränderungen reagieren. Doch nicht nur unter ökologischen und rechtlichen Gesichtspunkten ist die Durchforstung dem Kahlschlag immer vorzuziehen. Es ist auch die wirtschaftlichere Methode, denn beim Kahlschlag fallen viele Bäume an, die kaum Gewinne einbringen. Zudem muss man sich klarmachen, dass Flächen nach einem Kahlschlag jahrzehntelang keine Holzerträge produzieren werden, sondern – im Gegenteil – für den Forstbetrieb mit großen finanziellen Belastungen verbunden sind.

Bei den Durchforstungsmaßnahmen sind übrigens zumeist Unterschiede von Revier zu Revier, von Förster zu Förster erkennbar. Aber das ist auch gut so, denn schließlich führen immer mehrere Wege zum Ziel. Das eigentliche forstliche Handwerk entdeckt man in der gekonnt durchgeführten Durchforstung. Einen Kahlschlag durchzuführen, wie er in weiten Teilen der Welt bis heute üblich ist, setzt nur wenig handwerkliches Können voraus.

ERHÖHTES RISIKO

Kommen wir also zur Ernte. Mit welcher Technik wollen wir sie bewerkstelligen? Bringen wir Vollernter oder Forstwirte zum Einsatz? In unserem Beispielbestand werden die Forstwirte, die in meinem Revier als fest angestellte Kräfte tätig sind, mit dem Einschlag der von mir ausgewählten Bäume beauftragt. Zwar ist es, bezogen auf die Einzelmaßnahme, nicht immer das kostengünstigste Verfahren, mit dem eigenen Personal zu arbeiten, aber ich weiß bei meinen Mitarbeitern den Wald in den allerbesten Händen. Schließlich sollen die Bäume zu Fall gebracht werden, ohne dass die verbleibenden Bäume Schaden nehmen. Und das Stammpersonal eines Forstbetriebs ist naturgemäß daran interessiert, dass der Wald nach Ende der Maßnahme nicht aussieht wie ein Schlachtfeld. Meine Mitarbeiter leben hier, sind hier bekannt und bewegen sich auch in ihrer Freizeit im Wald. Will man sich auf schlechte Arbeit ansprechen lassen oder sich womöglich über eigene Fehler ärgern, weil man sie täglich sieht?

In diesem Punkt sind Forstwirte Handwerker wie jeder andere Handwerker auch. Sie schauen gern auf eine gute Arbeit zurück. Und gute Arbeit in der Holzernte bedeutet: Es liegt Holz am Weg, und in dem Waldstück, aus dem es kommt, kann man kaum erkennen, dass gefällt und Holz entnommen wurde. Ich meine damit nicht unbedingt die Menge an Holz je Hektar, das geerntet wurde, sondern die Situation im Wald.

Ich staune oft selbst, wie meine Mitarbeiter Bäume von 40 Metern Höhe mit ausladenden Kronen so zu Fall bringen, dass weder einem Biotopbaum noch einem Baum, dem wir gezielt mehr Raum verschaffen wollen, auch nur ein Haar gekrümmt wird. Wichtig dabei ist, wo die Arbeit in einem Wald beginnt und ob die Forstwirte die Lücke, in die ein Baum fallen kann, ohne große Schäden anzurichten, erkennen. Und dann muss man die Arbeit mit der Säge auch verstehen, denn die Schnittführung, das rechtzeitige und richtige Setzen der Keile, entscheidet nicht nur über die gewünschte Fällrichtung, sondern auch das Leben der Forstwirte hängt davon ab.

Meine Mitarbeiter haben wie jeder ausgebildete Forstwirt eine dreijährige Lehre absolviert und eine Gesellenprüfung abgelegt. Die Holzernte ist dabei ein wichtiger, aber bei Weitem nicht der einzige Ausbildungsinhalt. Auch alle anderen Tätigkeiten von der Pflanzung über die Pflege des jungen Waldes bis hin zum Bau von Hochsitzen oder der Anlage von Spielplätzen im Wald gehören dazu. Es gibt etwas über 30 000 sozialversicherungspflichtig Beschäftigte in deutschen Wäldern. So sagt es die Statistik. Und wenn man alle anderen Beschäftigungsverhältnisse, also auch die Selbstständigen und Beamten hinzunimmt, so sind wir mit knapp 80 000 Personen noch immer ein sehr kleiner Haufen, der da durch die Wälder zieht. Und wir sind schwach in der öffentlichen Wahrnehmung, weil wir uns auf stattliche 11,4 Millionen Hektar Waldfläche verteilen.

Gerade der Beruf des Forstwirts hat oft noch einen sehr archaischen Charakter. Bei fast jedem Wetter im Wald nehmen Forstwirte die Kräfte der Natur ganz unmittelbar wahr. Das hat nichts mit plakativer Holzfällerromantik zu tun, aber ist in unserer hoch technisierten Arbeitswelt mittlerweile eine Besonderheit. Man muss sich also ganz bewusst für diesen Beruf entscheiden und tut es sicher nicht des Geldes wegen. Wer Forstwirt wird, ist gern im Wald und möchte mit ihm arbeiten. Umso schmerzhafter sind vor allem die öffentlichen Angriffe, denen wir uns immer wieder ausgesetzt sehen. Was glauben unsere Kritiker und Kritikerinnen bloß – dass wir mit unserer Arbeit unseren eigenen Arbeitsplatz zerstören wollen?

Als mein Vorgänger vor rund 60 Jahren hier anfing, hatte er es noch mit ortsansässigen Landwirten zu tun, die in den Wintermonaten im Wald arbeiteten. Auf den kleinen Bauernhöfen gab es in der kalten Jahreszeit wenig zu tun, und die paar Tiere waren rasch versorgt. So zogen aus jedem Dorf in der Einschlagszeit 20 bis 30 Männer in einfacher Arbeitskleidung mit Äxten, Bügelsägen und einer von mindestens zwei Leuten zu bedienenden Schrotsäge in die Wälder, um nach Maßgabe des

Revierförsters den Holzeinschlag vorzunehmen. Die Männer arbeiteten im Akkord, und nur wenige hatten zumindest die für heutige Verhältnisse sehr dürftige Ausbildung an der Waldarbeitsschule genossen. Die Jüngsten verrichteten die schwerste Arbeit, und der Älteste versorgte das Feuer, um das die Waldarbeiter in den Pausen saßen und Suppe oder Gemüse aus ihren Esskesselchen löffelten, dazu kreiste auch schon mal die Schnapsflasche, wenn es das Ernteergebnis hergab.

Um eine dicke Buche oder Eiche zu fällen und zu zerlegen, brauchte eine Gruppe von drei Männern durchaus einen halben Tag, denn alle Schnitte wurden von Hand ausgeführt. Auch damals schon war das Werkzeug eines Forstwirts meistens dessen Eigentum. Die Anschaffung einer Motorsäge, die früher ebenfalls von zwei Männern zu bedienen gewesen wäre, war in den 50er-Jahren des 20. Jahrhunderts eine kaum zu stemmende Investition, schon allein das Sägeblatt der Schrotsäge von der Dreiecksbezahnung auf ein Hobelzahnblatt zu ändern, war zunächst keine Kleinigkeit, wenn auch die Leistung dadurch enorm stieg. Der Fallkerb, der dem Baum die Richtung weisen soll, in die er zu fallen hat, wurde damals mit der Axt gehauen und der von der gegenüberliegenden Seite geführte Fällschnitt mit der Schrotsäge geführt. Rechtzeitig wurden Eisenkeile gesetzt, und irgendwann – rums – lag der Baum.

Besonders gefährlich wird es übrigens, wenn ein Baum, der gefällt werden soll, eben nicht zu Boden kommt, sondern in einem Nachbarbaum hängen bleibt. Wir sprechen dann tatsächlich von einem Hänger. Um diese wirklich gefährliche Situation zu entschärfen, bedarf es heute vielleicht eines Telefonats mit dem Fahrer des Rückeschleppers. Sofern die Maschine in der Nähe ist, kann der Maschinist sein Rückeseil am hängenden Baum befestigen und den Baum vom Hindernis ziehen. Sollte kein Traktor in der Nähe sein, können sich meine Mitarbeiter mit einer tragbaren Spillwinde helfen. Mit einer Umlenkrolle oder im Zweifel zweien kann das erstaunlich leichte Aggregat viele Gefahrensituationen entschärfen.

Vor 60 Jahren gab es weder Rückeschlepper noch Spillwinde, sondern bestenfalls einen Greifzug. Diese Dinger kennt vielleicht der eine oder andere Leser aus der Bundeswehrzeit: eine fürchterlich schwere Apparatur, deren Aufbau schon eine Ewigkeit dauert und später durch ausdauernde Muskelkraft bedient wird. Lieber schnitten die Männer damals einen weiteren Baum auf den Hänger, um den einen Baum mit dem anderen sozusagen abzuschießen. Im Zweifel wurden die Probleme dadurch aber nur größer, die Situation in höchstem Maße lebensgefährlich.

Heutige Schnitttechniken sind viel komplizierter und haben zum Ziel, dem Forstwirt möglichst viel Zeit zu lassen, sich aus dem Gefahrenbereich zu entfernen, und sie ermöglichen es, den Baum sehr präzise zu Fall zu bringen. Auf den Meter genau zwischen zwei zu schonenden Bäumen hindurch. Ja, so etwas bringen unsere Forstwirte fertig! Aber vor 50, 60 oder 70 Jahren war dies bei stärkeren Bäumen technisch schlicht nicht möglich. Und so waren die Mitarbeiter der damaligen Zeit sehr damit einverstanden, Kahlschläge durchzuführen, bei denen von Ost nach West fortschreitend immer ein gewisser Streifen eines Bestandes gefällt wurde – so ähnlich, wie man Scheibe für Scheibe von der Wurst abschneidet, schnitt man damals Streifen für Streifen von den Wäldern ab. Dass das keine hochklassige Waldbaukunst ist, war auch damals schon vielen Kollegen bewusst, aber weder das Material noch der Ausbildungsstand der Mitarbeiter gaben viel mehr her.

Auch nachdem die Ein-Mann-Motorsägen erschwinglich geworden waren, änderte sich zunächst nicht viel, denn um mit einer Motorsäge einen erstklassigen Sicherheitsfällschnitt durchzuführen, müssen sogenannte Stechschnitte durchgeführt werden. Das lässt sich mit den heutigen Schneidgarnituren auch mit etwas Übung gut machen, aber 1970 mit einer noch recht einfach gefertigten Panzerschiene an einer bleischweren und brüllend lauten Motorsäge namens Contra war es nahezu unmöglich, und es ist geradezu erstaunlich, dass sich damals nicht noch mehr Unfälle ereigneten. Aus dieser Zeit haben etliche Mitarbeiter, die sich mittlerweile im Ruhestand befinden, die sogenannte Weißfingerkrankheit davongetragen. Eine anerkannte Berufskrankheit von Forstwirten. Die alten Sägen gaben ihre Vibration ungebremst an die Hände weiter und hinterließen bleibende Schäden: Die Durchblutung in den Fingern ist gestört, sie werden blass und kalt. Zum Glück hat sich die Technik hier weiterentwickelt, und viele Motorsägen verfügen heute sogar über eine Heizung im Griff!

Forstwirt ist nach wie vor einer der gefährlichsten Berufe in Deutschland. Forstwirte werden dreimal häufiger in Arbeitsunfälle verwickelt als Bauarbeiter, und allein im Jahr 2019 haben 36 Personen bei der Waldarbeit ihr Leben gelassen! Das sind zunächst nackte Zahlen, doch hinter jedem dieser Unfälle steht eine familiäre Katastrophe, und die Sorge um die Mitarbeiter ist bei mir immer dabei. So auch an jenem Tag im Oktober 2018.

Es ist Freitagnachmittag. Für mich fast die schönste Zeit in der Woche. Ich kann arbeiten, ohne gestört zu werden, denn in den Büros des Forstamts und auch in der Kommunalverwaltung herrscht jetzt gähnende Leere, und die Brennholzkunden melden sich zumeist erst am Samstagvormittag wieder. Ich bin im Wald der Gemeinde Niederwallmenach, als ich plötzlich in der Ferne eine Feuerwehrsirene höre. Kein Martinshorn an einem Fahrzeug, sondern eine Sirene, die auf dem Dach einer Schule oder eines Dorfgemeinschaftshauses steht. So ist das hier noch wie sicherlich in den meisten ländlichen Gebieten Deutschlands.

Bei mir läuft die übliche Reaktion ab: Wo arbeiten »meine Jungs«? Dort, wo die Sirene heult? Dann der Blick auf die Uhr: Ist Feierabend? Sind sie schon zu Hause? Diese Abfolge von Fragen ist tief in mir verankert, denn nach vielen Jahren in der Position eines Försters verinnerlicht man das. Die Sorge um die eigenen Leute im Wald ist immer dabei.

An diesem Freitagnachmittag gilt der Sirenenlaut jedoch einem anderen Unglück. Geraume Zeit später fliegt der Rettungshubschrauber aus Koblenz nach Osten. In Richtung Sirene. Der *Christoph 23* ist für Rettungseinsätze im Umkreis von 70 Kilometern zuständig – das geht mir durch den Kopf. Und tatsächlich: Wie ich am nächsten Tag erfahren muss, flog der Hubschrauber zu einem Kollegen, der im Wald verunglückt war. Ein hessischer Forstwirtschaftsmeister hatte sein Leben bei der Waldarbeit verloren. Er war dabei gewesen, eine Gefahrensituation an einem Wanderweg zu entschärfen, um sie für Erholungssuchende sicher zu machen. Wieder einer, den ich kannte. Einer, der gern im und für den Wald gearbeitet hatte. Einer mit Erfahrung und einer, der wusste, was er tat. Was genau geschehen war, sodass er an diesem Tag nicht mehr nach Hause zu seiner Familie kommen konnte, wurde nie geklärt.

Einer von uns hatte sein Leben im Wald verloren, und für einen kurzen Moment blieb die Zeit stehen. Dann aber kamen die Gedanken: Wie viele Forstleute, die ich persönlich gekannt hatte, waren in den letzten Jahren im Wald gestorben? Meine traurige Antwort lautete: Es waren drei. Bei einem habe ich die genauen Hintergründe nie erfahren. Beim anderen, dem umsichtigen und engagierten Forstwirt Kurt aus dem Nachbarrevier, kenne ich jedes Detail. Dank Mobiltelefon war ich im Grunde sofort dabei.

»Komm schnell! Der Kurt liegt hier!«

Mehr als zehn Jahre ist das her, und ich habe es noch heute im Ohr.

Der Tod eines Kollegen oder einer Kollegin trifft uns fast wie der eines Angehörigen. Die Forstfamilie ist sehr klein. Wir kennen uns alle in der Region. Wir sind aufeinander angewiesen im Wald. Forstwirte verbringen mit ihren Kameraden mehr Zeit als mit der Familie. Der Kollege ist Lebensversicherung und im Zweifel Lebensretter, Ersthelfer und ja – auch Sterbebegleiter. Das ist allen sehr bewusst, und bei allen Gesprächen über das Risiko, das wir bei der Waldarbeit tragen, wird immer deutlich, dass die Solidarität der Forstwirte keine Grenzen kennt. Heute sind wir alle Teil eines großen europäischen Teams, denn in unseren Wäldern arbeitet auch der rumänische Familienvater, der polnische Maschinist und der französische Lkw-Fahrer. Dass diese Zusammenarbeit über sprachliche Barrieren hinweg funktioniert, durfte ich schon öfter beobachten und war jedes Mal aufs Neue begeistert.

Wir haben in den letzten Jahren eine umfangreiche Strategie entwickelt, um unsere Mitarbeiter zu schulen, damit wir möglichst viele Gefahrensituationen entschärfen und so bereits im Vorfeld Unfälle vermeiden können. Wir haben in Technik investiert, und jedes Jahr kommen neue Gerätschaften auf den Markt. Dennoch: Waldarbeit bleibt mit einem erhöhten Risiko verbunden.

Und die klimatischen Veränderungen führen dazu, dass das Risiko sogar noch steigt. In den Laubwäldern sterben vermehrt einzelne Bäume oder auch nur Äste in der Krone ab, die oft unvermittelt abbrechen. Stürzt ein Ast aus 40 Metern Höhe herab, kann er einen Menschen erschlagen. Das gilt nicht nur für unsere Mitarbeiter. Deswegen arbeiten wir häufig unter größtem Risiko entlang von Straßen und Wegen, um dort die Sicherheit für Waldbesuchende, Passanten und Passantinnen herzustellen.

Oft genug werden wir dabei angepöbelt, weil ein Fahrzeug an der aufgestellten Ampel warten muss, bis der gefährliche Baum sicher am Boden liegt. Doch was wir hier tun, dient dem Schutz der Waldbesuchenden und ist kompliziert, denn gerade bei der Arbeit an Straßen und Wegen gehen zwei Gruppen gemeinsam vor, die nicht sehr oft zusammenarbeiten: die Rücker mit ihren schweren, kraftstrotzenden Fahrzeugen und die Forstwirte mit der Motorsäge. An Risikopunkten müssen die Bäume zunächst hoch oben im Stammbereich angebunden werden. Mit Gefühl gilt es danach, die Funkfernsteuerung zu bedienen, um stehende Bäume in eine leichte Vorspannung zu versetzen. Die Forstwirte mit der Säge arbeiten anschließend bei großem Risiko unter dem angespannten Seil, um nach verschiedenen Sägeschnitten zurückzutreten, während der Fahrer der Rückemaschine mit einem Druck auf die Fernbedienung den Baum schließlich zum Umfallen bringt.

Solche Holzrückemaschinen kommen normalerweise dann zum Einsatz, wenn eingeschlagenes Holz an die Waldwege transportiert werden muss. Und genau diese Maschinen machen vielen Waldbesuchenden Angst und hinterlassen nicht selten große Sorgen um die Qualität der Waldböden, auf denen sie sich bewegen. Und diese Angst ist durchaus berechtigt.

VON MASCHINEN UND PFERDEN

Die Mechanisierung der Waldarbeit auf großer Fläche begann in Deutschland nach dem Zweiten Weltkrieg mit dem Einsatz mehr oder weniger geländegängiger Fahrzeuge, oft noch aus militärischen Restbeständen, die das Holz aus den Wäldern herauszogen. Viele von ihnen waren noch nicht mit einer Seilwinde ausgestattet, so fuhr man rückwärts an den unteren Teil des Stammes heran, schlang ein Seil darum, und los ging's! Fuß aufs Gas und mit allem, was der Motor zu leisten imstande war, ab an den Weg!

Schon bald nach Kriegsende wurden die teils abenteuerlichen Fahrzeuge immer mehr durch landwirtschaftliche Traktoren vorwiegend aus deutscher Fabrikation ersetzt. Die Maschinen wurden stärker, die Reifen blieben zunächst vergleichsweise schmal, und der Gedanke, dass der Boden unter den wilden Fahrten leiden könnte, war noch in weiter Ferne. Bis heute finden wir tief eingefahrene Spuren in den Waldböden, die genau von dieser Zeit erzählen. Weder dachte man an Rückegassen, noch meinte man auf irgendetwas Rücksicht nehmen zu müssen, denn die Hölzer wurden aus Kahlschlagsflächen gerückt, die nach der Räumung ohnehin ganz neu bepflanzt werden mussten.

Und so steigerten sich mit der Begeisterung für Technik auch das Gewicht und die Leistung der eingesetzten Maschinen. In manchen Forstämtern wurden mit aus den USA importierten schweren Skiddern Holz mit gewaltigen Zangen gepackt und dann an die Wege gezogen. Um möglichst viele

Stämme zur Lastbildung zusammenzufassen, kurvte man im Zweifel wild auf den Flächen umher. Solche Skidder haben in den USA, bei der Urwaldrodung in Südamerika und Afrika oder auch in den Weiten Sibiriens bis heute eine begeisterte Fangemeinde. An diesen sogenannten Eisenschweinen kann wenig kaputtgehen, da einfach nicht viel ausgefeilte Technik verbaut worden ist. Sie hatten nur einer Forderung zu entsprechen: Leistungssteigerung um jeden Preis ohne Rücksicht auf Waldbau oder Naturschutz.

Zum Glück hat die deutsche Forstwirtschaft einen anderen Weg eingeschlagen. Mit der Einsicht, dass Waldböden geschützt werden müssen, und der Abkehr von der Kahlschlagswirtschaft hat die Entwicklung von Forstspezialmaschinen schon in den 80er-Jahren neue und wichtige Impulse bekommen. Heute werden bei uns Maschinen eingesetzt, die sich auf sechs oder besser noch acht Rädern durch den Wald bewegen und das bestenfalls mit Breitreifen von mindestens 60 Zentimetern Lauffläche. Auf diese Weise werden das Gewicht und die auf den Boden gebrachte Kraft breit verteilt und der Boden wird weniger Druck ausgesetzt.

Nichtsdestotrotz besteht für den Fahrer die Verpflichtung, die Rückegassen nicht zu verlassen. Denn wir wissen, dass selbst ein geringer Druck den Boden massiv stört, ja oftmals zerstört. Die breiten Reifen haben also zum einen das Ziel, die Befahrbarkeit der Rückegassen zu erhalten, und zum anderen, tief eingeschnittene Fahrspuren zu verhindern. Nur so können wir erreichen, dass die Gassen dauerhaft zu nutzen sind – auch noch Jahre später, wenn das Waldstück erneut zur Pflege und Durchforstung ansteht.

Um die Stämme an die Rückegasse zu bewegen, verfügen die Maschinen über Seilwinden mit bis zu 100 Metern Stahlseil und Kräne, die schon mal 10 Meter seitlich der Gassen in den Waldbestand greifen können. Selbst wenn der Kran auf diese maximale Auslegung ausgefahren wurde, lassen sich damit noch Gewichte von bis zu 400 Kilogramm bewegen. Das Holz wird also angehoben und schwebt über Hindernisse, aber eben auch über viele kleine, junge Bäumchen hinweg zur Rückegasse und dann auf die Ladefläche des sogenannten Forwarders, ohne Schäden an besagten kleinen Bäumen zu hinterlassen.

Transportiert wird vorbereitetes und abgelängtes Rundholz, schließlich bugsiert man einen gefällten Baum in der Regel nicht komplett, quasi mit Haut und Haaren, aus dem Wald heraus, sondern entastet ihn zunächst und unterteilt ihn in unterschiedliche Sortimente. Diese Arbeit erledigen entweder Forstwirte mit der Motorsäge oder aber Harvester. Ein Vollernter – ich mag den deutschen Begriff für Harvester mehr, da er deutlicher macht, worum es dabei geht – fällt einen Baum. Dabei ergreift ein spezielles Aggregat den Baum ganz unten, durch den Einsatz einer Kettensäge wird der Baum abgetrennt, und der Fahrer zieht den Stammfuß mit dem Kran in Richtung der Maschine. Dadurch wird der Baum in Schräglage von der Maschine weggebracht und fällt in die vom Fahrer vorgegebene Richtung.

Sobald der Baum liegt, wird der Stamm mithilfe von mit Stacheln oder Ähnlichem bewehrten Walzen durch vier Messer gezogen, wobei alle Äste am Stamm recht sauber abgeschnitten werden. Dann wird der Stamm in verschieden lange Abschnitte zerteilt. Dieses Verfahren setzt zum einen eine gewisse Geschwindigkeit voraus, denn sonst werden die Äste nicht ordentlich abgetrennt, führt aber zum anderen dazu, dass die gesamte Krone durch den Bestand gezogen wird. Da das Zerteilen des Stammes noch vor dem Abtransport geschieht, muss dieser Arbeitsschritt in der Nähe der Rückegasse geschehen – denn dort steht ja der Vollernter mit Kran und Arbeitsgerät. Und hier liegt das Problem: Der gesamte Baum mit Krone muss durch den Bestand bugsiert werden, und das kann schon ziemliche Schäden mit sich bringen.

Nicht zuletzt aus diesem Grund ist man gut beraten, genau zu überlegen, wann ein Vollernter zum Einsatz kommen sollte. Hat man es beispielsweise mit einem jungen Birkenbestand zu tun, der sich auf einer ehemaligen Kahlfläche gut entwickelt, dient die Holzernte vor allem der Pflege des Bestandes. Das schließt auch die Schonung der jungen Buchen und Weißtannen ein, die spätestens dann zwischen die Birken eingebracht werden, wenn sie etwa 30 Jahre alt sind. Hier ist ein Harvester vollkommen ungeeignet. Zum einen ist das Holz noch zu dünn für den Einsatz dieser sündhaft teuren Maschine, denn damit erzielt man auf dem Markt einen zu niedrigen Preis, zum anderen richtet er mit seiner speziellen Arbeitstechnik in der nächsten Baumgeneration, die unter dem Birkenschirm heranwächst, einen viel zu großen Schaden an.

Kurzfristig gedacht, fällt die Aufarbeitung von Holz mit diesen Maschinen ungleich kostengünstiger aus als die Aufarbeitung des Holzes von Hand. Völlig klar. Langfristig gesehen, ist die Zerstörung, die sie mit sich bringt, jedoch ungleich kostenintensiver. Manch verantwortungsbewusster Harvesterfahrer sagt selbst: »Hier müssen die Forstwirte ran, denn meine Maschine verursacht am Ende zu große Schäden an der zukünftigen Waldgeneration!«

In den strukturierten Wäldern, die wir für die Zukunft so dringend brauchen, um dem Klimawandel etwas entgegenzusetzen, stößt der Einsatz solcher Maschinen einfach an Grenzen. Auch unter wirtschaftlichen Gesichtspunkten, wenn man die Schäden an den nächsten Waldgenerationen in die Kalkulation miteinbezieht.

Im Wald der Zukunft ist in meinen Augen kein Platz mehr für den bedenkenlosen Einsatz des Vollernters. In einzelnen Waldbereichen ja – in anderen auf keinen Fall. Da Holz in Zukunft ein zunehmend gesuchter Rohstoff sein wird, kann man davon ausgehen, dass sich die anspruchsvollere, aber auch kostenintensivere Pflege der Wälder durch Handarbeit weiterhin behauptet. So meine Hoffnung.

Kehren wir in unseren Beispielbestand zurück, in dem Buchen gefällt wurden, die die einzelne Eiche bedrängten. Ist der Stamm entastet und die Hölzer sind in verschieden lange Abschnitte gesägt, hat es der Fahrer des Rückeschleppers nicht mehr nur mit einem Baum, sondern mit 10 bis 15 Einzelteilen des gefällten Baums zu tun. Also liegt hier nun ein Stamm, der womöglich 3 bis 4 Tonnen wiegt und beispielsweise 15 Meter lang ist, und 10 Äste sowie geringwertigere Stammteile von in der Regel 5 bis 6 Metern Länge. Dass dabei ein ganz ordentliches Durcheinander entsteht, kann sich jeder vorstellen, der einmal einen größeren Baum im Garten hat fällen lassen.

Und um dieses Durcheinander aufzuräumen, haben sich die Kräne der großen Maschinen, die Forwarder oder Kranrückezüge, schon sehr bewährt. Manche Maschinen können nur Abschnitte von 5 bis 6 Metern Länge aufladen und überlassen den Transport der schweren Stämme anderen Fahrzeugen, andere Forwarder hingegen sind mit so starken Kränen ausgestattet, dass sowohl das schwere Stammholz als auch die kurzen Stämmchen und Abschnitte aus den Ästen von ein und derselben Maschine an den Waldweg gebracht werden können. Und auch dort sind die Kräne an den Fahrzeugen ungemein effektiv, schließlich können die Fahrer die verschiedenen Holzsortimente auf diese Weise gut aufstapeln. Diese Stapel nennen wir übrigens Polter.

Befindet sich das Holz außerhalb der Reichweite des Kranes, kommt eine Seilwinde zum Einsatz, mit der auch ein Forwarder einzelne Stämme an die Rückegasse ziehen kann. Diese Winden werden natürlich per Fernsteuerung bedient, und der Fahrer kann, nachdem er das Seil zum Holz gezogen und es angebunden hat, per Funk die Winde aktivieren. So kann er bei der zu ziehenden Last bleiben und eventuell das Seil anders befestigen und das Holz so um Hindernisse herumbugsieren. Manche Maschinen können auch komplett von außen vor- und zurückgefahren werden. So verändert sich der Zugpunkt und das zu ziehende Holz richtet keine Schäden am noch stehenden Wald an.

Das hört sich jetzt etwas kompliziert an, und in der Tat ist diese Arbeit, nämlich das Rücken oder Vorliefern von Holz mit dem Rückeseil eine zeitraubende, gefährliche und teure Arbeit. Und hier nähern wir uns langsam, aber sicher meinem Herzensthema mit vier Hufen: dem Einsatz von Rückepferden.

Bevor ich aber darauf näher eingehe, sei noch gesagt, dass die meisten Bilder, die vom Ideal einer schonend durchgeführten Holzrückearbeit abweichen, ihre Erklärung darin finden, dass auch in der Waldbewirtschaftung ein harter Preiskampf geführt wird. Teils werden ortsfremde Dienstleistungsunternehmen beauftragt, gearbeitet wird im Akkord, Qualitätsstandards nicht immer eingehalten. Zwar beinhalten die Dienstleistungsverträge zum Beispiel Klauseln zur Einstellung der Arbeiten bei schlechtem Wetter, doch da nur Geld fließt, wenn Holz an den Weg kommt, werden sie nicht immer beachtet. Viele meiner Kolleginnen und Kollegen träumen von den Zeiten, als grundsätzlich ein ortsansässiges Unternehmen die Arbeiten ausführte, das auch in Notsituationen, wenn ein Baum eine Straße versperrte, schnell zur Stelle war und sich ebenso wie meine Mitarbeiter durch eigenen Anspruch dazu verpflichtet fühlte, grundsätzlich so zu arbeiten, dass auch der Fahrer am Schluss zufrieden auf seine Arbeit zurückschauen konnte.

Häufig wird im Zusammenhang mit einer naturnahen Bewirtschaftung der Wälder der Einsatz von Rückepferden empfohlen und von politischer Seite immer mal wieder mit großen Worten thematisiert. Und ich kann nur sagen, es ist schon ein Erlebnis, den großen, dampfenden Tieren im Winter bei der Arbeit im Wald zuzuschauen – ohne laute Geräusche, nur das Klirren der Ketten und das eine oder andere Kommando sind dann zu hören. Von dieser Situation geht eine ganz besondere Faszination aus, der sich nur wenige entziehen können.

Nachdem ich vor einigen Jahren für einen ganz speziellen Auftrag mit einem jungen Unternehmer und seinen Pferden zusammengearbeitet hatte, brach sich bei mir die Pferdeleidenschaft meiner Familie Bahn, und ich habe meinen lang gehegten Wunsch nach einem Pferd in die Tat umgesetzt. Seitdem begleiten mich zwei Noriker-Wallache durchs Leben. Die österreichische Kaltblutrasse hat es mir besonders angetan, aber auch die anderen schweren Arbeitspferderassen begeistern mich immer wieder.

Wie schon beim Bau des Holzkohlemeilers, will ich auch hierbei mit meinen eigenen Händen lernen und begreifen, wie verschiedene Arbeitsverfahren, die unsere Landschaft und unsere Wälder geprägt haben, abgelaufen sind und ob diese Fähigkeiten in unserer heutigen Welt noch von Bedeutung sein können. Und so haben meine Pferde und ich gemeinsam gelernt, zumindest in sehr kleinem Umfang Holz zu rücken. Dabei geht es mir beileibe nicht darum, Geld zu verdienen, aber ich kann zeigen und vorführen, dass man mit Pferden durchaus sinnvoll im Wald arbeiten kann. Und ich kann selbst nachvollziehen, wo auch in historischer Zeit die Grenzen für die Arbeit mit den Rössern lagen. Vor allem aber genieße ich das ganz besondere Glücksgefühl, das sich bei mir einstellt, wenn ich mit den Pferden nach der Arbeit am Abend nach Hause in den Stall komme. Denn auch die Pferde strahlen dann Zufriedenheit aus.

Doch bei aller Begeisterung und womöglich auch einer gewissen romantischen Verklärung: Die Arbeit mit Rückepferden im Wald ist anstrengend, gefährlich und kostenintensiv. Deshalb ist es ratsam, pragmatisch vorzugehen und nicht ausschließlich darauf zu bauen, sondern sie in Kombination mit modernen Maschinen einzusetzen. Es gibt Bereiche, in denen man mit Pferden nicht nur schonender, sondern auch günstiger arbeiten kann als mit Gerätschaften. Liegen nach einer Durchforstungsmaßnahme zum Beispiel schwere Stämme und Hölzer von mehr als 5 oder 6 Metern Länge im Wald, sind Pferde für den Transport ungeeignet. Schließlich benötigt man für Stämme von 3 oder 4 Tonnen Gewicht auch drei oder besser vier Pferde, um sie herauszuziehen. Gibt es im Wald reichlich dichte Naturverjüngung, ist es ganz und gar unmöglich, denn drei Pferde nebeneinander brauchen 4 Meter Platz!

Zaubert das Pferd aber das schwächere Holz aus den Bereichen hervor, die mit dem Kran unerreichbar sind, und zieht dabei die Hölzer schon zu kleinen Poltern von drei oder vier Stämmchen zusammen, kann die teure Rückemaschinenarbeit vorbereitet und dadurch schneller und effektiver durchgeführt werden. Der Fahrer der Maschine muss nicht mehr absteigen, umständlich das Seil in den Wald zerren oder das Fahrzeug immer neu positionieren, sondern kann mit wenigen effizienten Fahrten durch die Rückegassen in kurzer Zeit viel Holz an die festen Wege bugsieren. Es müssen weniger Fahrten unternommen werden, und die Rückegassen und Wege sehen nach Abschluss der Arbeit besser aus. Es ist nämlich nicht unbedingt nur das Gewicht der transportierten Last, das die Wege zerstört, sondern vor allem die Häufigkeit der Überfahrten. Wenn man noch dazu bedenkt, dass die Kosten für eine Stunde Pferd nur bei der Hälfte der Kosten für eine Stunde Traktor liegen, kann man sich dem Thema ruhig einmal nähern. Und gerade mit deutlich steigenden Preisen für Kraft- und Betriebsstoffe sowie den Schwierigkeiten der Beschaffung und den Kosten für Ersatzteile, kann das Pferd gegenüber der Maschinenarbeit durchaus punkten.

Unschlagbar jedenfalls werden Pferde in all den jungen Wäldern sein, die in Deutschland sehr bald in noch größerer Anzahl heranwachsen sollen. Hier wird das wendige Pferd seine Vorteile ausspielen können, denn zunächst werden wir wohl dünne Stämmchen zu transportieren haben, und genau das kann das günstige Pferd sogar schneller als ein Traktor mit Seilwinde.

Waldarbeit mit Pferden ist eine ganz spezielle Sache, aber wir sind klug beraten, wenn wir das Können der Tiere fördern und einsetzen. Wir werden sie noch brauchen, da bin ich mir sicher. Und tatsächlich beinhalten bereits etliche Ausschreibungstexte für die Vergaben von Holzrückearbeiten die Anforderung, Pferde für die Arbeit im Wald zumindest vorzuhalten! Hierbei wenden die Forstämter landeseinheitliche Vergaberichtlinien an. Eine Entwicklung, die es zu beobachten gilt.

HOLZ: UNSER WERTVOLLER ROHSTOFF

Ist das Holz geerntet, geht es an die Verarbeitung. Über die Bedeutung der Langfristigkeit, die mit der Verwertung zum Beispiel eines Eichenbalkens verbunden ist, haben wir uns schon Gedanken gemacht. Ein Baum leistet auch dann noch einen wichtigen Beitrag zum Klimaschutz, wenn sein Holz verarbeitet und viele Jahre genutzt wird, denn damit bleibt das Kohlendioxid jahrelang gebunden. Dabei kommt gerade dem Hausbau quasi als Methode, sehr langfristig Kohlenstoff zu konservieren, eine große Bedeutung zu. Aus diesem Grund wollen wir uns am Beispiel eines schmucken Häuschens, das womöglich gerade in Ihrer Nachbarschaft entsteht, mit den Wegen des Holzes und somit auch den Wegen des Kohlenstoffs beschäftigen.

Das junge Ehepaar in der Nachbarschaft hat sich zum Bau eines hübschen Wohnhauses entschieden. Nix Aufregendes, traditionell massiv gemauert und obendrauf ein anständiger Dachstuhl mit Gauben. Die Zimmerarbeiten hat der Betrieb aus dem Nachbardorf erledigt, und selbstverständlich steht der Zimmermeister beim Aufsagen des Richtspruchs auf Balken, deren Holz im Umkreis von maximal 500 Kilometern gewachsen ist. Noch ist das so. In den Mittelgebirgen Deutschlands dürfte die Distanz sogar deutlich geringer sein.

Auch die Verbretterung des Dachstuhls und sogar die Wärmedämmplatten aus Holzfasern stammen aus ähnlicher Entfernung, vielleicht sogar vom gleichen Herstellungsbetrieb. Die wunderschön geschwungene Treppe aus Buche und Ahorn kommt mindestens aus Europa, höchstwahrscheinlich jedoch auch aus Deutschland. Das Holz ist hier gewachsen, geschnitten und verarbeitet worden.

Im Großen und Ganzen stammt das meiste Holz, das in Deutschland im Hausbau Verwendung findet, aus der Region oder aus Europa. Das trifft auf den erwähnten Dachstuhl und etliche andere Gewerke in dem schmucken Häuschen genauso zu wie auf die Holzkonstruktion der neu entstehenden Schule am Rand der Großstadt.

Anders sieht es allerdings bei der Inneneinrichtung aus. Denn bei Möbeln und ähnlichen Holzprodukten steht es schlecht um die Selbstversorgung in Deutschland. Die ehemals stolze deutsche Möbelindustrie ist in den letzten Jahren ungemein geschrumpft. Ich erinnere mich gut an meine Anfangszeit hier im Taunus vor rund 20 Jahren, als noch viele verschiedene deutsche Säger und Hersteller von Holzprodukten um die bereitgestellten Stämme konkurrierten. Für Buchenstämme einer gewissen Qualität gab es immer mehrere einheimische Kunden, die sie weiterverarbeitet haben. Und selbst geringwertige Eichenstämme in vergleichsweise schwachen Stärken fanden in wenig mehr als 100 Kilometern Entfernung einen Kunden, der sogenannte Parkettrohware erzeugte. Doch dieser Pool von Holzverarbeitern ist in den letzten zwei Jahrzehnten so stark geschrumpft, dass mir selbst diese Erinnerung vorkommt, als wäre sie ewig her.

Obwohl Deutschland neben Italien noch immer über eine vergleichsweise umsatzstarke holzverarbeitende Industrie verfügt, stammen doch große Mengen gerade der günstigeren Möbel aus Fernost. Und zwar schlicht aus Lohnpreisgründen. Warum sollte es in diesem Sektor auch anders aussehen als in so vielen anderen wie beispielsweise der Kleidungsindustrie? Und so stecken in den Polstermöbeln, die im neuen Haus für Gemütlichkeit sorgen, womöglich Gestelle aus deutscher Buche – verarbeitet in China –, und das Parkett, das das Wohnzimmer so wohnlich macht, besteht aus deutscher Eiche – geschnitten und gehobelt in Vietnam.

In Zahlen erfasst werden diese Entwicklungen vom Johann Heinrich von Thünen-Institut, dessen Abteilung Holzforschung ihren Sitz in Hamburg hat. Hier erhebt man Daten über den Holzverbrauch, den Einschlag sowie die Ein- und Ausfuhr von Rohholz und allen möglichen Produkten auf der Basis von Holz. Die Mitarbeitenden des Instituts wachen mit Argusaugen im Auftrag des Bundeslandwirtschaftsministeriums über die Handelswege von Papier und Schnittholz, Laub- und Nadelholz und erfassen die Warenströme nicht nur mit Mengendaten, sondern auch mit einem Wert in Euro und Cent.

Die Daten werden jährlich aktualisiert, und neben der zunehmenden Verlagerung der Holzverarbeitung ins Ausland zeigen sie einen weiteren interessanten Trend: Selbst beim flüchtigen Blick auf die Grafiken wird schnell klar, dass Holz als Rohstoff in den letzten Jahren stetig an Bedeutung gewonnen hat. Nur so lässt sich erklären, dass das Gesamtaufkommen von Holz oder holzbasierten Produkten von unter 150 Millionen Kubikmetern im Jahr 1991 auf über 270 Millionen im Jahr 2018 angewachsen ist. Das hat sowohl mit einem steten Anstieg des Pro-Kopf-Inlandsverbrauchs an Holz als auch mit einer regen Außenhandelstätigkeit der deutschen holzverarbeitenden Industrie zu tun.

Auffallend dabei ist, dass sich Deutschland rein bilanziell mit Holz immer wieder einmal selbst versorgen konnte – so letztmalig im Jahr 2019. Deutsche Holzverbraucher sind also grundsätzlich nicht auf Rohstoffeinfuhren aus dem Ausland angewiesen. Im Gegenteil: Aus deutschen Wäldern kam selbst in den letzten 20 Jahren zumeist annähernd so viel Holz, wie in der deutschen Industrie verbraucht wurde. Ein Industrierohstoff aus Deutschland? Kaum zu glauben, oder?

Es ist schon bemerkenswert, dass aus unseren Wäldern so viel Holz bereitgestellt wird, dass der Verbrauch, zumindest rechnerisch, seit Jahrzehnten gedeckt werden kann. Ebenso bemerkenswert ist aber auch, dass der Verbrauch von 1991 (87,2 Mio. m^3) bis zu seinem bisherigen Höhepunkt 2013 (136,5 Mio. m^3) um mehr als 50 Prozent gestiegen ist! Der rechnerische Pro-Kopf-Verbrauch an Holz lag im Jahr 2013 bei erstaunlichen 1,67 Kubikmetern.

Diese Zahlen machen vor allem eins deutlich: Sollten wir die Nutzung des heimischen Rohstoffs Holz einstellen, ist die deutsche Industrie auch beim Holz auf Importe aus dem Ausland angewiesen. Dann stammen die Balken für den Dachstuhl der Häuser in Ihrer Nachbarschaft in Zukunft ebenso wenig aus Deutschland wie die Fasern unseres Toilettenpapiers oder des Papiers des Buches, das Sie gerade in Händen halten. Wollen wir das? Und dabei ist der womöglich wieder steigende Bedarf an Holz noch gar nicht eingerechnet.

Der Rohstoff Holz wird immer wichtiger werden, und gerade die Verwendung heimischer Holzarten – noch dazu aus der Region – gewinnt zunehmend an gesellschaftlicher Akzeptanz, denn wer möchte schon an der Ausbeutung der Urwälder in den Tropen beteiligt sein, indem er Möbel aus ebendiesem Holz kauft? Da ist es leichter hinnehmbar, dass das Parkett im Wohnzimmer zwar den Umweg über Vietnam gemacht hat, wo es hergestellt wurde, aber sein Holz von hier stammt, wo es auch wieder landet. Auch dieser Umweg ist nicht schön, aber in meinen Augen immer noch besser, als Holz aus einer Plantage in den Tropen zu verwenden, für die womöglich ursprünglicher Regenwald weichen musste.

Sie können es sich wahrscheinlich denken: Bei aller Sorge um den Wald in unserer Region befürworte ich die weitere Nutzung von heimischem Holz unbedingt. Wir müssen gemeinsam an einem neuen, den klimatischen Veränderungen angepassten Zusammenspiel von Waldbewirtschaftung und Industrie arbeiten. Aber die Holznutzung als eines unter mehreren Zielen dürfen wir dabei nicht aus den Augen verlieren.

Dabei gilt es, hochgesetzte Standards in der forstlichen Arbeit zu berücksichtigen, wie sie in Deutschland gelten, und das auch sichtbar zu machen. Ob der Designerlampensockel aus europäischer Rotbuche oder Tropenholz gedrechselt wurde, ist für den Kunden vielleicht zu erkennen, ausgewiesen ist die Herkunft des Holzes jedoch bisher nicht. Dass er in China hergestellt wurde, ist vermerkt, dass aber sein Holz aus einem Revier im Taunus, dem Spessart oder der Schwäbischen Alb stammt, in dem ein Team aus Forstwirten und Forstingenieuren darüber wacht, dass bei der Nutzung einzelner Stämme in den Wäldern ökologische Standards eingehalten werden, ist auf dem Produkt nicht zuverlässig ausgewiesen. Die verarbeitete europäische Buche könnte ebenso gut aus einem Kahlschlagsbetrieb in den rumänischen Urwäldern stammen, die zu Recht öffentlich kritisiert werden. Auch hier ist also noch viel zu tun.

HEIMISCHE HÖLZER NEU ENTDECKEN

Neben der nachhaltigen Bindung von Kohlenstoff gibt es noch einen weiteren Vorteil von Holz, der sich günstig auf das Klima auswirkt: Es kann energieintensiv erzeugte Baustoffe wie Stahl oder Beton ersetzen. Bei verschiedenen Holzprodukten, wie zum Beispiel Bauholz, dürfen wir diesen Aspekt nicht vergessen, schließlich gehören die Stahl- und Zementindustrie zu den größten Energieverbrauchern und damit auch CO_2-Emittenten der Welt. Angesichts der klimatischen Veränderungen ist es unbedingt geboten, bei jedem Werkstoff, bei jeder Produktion den klimatischen Fußabdruck zu berücksichtigen. Gefragt ist der Carbon Footprint, die CO_2-Bilanz. Dabei handelt es sich um den Gesamtwert aller Kohlenstoffdioxid-Emissionen, die im Zusammenhang mit einem Produkt oder auch einer Tätigkeit anfallen.

Kommen wir noch einmal zum Dachstuhl im neu entstandenen Häuschen der Nachbarsfamilie zurück. Hätte man ihn aus Stahlträgern gefertigt, wäre sein CO_2-Fußabdruck deutlich höher ausgefallen als bei der traditionellen Ausführung in Holz. Verschiedene Quellen benennen eine um den Faktor 20 höhere CO_2-Belastung. Sofern das ganze Gebäude aus Stahlbeton hätte entstehen sollen, wären wir diesen Berechnungen zufolge bereits bei einem Faktor von nahezu 70! Auch bei der staatlichen Förderbank KfW hat inzwischen ein Umdenken eingesetzt, und Kredite werden nur noch dann vergeben, wenn die CO_2-Bilanz des Vorhabens ausgewiesen ist und den Standards entspricht, die zur Einhaltung des Pariser Klimaabkommens nötig sind. So berichtet die *Süddeutsche Zeitung* im Oktober 2021.

Holz als Baustoff gewinnt auch deshalb zunehmend an Bedeutung, und angesichts wiederholter Meldungen, dass in Deutschland Wohnraum knapp und jährlich 400 000 Wohnungen neu zu bauen seien, dürfen wir uns um die Frage, woher das Holz dafür kommen soll, nicht herumdrücken. Wir brauchen Holz als Baustoff. Und der muss regional erzeugt werden. Forstwirtschaft und Bauindustrie müssen gemeinsam Lösungen entwickeln, damit auch in Zukunft Holz aus regionalen Wäldern den Bauherren zur Verfügung steht.

Dazu gehört auch, sich für eine neue Holzartenvielfalt zu öffnen, nicht zuletzt deshalb, weil die Fokussierung auf die Baumart Fichte ausgedient hat.

Wenn wir uns also an die Wiederbewaldung der ungemein großen Kahlflächen machen, die die Trockenjahre 2018 bis 2022 hinterlassen haben, dürfen wir die weitere klimatische Entwicklung ebenso wenig aus den Augen verlieren wie die Notwendigkeit, auf diesen und allen weiteren Waldflächen auch zukünftig Hölzer zu produzieren, mit denen unsere Nachkommen etwas anfangen können. Schließlich kann es nicht die Lösung sein, Fichtenholz zu importieren, denn damit würden wir uns nicht nur in eine weitere Rohstoffabhängigkeit begeben, sondern auch akzeptieren, dass anderswo der Wald zerstört wird, damit wir ein kuscheliges, weil ökologisches Zuhause bekommen. Wollen wir unser schlechtes Gewissen nun exportieren?

Nein, und immerhin kann man Häuser aus Tannen-, Kiefern- und auch Eichenholz bauen! Letzteres hat sogar die längste und beständigste Tradition. Kennen Sie das Rathaus in der Kleinstadt Alsfeld? Es wurde vor mehr als einem halben Jahrtausend aus Eichenbalken errichtet und steht heute noch tipptopp an seinem Platz – und erfüllt seine Funktion. Wir brauchen eine neue Holzartenvielfalt und neue Holzartenverwendung und womöglich eine Rückbesinnung auf althergebrachte Techniken und Materialien. Um die zu entwickeln, sollten sich Holzverarbeitende, Forstverantwortliche und Verbraucher wie Verbraucherinnen gemeinsam auf den Weg machen.

Sucht man ein ganz einfaches Beispiel, das Vergangenheit, Gegenwart und Zukunft der Waldwirtschaft miteinander verbindet, wird man schnell fündig: die Birken-Multiplex-Platte. Auch wenn dieser Name für viele von Ihnen wie ein exotischer

Fachbegriff klingen mag, bin ich mir doch sicher, dass Sie alle schon einmal mit diesem Produkt zu tun hatten – ohne es zu wissen. Ladeneinrichtungen, stabile Standardmöbel, die mit Harzbeschichtungen in allen Farben versehen sind, der sogenannte Korpus eines Einbauschranks, der unsichtbar in der Wandnische verschwindet – überall dort kann sich dieses strapazierfähige Produkt verbergen.

Bei der Birken-Multiplex-Platte handelt es sich um ein Sperrholz, das aus verleimten Schichten eines Furniers aus Birkenholz besteht. Es gilt unter Schreinern als robust, stets verfügbar, einigermaßen kostengünstig und standfest. Bislang kommt es aber meist aus Skandinavien oder Russland. Wenn es also darum geht, die Nutzung heimischen Holzes auszubauen, ist die Birke ein gutes Beispiel.

Wie ich schon beschrieben habe, war die Birke in Deutschland lange Zeit als Unkraut bekannt und wurde nicht gepflanzt, weshalb wir Forstleute bislang nur ganz wenige Stämme in einer entsprechend nutzbaren Stärke anbieten können. Es gibt einfach kaum ältere Birken in unseren Wäldern.

Dabei liefert diese Baumart ein wunderschönes, vielfältig verwertbares Holz! Noch dazu hat sie eine ungemein positive waldbauliche Bedeutung, gerade auch im Zusammenspiel mit der Eiche, und ist so ein wichtiger Baustein auf dem Weg zu einem Mehrgenerationenmischwald. Diese Entwicklung zu managen und andererseits zu überlegen, was man mit dem Holz der Birken anfangen kann, ist unsere Aufgabe. Wie die Birke beim Aufbau eines klimastabilen Waldes eingesetzt werden kann, habe ich bereits geschildert – wie aber könnte eine verantwortungsbewusste und rentable Nutzung von Birkenholz aussehen? Spielen wir ein solches Szenario doch einmal durch und gehen erneut in die forstwirtschaftliche Praxis.

Bei der Nutzung von Hölzern, gleich welcher Baumart, denke ich immer gewissermaßen vom Ende her. Das bedeutet, es wird zunächst das höchstwertige Ziel aller möglichen Verwendungen formuliert: Wir möchten einen Stamm haben, der so gerade, fehlerfrei und dick ist, dass das Holz zur Herstellung hochwertiger Möbelstücke eingesetzt werden kann. Oder eben auch ein sogenanntes Schälfurnier, aus dem dann Platten gefertigt werden. Die Verwertung als Spanplattenholz, Grundstoff für die Papierindustrie oder Brennholz sind nachgeordnete Ziele, da der Anspruch an die Qualität eines Stammes hier viel geringer ist.

Dabei gilt es, das Potenzial, das eine Baumart in sich trägt, gezielt zu fördern und das Holz dann im Anschluss natürlich auch zu nutzen. Und es ist ratsam – wie bei allen langfristigen Projekten –, das Ziel im Blick zu behalten und die Durchforstungsmaßnahmen der folgenden Jahrzehnte daran auszurichten. Gerade Forstarbeit braucht die lange Perspektive.

Formulieren wir das höchstwertige Ziel für die Birke aus, so kommen wir zu einem 60 Jahre alten Baum mit geradem Wuchs, einem Stamm, der auf den unteren 6 Metern keine grünen oder abgestorbenen Äste zeigt und einen Durchmesser in 1,3 Meter Höhe von etwa 50 Zentimetern aufweist. Die Krone sollte rund sein, der Baum insgesamt eine Höhe von etwa 25 Metern zeigen. Also ein ganz anständiger Baum!

Nehmen wir einmal an, wir fänden jede Menge kleine Birkenpflänzchen auf einer der problematischen Kahlschlagsflächen vor und pflegten sie in der Hoffnung, viele solcher Prachtexemplare heranzuziehen. Nun wollen wir natürlich keine neuen Reinbestände entwickeln, sondern streben einen Mischwald an, und so hat sich in den 60 Jahren, die die Ideal-Birke zum Heranwachsen braucht, auf der Fläche allerhand getan: In den soziologischen Schichten unterhalb der Birken wachsen in meiner Vorstellung Buchen und Weißtannen heran. Denn wird eine Birke gefällt, können diese Bäume die durch den Einschlag frei werdenden Räume im Kronendach sofort übernehmen. So die Idee. Aber darum geht es jetzt nicht.

Es geht darum, solch beeindruckende Prinzessinnen überhaupt heranzuzüchten. Dazu bedarf es recht früh – also schon wenn die Birken ein Alter von zehn oder zwölf Jahren erreicht haben – einer Auswahl verschiedener Bäume, die erwarten lassen, es bis zum gesetzten Klassenziel zu schaffen. Sie werden dann gefördert, indem man ihre Nachbarn, die womöglich irgendeinen Makel zeigen, entfernt. Dabei empfiehlt es sich, in einem Abstand von 10 bis 15 Metern nach einem solchen Baum für die Zukunft Ausschau zu halten. Natürlich werden in allen Forstverwaltungen diesbezüglich klare Richtlinien erlassen, die Abstände und Stückzahlen für die verschiedenen Baumarten formulieren. Sollten Sie Freund oder Freundin schematischer Lösungen sein, lesen Sie sich diese Vorschriften durch – ich persönlich mag keine Schemata.

Ist die Birke der Zukunft erkannt, geht's los: Der Baum, der nun so dick ist wie ein durchschnittlicher Unterarm, wird freigestellt wie beschrieben, damit er seinen Platz an der Sonne hat und sich mit Wasser und Nährstoffen aus dem Boden gut versorgen kann, die er ansonsten mit den Nachbarn hätte teilen müssen. Das Holz der abgeschnittenen Nachbarbäume verbleibt auf der Fläche.

Nach drei bis vier Jahren muss der Eingriff wiederholt und Birken, die die Zukunftsbäume bedrängen oder geteilte Stämme (Steiläste und Zwiesel), dramatische Krümmungen oder anderes entwickelt haben, entfernt werden. Diese Maßnahme dient dann sowohl den ausgewählten schönen Bäumen als auch der Belichtung des Oberbodens, auf dem sich ja demnächst Buchen und Tannen einfinden sollen, damit wir unseren Mehrgenerationenmischwald entwickeln können.

Spätestens beim dritten Pflegeeingriff, bei einem Bestandsalter von annähernd 20 Jahren, fallen dann auch Bäume, deren Holz zu schade ist, um es vollständig dem Nährstoffkreislauf zu überlassen. Außerdem würde ihr dickeres Holz die späteren Arbeiten in der Fläche erschweren und natürlich auch gefährlich machen. Schon jetzt sollte man sich überlegen, was man aus dem Holz machen kann, das bei den Durchforstungsmaßnahmen anfällt. Wie kann es genutzt werden?

Natürlich fällt unser Blick hierbei zunächst auf die Verwertung als Brennholz, denn Birkenholz in dieser Dimension ist als Feuerholz absolut gut geeignet und erfreut sich zunehmender

Beliebtheit. Doch im Gegensatz zu manch anderer Baumart muss die Birke nach dem Fällen recht flott aus dem Wald heraustransportiert, geschnitten und gespalten werden, da das Holz ansonsten rasch verdirbt. Aber auch eine Weiterverarbeitung zu Zellstoff ist bei Birke grundsätzlich denkbar und angesichts einer möglichen weltweiten Verknappung von Zellstoffholz in Zukunft sehr wohl zu erwarten.

Heute spielt Birkenholz dabei noch eine untergeordnete Rolle, und wir Förster und Försterinnen dürfen für solche Verwendungszwecke meist nur einen kleinen Anteil Birke zusätzlich zu einem Löwenanteil an Buchenholz liefern. Ich wette: Das wird sich ändern! Und diese Form der Nutzung wird sich fortsetzen, bis die ersten Birkenstämme anfallen, die einen Einschnitt in einem Laubholzsägewerk und damit die Nutzung in einem Möbel- oder Innenausbausegment wie Parkett oder Vertäfelungen ermöglichen.

Auch für jede andere Baumart, für die wir diese Abläufe gedanklich durchspielen können, gilt, dass es immer einer gewissen Mindestmenge bedarf, um für einen potenziellen Kunden interessant zu sein. Das bedeutet, dass man sich nicht die Mühe machen muss, ein oder zwei Birkenstämmchen anzubieten, denn dafür findet man keinen Abnehmer. Es lohnt sich erst, wenn im Umkreis von 20 Kilometern mindestens eine Lkw-Ladung zusammenkommt.

Und so behalten wir bei unseren waldbaulichen Entscheidungen zum Birkenbestand immer verschiedene Aspekte im Auge: Wird der Schatten der Birke noch benötigt, um andere Bäume in ihrer Entwicklung zu unterstützen, oder behindert ebendieser Schatten das Wachstum langlebigerer Arten, und kann das Holz der eingeschlagenen Bäume einer sinnvollen Nutzung zugeführt werden?

In diesem Zusammenhang lege ich Wert auf die Feststellung, dass »sinnvoll« nicht unbedingt den monetären Erfolg des Waldbesitzenden meint, sondern durchaus darauf abzielt, ob das Birkenholz Wärme in die Häuser meiner Kunden und Kundinnen bringt, die ansonsten durch die Verbrennung von Gas aus den Tiefen Sibiriens oder Öls aus Nigeria erzeugt worden wäre. Oder wenn durch die Produktion von Zellstoff aus meinen Birkenstämmen der Import von Zellstoff aus dem Amazonasgebiet auch nur um eine Tonne reduziert werden kann, so ist der Einschlag des Baumes, zumal im Einklang mit langfristigeren waldbaulichen Zielen wie der Begünstigung eines qualitativ besseren Baumes oder einer langlebigen Tanne mehr als sinnvoll.

Gerade in ländlichen Regionen ist Holz als Brennstoff durchaus von Bedeutung. Die größeren Gebäude unserer kommunalen Familie – also die Schulen, das Museum, das Verwaltungsgebäude oder auch das Krankenhaus und das Altenheim – werden seit über 15 Jahren mit Holz aus der Region beheizt. Dabei finden Hölzer, die nur noch einen geringen technischen Wert haben, oder auch beim Freischnitt von Wegen oder Bachläufen anfallende Äste Verwendung.

Im Mittel der Jahre ist es uns auf diese Weise gelungen, pro Jahr knapp eine Million Liter Heizöl durch Holz zu ersetzen. Auch wenn ich weiß, dass die Technik, die wir bei der Aufbereitung und dem Transport von Hackschnitzeln einsetzen, vielen Menschen aufgrund ihrer schieren Größe Respekt einflößt, womöglich gar Angst macht, bin ich stolz darauf, dass wir über Jahre so immer wieder viel Geld der kommunalen Kassen einsparen konnten. Zudem mussten sich die Verantwortlichen für die Schulgebäude, die mit Holzhackschnitzeln versorgt werden, bislang keine Gedanken machen, ob das angrenzende Schwimmbad noch beheizt werden kann oder die Schüler im Winter zum Tragen dicker Socken aufgefordert werden müssen.

Die Nachfrage nach Brennholz steht hier auf dem Land immer ganz unmittelbar mit den Preisen für Erdöl oder Erdgas in Zusammenhang. Brennholz mag bislang in städtischem Umfeld ein Luxusgut gewesen sein, das man im schicken Kaminofen verbrennt, um den Abend unter Freunden erst richtig gemütlich werden zu lassen. Auf dem Land ist es schlicht und ergreifend Heizmaterial, das man durch eigene Muskelkraft noch günstiger werden lässt. Vor allem aber folgt die Nutzung von Holz aus dem heimischen Wald einem hochgelobten Grundprinzip zukünftig notwendigen Marktverhaltens: Hier handelt es sich um einen regionalen Marktkreislauf! Das Geld, das meine Brennholzkunden einsparen, das sie sonst für fossile Energie hätten ausgeben müssen, taucht schließlich als Kaufkraft in unserer ländlichen Region an der Ladentheke wieder auf.

Und damit sind wir von der Idee der Allmende gar nicht mehr so weit entfernt: einer Fläche Land, die zum Wohle der Gemeinschaft bewirtschaftet wird und ihr ganz direkt Vorteile verschafft. Wenn die Schulen und das Altenheim aus dem kommunalen Wald mit Wärme versorgt werden und die Menschen günstiger heizen und ihr Erspartes gleich vor Ort wieder investieren, wurde der Gedanke der Allmende in unsere Zeit wohltuend weitergetragen. Finden Sie nicht? Und wenn die waldbesitzende Gemeinde das Ziel verfolgt, mit der Arbeit im Wald auch etwas für die eigene Kasse zu erwirtschaften, kommt auch dieses Geld über den Umweg des Gemeindehaushalts allen hier zugute.

Seit Beginn des Krieges in der Ukraine im Februar 2022 spielen die Märkte für fossile Energieträger verrückt. Auf die steigenden Preise für Benzin und Diesel, die den Autofahrern die Zornesröte ins Gesicht trieben, und Pendler, die auf das Auto für die Fahrt zum und vom Arbeitsplatz angewiesen sind, in die Nähe des Ruins brachten, folgte der rasante Anstieg der Wärmeenergiekosten. Und das bekamen auch wir hautnah zu spüren: Schon im August konnten wir Brennholzbestellungen kaum noch annehmen. Holz zum Heizen erlebte eine Renaissance.

Energieträger werden ganz offensichtlich als Mittel der Erpressung eingesetzt, und als ressourcenarmes Land müssen wir uns eingestehen, erpressbar zu sein. Umso wichtiger ist es, alle heimischen Energieträger erneut auf den Prüfstand zu stellen.

Auch Brennholz gehört dazu und wird, seitdem eine neue Realität in Europa Einzug gehalten hat, eben auch ganz intensiv nachgefragt. Der entsprechende Preisanstieg ließ nicht lange auf sich warten.

Holz als Brennstoff kann sicher nur ein kleiner Baustein von vielen sein, um zu mehr Energieunabhängigkeit zu gelangen und eine CO_2-Vermeidungsstrategie für Deutschland zu entwickeln – aber auch dieser Baustein hilft. Mit Biomasse, also auch Holz, lässt sich recht kostengünstig CO_2 einsparen, wobei das Potenzial unseres heimischen Holzes nicht im Geringsten ausreichend ist, um die Energieversorgung in Europa grundlegend auf Grün zu drehen. Geradezu widersinnig wäre es allerdings, wenn im ländlichen Raum, womöglich in unmittelbarer Nähe zum Wald, dieses Potenzial nicht genutzt werden würde.

Wenn wir einen Baum fällen, ist es doch durchaus vernünftig, alles, was dicker ist als die erwähnten 7 Zentimeter – die forstliche »Derbholzgrenze« –, möglichst sinnvoll zu verwerten und wertzuschätzen. Und leider gibt es eben an jedem Stamm einzelne Teile, die nicht zu Balken und Brettern weiterverarbeitet werden können. Diese fallen aber bei der Ernte einfach an: Mal ist es der untere Stammteil, der im Stammkern durch Fäulnis zerstört ist, mal sind es Stammteile, die so viele Äste enthalten, dass daraus kein tragfähiges Brett mehr produziert werden kann. Und spätestens im Sägewerk fällt auf: Stämme sind rund! Und wenn man aus runden Stämmen eckige Balken herstellt, bleibt Holz übrig, das in Form von Hackschnitzeln, Hobelspänen oder Sägemehl auf großen Förderbändern das Sägewerk verlässt – oder aber zu Pellets wird. Die meisten der in Deutschland verbrauchten Holzpellets stammen aus Säge- und Hobelwerken, die große Teile der sogenannten Nebenprodukte in dieser Form weiterverarbeiten oder an entsprechende Werke verkaufen. Mit der Entwicklung der Pelletheizungen hat sich eine andere Holzenergiequelle in den letzten Jahren sehr positiv entwickelt. Und Holzpellets in einer Heizung im Wohngebäude ersetzen in aller Regel Heizöl oder Erdgas.

Gerade das Beispiel des Birkenwaldes, den wir langsam bewirtschaften und entwickeln, macht sehr deutlich, was Forstwirtschaft in Deutschland vermag. Nach einer ersten wichtigen Phase der Nährstoffsicherung und Erzeugung des wohltuenden Waldinnenklimas schleicht sich ganz langsam das Thema Holznutzung in den älter werdenden Wald. Die Forstwirtschaft verbindet also etwas, das vielfach als Gegensatz verstanden wird: naturnahe Wälder erziehen und gleichzeitig Holz als Rohstoff produzieren! Holznutzung, Klima- und Naturschutz miteinander zu verbinden und die Bewirtschaftung der Wälder an all diesen Zielen auszurichten, ist für meine Arbeit wie auch die vieler meiner Forstkollegen und Forstkolleginnen längst bestimmend geworden. Wir müssen einen klimastabilen Wald entwickeln, der ausreichend Holz liefert, damit wir unsere Klimabilanz insgesamt gesehen reduzieren. Und mit der verantwortungsvollen gezielten Entnahme einzelner Bäume ermöglichen wir eine Vielfalt an Baumarten und Baumgenerationen und erzielen zugleich Erträge.

Dabei ist vollkommen klar: Wir dürfen die Nutzung der Wälder in Deutschland nicht noch einmal mit der Rücksichtslosigkeit und Perfektion der Vergangenheit betreiben, wie sich das in Fichtenreinbeständen und Kahlschagsflächen zeigt, die die Böden überfordern. Denn aus ihnen schöpft der Wald seine Kraft. Jede Nutzung im Wald muss immer auch den Nährstoffkreislauf im Auge behalten. Dort, wo auch in Zukunft Wald wachsen soll, müssen Wurzeln und möglichst viel geringwertiges Holz auf der Fläche verbleiben! Ansonsten gehen gespeicherte Nährstoffe und eine Bodenstruktur verloren, die der Wald für seine Entwicklung dringend benötigt.

6

DER ÖKOLOGISCHE WALD

Zu Beginn des Jahres 2019 fand in Bayern ein viel beachtetes Volksbegehren zur Erhaltung der biologischen Vielfalt statt. Die langen Schlangen vor den Meldestellen, in denen die Bürger bei winterlichen Temperaturen ausharrten, um eine Änderung des Bayerischen Naturschutzgesetzes zu erreichen, sind mir noch gut in Erinnerung. Am Ende waren es 1,7 Millionen bayerische Wahlberechtigte, die durch ihre Unterschrift deutlich machten, dass ihnen der Erhalt und die Förderung der Biodiversität am Herzen liegt. Welche Auswirkungen das Volksbegehren auf die Artenvielfalt schließlich haben wird, kann man erst in einigen Jahren feststellen, aber ich empfand allein die Tatsache, dass ein so selten gebrauchtes demokratisches Mittel wie das Volksbegehren zum Wohle der Artenvielfalt angewandt wurde, schon sehr beeindruckend.

Mindestens ebenso bemerkenswert ist für mich aber die Tatsache, dass sich von den elf aufgestellten Forderungen nur ein Punkt mit dem Wald beschäftigt: In den staatlichen Waldungen solle die Erhaltung und der Schutz der biologischen Vielfalt vorrangig verfolgt werden, ist dort zu lesen. Noch dazu wirkt diese Forderung eher unkonkret im Vergleich zu denjenigen für die Bewirtschaftung von Acker- und Wiesenflächen, die klar formuliert sind und deren Einhaltung messbar ist. Unsere Wälder, so legt es das Volksbegehren nah, sind weniger vom Artenschwund betroffen als die landwirtschaftlichen Flächen.

Tatsächlich bieten Wälder von allen Lebensraumtypen an Land die größte Artenvielfalt: Der Naturschutzbund spricht von 4300 Pflanzen und Pilzarten sowie 5700 bis 6700 Tierarten in den Buchenwäldern Mitteleuropas. Und jede vertretene weitere Baumart erhöht die Vielfalt in gemischten und strukturierten Wäldern. Eine ähnliche Artenvielfalt weisen übrigens naturbelassene Streuobstwiesen auf. Den größten Anteil der Tierarten stellen die Insekten – was auch erklärt, warum viele Besucher und Besucherinnen den Wald vielleicht gar nicht als so artenreich erleben. Denn das Insektenleben spielt sich mehr im Verborgenen ab: im Holz, der Rinde, dem Boden und hoch oben über unseren Köpfen, im Kronendach der Bäume. Überall – von oben bis unten – bietet der Wald Nahrung, Deckung und Brutplätze, sodass eine enorme Vielfalt an Tierarten ideale Lebensbedingungen vorfindet. Nicht zuletzt die vielen, vielen Vögel, deren Gezwitscher zum Wald genauso gehört wie das kühle Klima und dieser ganz typische Geruch.

Für nähere Informationen über die Situation des Schutzes dieser enormen Artenvielfalt im Wald lohnt der Blick in den ebenfalls im Jahr 2019 erschienenen Vogelschutzbericht des Bundesamtes für Naturschutz. Hier wird sehr deutlich, dass wir in Deutschland mit einem Vorkommen von über 300 verschiedenen Brutvogelarten eine ungemein große Verantwortung tragen – und dieser leider nicht immer gerecht werden. Zwar gibt es, so weist es der Bericht mit einer wissenschaftlich akribisch durchgeführten Untersuchung aus, eine ganze Reihe von Arten, die in ihrem Bestand stabil sind, und sogar Neuzugänge – aber eben auch Arten, deren Bestand gefährdet ist oder die bereits ausgestorben sind. Das Vorkommen der Offenlandarten, Rebhuhn und Kiebitz beispielsweise, ist in den vergangenen Jahren um 90 Prozent zurückgegangen, in manchen Regionen Deutschlands kann man beim Sommerspaziergang keine Feldlerche mehr hören oder beobachten, und auch die pfeilschnelle Turteltaube ist vielerorts einfach von der Bildfläche verschwunden.

Die Initiatoren des Volksbegehrens in Bayern hatten demnach recht, als sie den Wald nur am Rande angesprochen haben. Denn: Während die Vogelarten, die ihren Lebensschwerpunkt im Offenland haben, massiv unter Druck stehen, haben sich die Arten im Wald in ihrem Bestand stabilisiert oder teilweise sogar erhöht – so vermerkt es der Vogelschutzbericht. Laut Bundesamt für Naturschutz haben wir im Wald den größten Zuwachs an Brutvögeln zu verzeichnen. Es gibt zudem gute Gründe, davon auszugehen, dass sich dieser Trend noch verstärken wird angesichts der Freiflächen in den Wäldern, auf denen neue vielfältige Bestände entstehen, und den sich entwickelnden Sukzessionswäldern. Selbst wenn das heute manchmal noch schwer vorstellbar scheint.

Aber ist somit im Wald alles in Ordnung? Nein! Leider nicht. Auch wenn sich das Vorkommen der im Wald brütenden Vogelarten stabilisiert zu haben scheint, so ist das doch nicht mehr als der Hinweis darauf, dass unser Umdenken in der Bewirtschaftung in den letzten Jahren positive Folgen zeigt. Nicht eine Einstellung der Bewirtschaftung hat sich positiv auf unseren Vogelbestand ausgewirkt, sondern eine Veränderung der Waldbewirtschaftung, bei der man die Artenvielfalt nicht aus den Augen verloren hat.

DIE KLEINEN ERFOLGE

Sicher kennen Sie den Film *Die Vögel* von Alfred Hitchcock. Darin spielen Saatkrähen mit ihren kahlen Schnabelansätzen eine wichtige, wenngleich unsympathische Rolle. Die Saatkrähe gehört wie der Eichelhäher zur Familie der Rabenvögel, deren größter Vertreter der Kolkrabe ist. Obwohl dieser stattliche Vogel mit einer Flügelspannweite von über 1,20 Metern nahezu weltweit vorkommt, galten Kolkraben bis Ende der 1990er-Jahre in meinem Heimatbundesland Rheinland-Pfalz als ausgestorben, und das damals schon seit 60 Jahren. Als Grund dafür wird gern auf die Jagd verwiesen, und tatsächlich wurden die Raben bejagt, um zu verhindern, dass die klugen Allesfresser in Landwirtschaft und Tierhaltung Schäden anrichten. Es gibt vereinzelte Berichte darüber, dass Kolkraben, aber auch Rabenkrähen frisch geborenen Lämmern zu Leibe rückten. Dabei geht es meist gruselig zu, denn mit ihren mächtigen Schnäbeln machen sich die Rabenvögel oft zuerst an den Augen der jungen Schafe zu schaffen. Gerade dieses Verhalten war wohl auch der Grund für ihre rabiate und rücksichtslose Bejagung.

Doch die Jagd allein kann nicht die Ursache für das Verschwinden des Kolkraben gewesen sein. Die Tiere sind sehr clever und verstehen es, dem Jäger aus dem Weg zu gehen. Der Grund liegt vielmehr in der intensiven Kahlschlagswirtschaft, die gerade in Laubwäldern den Kolkraben jede Brutmöglichkeit geraubt und einen Fortbestand im Wald unmöglich gemacht hat. Und so kam es einer kleinen Sensation gleich, dass wir um das Jahr 2000 herum ein Kolkrabennest in der Krone einer gewaltigen Buche bei uns im Revier entdeckten. Wir hatten den Nestbau im Spätwinter bemerkt, und als dort tatsächlich Vögel den Brutbetrieb aufnahmen, war das schon ein großer Moment für uns. Die Zeit ohne Kolkraben im Taunus hatte nach 70 Jahren ein Ende gefunden. Ein guter Tag für den Artenschutz!

Und eine Bestätigung dafür, dass der Wandel in der Forstwirtschaft auch beim Artenschutz erste Erfolge zeigt. Die Tatsache, dass in meinem Revier seit 1990 keine Kahlschläge mehr durchgeführt wurden und seit 2000 nahezu verboten sind, hat dazu geführt, dass den Kolkraben wieder sichere Nistmöglichkeiten in großer Höhe über dem Boden zur Verfügung stehen. Die Jagd auf Kolkraben war bereits Jahrzehnte zuvor eingestellt worden, und so sind die Raben nach und nach in bislang nicht besiedeltes Territorium vorgestoßen.

Grundsätzlich gilt der Kolkrabe zwar als standorttreu, doch ein einzelner Vogel kann ohne Probleme innerhalb eines Tages auch mal 100 Kilometer Flugstrecke zurücklegen. Offensichtlich haben dabei zwei Kolkraben eher zufällig festgestellt, dass im Wald der Gemeinde Rettershain im Taunus besonders hohe Buchen stehen, die den Bau eines anständigen Rabennestes erlauben.

Kolkraben beginnen bereits im Januar mit der Balz und dem Nestbau, auf den wir aufmerksam wurden, nachdem wir die mächtigen Vögel mit ebenso gewaltigem Baumaterial im Schnabel beobachtet hatten. Die frühe Balz und die frühe Eiablage haben ihren Grund wohl darin, dass Raben sich oft von Aas ernähren und es nach der Schneeschmelze zahlreiche verendete Tiere gibt, die sich als Futter bestens eignen. Und das brauchen die großen Vögel gerade jetzt für ihre zeitig im Jahr geschlüpften Jungvögel. Damit übernimmt der Kolkrabe gleichzeitig die wichtige Rolle einer Seuchenpolizei. Außerdem müssen junge Kolkraben bis zu ihrem ersten Winter viel lernen und benötigen dafür, genau wie die Küken von Greifvögeln, eine möglichst lange Lernzeit im Sommerhalbjahr. Wenn nun aber ein Elternvogel bei der Brut gestört wird, verlässt er das Gelege, und schon nach kurzer Zeit erkalten die Eier. Das passiert im Februar natürlich schneller als im Mai, und die Brut wird nicht fortgeführt.

Auch deshalb ist ein Sicherheitsabstand zu einem Kolkrabennest von etwa 40 Metern zwingend erforderlich – so berichtete es mir ein Ornithologe. Ob dieser Abstand nun horizontal oder vertikal besteht, spielt keine Rolle. Bäume, die groß und stark genug sind, um ein stattliches Nest in großer Höhe sicher zu tragen, stellen für Kolkraben oder auch andere größere Vogelarten ideale Nistbedingungen bereit und sind somit für den Schutz dieser Arten von unglaublich großer Bedeutung.

Mittlerweile hat sich der Kolkrabe im Taunus wieder etabliert. Wenn ich einem Exemplar begegne, muss ich genau hinschauen, um zu beurteilen, ob es sich um die deutlich kleinere Rabenkrähe handelt, deren Vorkommen nie gefährdet war, oder tatsächlich um einen Kolkraben. Ja, der Ruf des Kolkraben ist für mich zu einem vertrauten Hintergrundgeräusch bei der Arbeit geworden. Welch eine Karriere! Von »regional ausgestorben« auf der Hitliste der Verbreitung zu »stets zur Stelle« vorgerückt.

Und auch wenn Sie jetzt vielleicht kritisch anmerken werden, dass der Kolkrabe ein Generalist ist und es im Grunde nur eine Frage der Zeit war, wann er verlorenes Territorium zurückerobert, kann ich nur sagen: Ja, Sie haben recht. Aber trotzdem: Der Kolkrabe ist als Brutvogel wieder da! Und das ist für mich schon eine Nachricht wert.

Und ich möchte Ihnen auch verraten, was mich so ungemein an diesen Tieren begeistert: Kolkraben sind besonders im Herbst und Winter so wunderbar zu hören. Man hört ihre Rufe, man hört sogar ihren Flügelschlag! Die kräftigen Flugbewegungen der imposanten Tiere sind in kalter, klarer Winterluft sicher 50 bis 60 Meter weit zu vernehmen. Für mich strahlen sie eine große Unerschrockenheit und ein Selbstbewusstsein aus, das mich begeistert. Auf welch einsames Universum steuert der Mensch nur zu, wenn er das Artensterben auf unserem Planeten ungebremst weiter voranschreiten lässt. Und wie tröstlich ist es, wenn dann auch mal wieder eine Art zurückkehrt.

Glücklicherweise ist die Rückkehr des Kolkraben kein Einzelfall, wie ich schon ein paar Jahre zuvor bemerken konnte. Da stand früh am Morgen in einem mit Wiesen gefüllten Bachtal eine dunkle Gestalt – die sich plötzlich auf großen Schwingen in die Höhe schraubte und davonflog. Der Schwarzstorch war wieder da!

Auch bei dieser Vogelart haben wir es mit einer Rückkehrergeschichte zu tun, denn der Bestand an Schwarzstörchen war in Deutschland zuvor stark zusammengeschrumpft. Laut dem Landesbund für Vogelschutz in Bayern gab es im Jahr 2005 in Rheinland-Pfalz nur noch 65 Brutpaare, während im Jahr 2018 bereits wieder 130 Brutpaare aufgelistet werden konnten. Ähnliche Zahlen lassen sich auch für andere Bundesländer finden. So spricht das Bundesamt für Naturschutz in seinem Bericht 2015 von einem Brutpaarbestand von 800 bis 900 Paaren für ganz Deutschland und erwartet eine steigende Anzahl in den nächsten Jahren.

Viele Jahre hatte es so ausgesehen, als ob diese Art für immer ein absolutes Nischendasein bei uns führen würde – es gibt sogar Hinweise darauf, dass sie vor 100 Jahren in vielen Regionen ausgestorben war. Umso größer waren meine Überraschung und Freude, als ich beobachten durfte, wie sich diese dunkle Gestalt aus den Wiesen erhob und davonflog.

Das Nest des schwarzen Waldstorchs habe ich vor einiger Zeit schließlich in einem versteckten Winkel des Reviers entdeckt. Schwarzstörche bauen mehrere Nester, um im Zweifel auch mal umziehen zu können – manche dieser Nester werden über die Dauer von Jahrzehnten immer wieder bezogen. Und jedes Jahr weiter ausgebaut.

Ihnen dämmert die Parallele zum Kolkraben? Genau so sehe ich das auch: In den 90er-Jahren wurden nicht nur die Kahlschläge in starken Laubwäldern eingestellt, sondern es setzte bei vielen Forstleuten ein Bewusstsein dafür ein, dass besonders auf die großen Nester in den Kronen der Buchen und Eichen Rücksicht genommen werden muss. Hier haben sich gerade viele ältere Kollegen sehr verdient gemacht, indem sie vor vielen Jahren die Horstbäume baumbrütender Vogelarten unter besonderen Schutz stellten – und das, lange bevor solche Maßnahmen Eingang in irgendwelche behördliche Vorgaben fanden. Heute betreiben wir auf der einen Seite die größte Geheimniskrämerei um die Nistplätze der Schwarzstörche und planen auf der anderen Seite die Durchführung unserer Arbeiten in den Wäldern so, dass zur Brutzeit um das Nest herum möglichst keine Unruhe entsteht. Im Herbst verlassen uns die Störche mit Ziel Afrika, und dann sputen wir uns, um alle nötigen Arbeiten nachzuholen.

Dass manche Ornithologen davon ausgehen, die Schwarzstörche entdeckten Deutschland vor allem deshalb gerade so erfolgreich wieder für sich, weil ihre Brutgebiete im Osten Europas infolge rücksichtsloser Forstwirtschaft zunehmend verloren gehen, belegt meine Freude über die Störche bei uns allerdings mit einem bitteren Beigeschmack. Solche Meldungen machen uns nur noch mehr deutlich, wie wichtig eine verantwortungsbewusste Waldbewirtschaftung auch für den Wald als Lebensraum vieler Tierarten ist. Mit einer rücksichtsvollen und behutsamen Waldentwicklung kann man nicht nur unsere Artenvielfalt im Wald erhalten, sondern auch Vertriebene wieder ansiedeln und so die Biodiversität noch erhöhen.

ERHOLUNG GEGLÜCKT: ROTMILAN, WANDERFALKE UND UHU

Es fällt mir schwer, auf die Fragen »Was ist dein liebster Baum?« oder »Welche ist deine liebste Vogelart?« eine Antwort zu geben. Irgendwie habe ich jede Art mit ihren ganz besonderen Eigenschaften gern, und je mehr ich über die verschiedenen Arten lerne, desto schwerer fällt mir die Entscheidung.

Der Rote Milan allerdings ist schon ein ganz besonderer Freund. Im Winter sind die großen, wendigen Flieger in etwas milderen Gegenden Europas unterwegs, und so schaue ich im Frühjahr immer gleich zum Himmel, wenn mir ihr markanter Ruf zu Ohren kommt. Manchmal, auf dem Weg zu meinen Pferden werde ich dabei auch mal gewissermaßen veräppelt, wenn die Stare, die in großer Zahl unter den Dachpfannen im Haus der Nachbarin brüten, den Ruf des Milans imitieren: Sofort geht mein Blick nach oben, um am Himmel vielleicht doch einen Milan zu erspähen. Schließlich ist es ganz und gar nicht unwahrscheinlich, hier im Taunus einen Roten Milan zu beobachten, wie er im Tiefstflug über einem Dorf seine Runden dreht.

Den ganzen Sommer über können seine langsamen und gewagten Flugmanöver am Himmel verfolgt werden, bis im Herbst mit der Schwarmbildung gewissermaßen das Finale der Sommersaison eingeleitet wird. Dann segeln bis zu 30 dieser großen Greifvögel über die Landschaft, kontrollieren die Landwirte bei der Feldarbeit und sammeln sofort jede Maus ein, die nun schutzlos auf den frisch gepflügten Äckern zu entkommen versucht.

Der Rote Milan ist wie der Kolkrabe und der Schwarzstorch

auf einen gesunden Wald angewiesen, denn auch er benötigt große, kräftige Bäume, die ein über mehrere Jahre stetig anwachsendes großes Nest tragen können. Und selbstverständlich sollte auch im näheren Umkreis um ein Nest des Roten Milans zur Brutzeit etwas Ruhe herrschen. Fühlt sich der große Vogel nämlich gestört, fliegt er von den Eiern ab, und sie erkalten. Dass das nicht passiert – dafür können und müssen wir Forstleute sorgen.

Doch nicht nur wir. Im Zusammenhang mit dem Bau von Windkraftanlagen im Wald hat es dieser Vogel zu einer gewissen Berühmtheit gebracht, denn wird das Nest eines Roten Milans in einem Waldgebiet festgestellt, darf in der Regel in einem Umkreis von 1500 Metern an den Bau einer Windenergieanlage nicht einmal gedacht werden. Ich kann mir gut vorstellen, dass mancher Investor dem schönen Greifvogel bisweilen am liebsten den Hals umdrehen würde, und auch mancher Flächeneigentümer, der auf üppig fließende Pachteinnahmen für den Stellplatz eines Windrades hofft, hat wenig übrig für den stattlichen Vogel.

Doch der Schutz dieser Art darf nicht auf die leichte Schulter genommen werden. Ornithologen schätzen die Gefahr, durch die sich drehenden Rotorblätter eines Windrads erschlagen zu werden, für den Milan höher ein als für andere Arten. Denn die wendigen Flieger betrachten wohl die Rotorflügel nicht als Bedrohung und unterschätzen die Geschwindigkeit, mit der ein sich drehender Rotor am Ende zuschlägt. Und wir als Europäer tragen gerade für diesen Vogel eine ganz besondere Verantwortung.

Sie reiben sich die Augen? Ja! Als Europäer stehen wir hier ganz besonders in der Pflicht, denn der Rote Milan ist eine europäische Art. Er kommt nur auf unserem Kontinent vor. Damit unterscheidet er sich von seinem nahen Verwandten, dem Schwarzmilan, den es in Europa, aber eben auch in Asien oder Afrika gibt. Wenn wir also darauf achten, dass die Bruten des Roten Milans hier gelingen und die Altvögel nicht von Rotorblättern erschlagen werden, so tragen wir damit ganz unmittelbar zum Erhalt einer Art bei. Es gibt für diese Art keine ungestörte Ausweichregion irgendwo sonst auf der Welt. Wir hier in Europa sind für den Erhalt dieser Art verantwortlich.

Und Windräder sind nicht die einzige Bedrohung für den Roten Milan. Nicht selten wird er Opfer des Straßenverkehrs, wenn er versucht, sich überfahrene Wildtiere von der Fahrbahn zu schnappen. Manchmal sterben die Milane auch, wenn sie das Aas vergifteter Säugetiere fressen, die sie irgendwo aufstöbern. Gefährliche Auswirkungen haben zudem Umweltgifte, die sich im Körper und den Eiern des Roten Milans wie auch anderer Arten ablagern. Eine europaweit angelegte Studie hat herausgefunden, dass sogar deutlich mehr Rotmilane durch Vergiftung, im Straßenverkehr, durch Kontakt mit Hochspannungsleitungen oder auch Aufprall auf Züge sterben als durch Kollision mit den Rotoren von Windkraftanlagen.*

Wir Forstleute können und müssen die Brutbäume schützen, aber es ist wichtig, dass wir als Gesellschaft insgesamt den Schutz des Roten Milans und vieler anderer Arten in den Fokus rücken. Denn dann besteht durchaus die Chance auf weitere Erfolgsmeldungen, die Mut machen, mehr für den Natur- und Artenschutz zu tun.

Wenn beispielsweise auf einmal junge Wanderfalken über den Baumkronen ihre Kreise ziehen, macht das einfach glücklich! Diese Vogelart hatte man in Deutschland noch vor wenigen Jahrzehnten schon beinahe abgeschrieben. Ihr Bestand war dramatisch geschrumpft. Grund dafür waren sicher auch die Pflanzenschutzmittel DDT und Lindan, die die Vögel über die Nahrungskette aufnahmen und die die Eierschalen gerade bei Greifvögeln immer dünner werden ließen, sodass sie beim Brüten häufig zerbrachen. Verschiedene Greifvogelarten gingen dadurch in ihrem Vorkommen radikal zurück. Erst nachdem

* So die Zwischenergebnisse der Studie von Rainer Raab, über die das ZDF im Februar 2022 berichtete: https://www.zdf.de/nachrichten/panorama/rotmilan-windkraft-100.html, abgerufen am 07.11.2022.

diese Pflanzenschutzmittel zumindest in Deutschland verboten worden waren, erholten sich die Bestände wieder. Beim Wanderfalken stieg die Anzahl der Brutpaare in Deutschland von einem Tiefststand von nur noch 80 im Jahr 1975 auf etwa 1400 Brutpaare 40 Jahre später wieder an.

Und obwohl sich der elegante Greifvogel in seinem Bestand ganz offenbar erholt hat, ist es nach wie vor unerhört wichtig, dafür zu sorgen, dass dieser Erholungsprozess auch weitergeht. Aus diesem Grund schützen wir die Brutplätze auch dieser Vogelart, sorgen zur Brutzeit für Ruhe im engeren Umkreis und freuen uns im Sommer an den Jungvögeln. Wir alle gemeinsam: Förster, Waldbesitzer und Jäger.

Der Schutz einer anderen Greifvogelart ist ebenfalls von Erfolg gekrönt: Der Uhu, die größte in Deutschland vorkommende Eulenart, macht nachts regelmäßig mit seinem markanten Ruf auf sich aufmerksam. Und so imposant dieser Nachtgreifvogel auch ist, so sehr führt er uns vor Augen, dass Naturschutz nicht immer ein Thema für zartbesaitete Seelen ist. Uhu und Wanderfalke konkurrieren nämlich sehr oft um geeignete Nistgelegenheiten, und im Zweifel geht der große Uhu nicht gerade zimperlich vor. Dann werden die Küken des Wanderfalken zur Beute des viel größeren Nachtjägers.

Und auch für die Erholung der Bestände dieser beiden Vogelarten sind neben der Rücksichtnahme in der Brutzeit die umsichtige Forstwirtschaft und die Einstellung des Kahlschlagsverfahrens gerade in Laubwäldern von großer Bedeutung. Während die Falken keine eigenen Nester bauen, sondern bereits vorhandene anderer Arten in den Baumkronen nutzen, weiß man von Uhus, dass sie Baumnester anlegen. Bei einem Vogel, der durchaus 2,5 Kilogramm wiegen kann, müssen die Bäume, die das Nest tragen, wie auch die Konstruktion des Nestes selbst, entsprechend stabil sein. Solche Bäume, die bereits große Nester beherbergen oder für den Nestbau prädestiniert sind, zu schützen, ist für uns bei der tagtäglichen Arbeit schon seit langer Zeit eine Selbstverständlichkeit, und die abendlichen Rufe des Uhus belohnen uns für die Umsicht.

Ebenfalls im Schutz der Dunkelheit ist die Wildkatze unterwegs – um auch noch eine andere gefährdete Tierart zu nennen, die sich im Wald wohlfühlt. Vor rund 100 Jahren war die Wildkatze vom Aussterben bedroht, doch mittlerweile erholt sie sich in ihrem Vorkommen in Deutschland immer mehr, und in vielen Mittelgebirgsregionen kann man sie heute mit etwas Glück wieder beobachten. Bei dieser Art, die längst keine so große Aufmerksamkeit erfährt wie Wolf oder Luchs, wirkt sich der Schutz von Biotopbäumen, zu dem ich noch kommen werde, sehr positiv aus. Denn die Elterntiere suchen in diesen Bäumen Höhlen in unterschiedlicher Höhe aus, um darin ihre Jungen vor dem bedeutendsten Feind für den Nachwuchs zu verstecken: dem Fuchs.

Eine Wildkatze bei der Jagd nach Mäusen auf einer Wiese zu beobachten, ist jedenfalls sehr beeindruckend, schließlich wird ein männliches Tier durchaus einen halben Meter lang und bringt bis zu 7 Kilogramm auf die Waage. Wildkatzen haben auch in ihrem Verhalten nicht sehr viel mit dem Stubentiger zu tun, der sich am Sofapolster die Krallen wetzt – vor der großen Katze nehmen sogar Füchse Reißaus, die auf der gleichen Wiese Mäuse fangen wollten. Ein selbstbewusstes Tier.

RÜCKKEHR NICHT MÖGLICH: WENN QUELLEN VERSIEGEN

Doch wie verhält es sich mit den Arten, die wir auf den ersten Blick vielleicht gar nicht wahrnehmen, weil sie unsere Aufmerksamkeit nicht derart spektakulär auf sich ziehen wie der Uhu mit seinen nächtlichen Rufen oder der Rote Milan, der deutlich sichtbar am Himmel über unseren Dörfern kreist? So wertvoll und symptomatisch die bunte Vogelschar auch für unsere Wälder ist, so ist die größte Artenvielfalt, die uns tagtäglich umgibt, winzig klein und unscheinbar. Doch sie ist Basis allen Lebens. Und die befindet sich im Waldboden.

Ich möchte hier das vielfältige Leben im Boden nicht näher beschreiben, denn in jeder wissenschaftlichen Sendung zum

Thema Wald halten mittlerweile mehr oder weniger prominente Leute eine Handvoll Waldboden hoch und erklären mit wissendem Blick: »Hier leben mehr Organismen als Menschen auf dem Globus!« Das kann sich ja niemand vorstellen, und was man sich nicht vorstellen kann, berührt einen auch nicht.

Versuchen wir es also erzählerischer, und dazu greife ich mir einen ganz besonderen Typ Landschaft heraus: die Quelle. Quellbereiche werden in allen einschlägigen Gesetzen – sei es das Bundesnaturschutzgesetz, das Landespflegegesetz oder auch das Landeswaldgesetz – als besonders schützenswert eingestuft, und allein wenn der Begriff fällt, habe ich all die wunderbaren Bilder von Quellbereichen kleiner Bäche in meinem Revier vor Augen. Wir haben diese Bereiche freigelegt, teils von Unrat befreit, und wir haben sie gehütet.

Für solche kleinen Quellgewässer beschreiben die Fachleute eine Vielzahl von Pflanzenarten, die ich beim besten Willen nicht alle kenne. Ich habe in der Fachliteratur die Zahl von 500 auf Quellen spezialisierte Arten gefunden. Und dass wir diese ganz besondere Vielfalt spezialisierter Pflanzen gerade hier finden, hat seinen Grund: Das Wasser einer Quelle ist das ganz Jahr hindurch gleichmäßig temperiert, es ist nährstoffarm, und wir befinden uns in einem besonderen Übergangsbereich zwischen Wasser und Land.

Da macht es schon hellhörig, dass in der Zeit, die ich hier in der Region überblicken kann, einige Quellen so geschrumpft sind, dass sie kaum noch als solche erkennbar sind. Manche sind sogar ganz verschwunden. Ursachen für diese Entwicklung sind einmal mehr der Rückgang der Niederschläge und die gleichzeitige Erhöhung der Jahresdurchschnittstemperatur. Doch während dankenswerterweise an vielen Stellen Bemühungen laufen, Moorflächen wieder zu vernässen, indem man Drainagerohre verstopft und Abflussgräben verfüllt, um möglichst jeden Tropfen Wasser, der vom Himmel fällt, so lange wie möglich zu speichern, kann für unsere Quellen kaum etwas getan werden. Es bleibt schlicht die Hoffnung, dass die Niederschlagsmenge wieder steigt und die Quellen mit Wasser versorgt. Regnet es weiterhin zu wenig, kommen Arten wie das Gegenblättrige Milzkraut, das Waldschaumkraut oder das Fieber-Quellmoos in große Bedrängnis.

Und es ist ja immer so, dass mit einer Pflanzenart auch spezielle Insektenarten verbunden sind. Das bedeutet, mit dem Verlust einer Pflanzenart sterben unmittelbar weitere Arten aus, und selbst wenn sich die Rahmenbedingungen wie durch Zauberhand doch noch zum Guten wenden sollten, ist die Artenvielfalt in den Quellen dauerhaft verloren. Denn: Mit dem Absterben der Fichtenwälder in weiten Teilen Deutschlands verlassen uns zwar auch die an die Fichte gebundenen Tierarten Rossameise und Fichtenkreuzschnabel zunächst einmal, aber sie werden in einen Wald der Zukunft auch wiederzurückkehren – wenn wir Glück haben. Anders als der Vogel mit dem auffällig gekreuzten Schnabel sind die Arten in den kleinen Quellen jedoch nicht gerade mobil, und ihr Lebensraum ist sehr speziell, sodass es kaum möglich sein wird, sie aus anderen Quellen zu holen und hier erneut zu beheimaten. Und mit Sicherheit siedeln sie sich nicht von selbst an ihrer früheren Heimstatt wieder an.

Der Klimawandel führt also bereits heute zum Artensterben in unserer Region, und wie viele Arten ihm zum Opfer fallen werden, wenn die ersten Bäche ganz oder teilweise vertrocknen, kann man nur erahnen. Werden dann auch die vielen kleinen Erfolge bei der Wiederansiedlung des Lachses im Rhein oder die Bemühungen um den Europäischen Edelkrebs ganz profan an zu niedrigen Wasserständen in den Oberläufen der Gewässer scheitern?

Seit 1986 bemüht man sich in einem beeindruckenden Projekt, den Lachs, der schon seit den 1950er-Jahren im Rhein nicht mehr vorkommt, wiederanzusiedeln.* Dabei wandern die Fische im Spätsommer und Herbst den Rhein und die Zuströme hinauf, um dort in kleineren Nebenflüsschen ihren

* Mehr zum Projekt »Lachs 2000« unter https://www.iksr.org/fileadmin/user_upload/DKDM/Dokumente/Fachberichte/DE/rp_De_0148.pdf, abgerufen am 07.11.2022.

Laich abzusetzen. Doch angesichts der extrem niedrigen Wasserstände in den Bächen und der bedenklichen Wasserqualität in den gestauten Flüssen wie Lahn oder Mosel, die auf den geringen Frischwasserzufluss zurückzuführen sind, frage ich mich, ob das so erfolgreiche Wiederansiedlungsprogramm auch weiterhin unter einem guten Stern steht. Was will ein Fisch in einem Bach ohne Wasser?

Ich befürchte, dass solche Entwicklungen nicht mehr lange auf sich warten lassen. Und so müssen wir uns vergegenwärtigen, dass sich unsere Landschaft in einem tiefgreifenden Wandel befindet, den wir Forstleute und die Landwirte schon seit einigen Jahren sehr bewusst erfahren und schmerzhaft bedauern. Denn auch mühsam initiierte Naturschutzprojekte wie Feldgehölze oder Streuobstwiesen leiden derzeit unter Trockenheit und Hitze. Schließlich müssen sich diese kleinen Lebensgemeinschaften oder Einzelbäume ganz ohne den Schutz anderer Pflanzen gegen den wüstenähnlichen trockenen Wind behaupten. So verändert sich, untermalt von den gewaltigen Staubfahnen, die bei der Feldarbeit aufsteigen, auch die freie Landschaft jenseits der Wälder.

Und es ist ein Teufelskreis: Denn mit dem Verlust von Wäldern und Bachläufen, Solitärbäumen und Hecken steigen auch lokal die Temperaturen, und das Kleinklima um uns herum wird trockener. Angestaute Gewässer verlieren den Zufluss von Frischwasser, und beeindruckende Algenblüten verwandeln das Wasser in eine grüne stinkende Brühe. Wer mag dann noch darin baden und das wunderbare Gefühl kennenlernen, in einem freien Gewässer zu schwimmen?

Auch wenn wir uns auf derart einschneidende Veränderungen in unserer Umgebung einstellen müssen, lohnt es sich noch immer, dagegen anzukämpfen, um zu retten, was zu retten ist! Ganz wichtig ist es dabei, zu erkennen, dass eine große Artenvielfalt voraussetzt, Wälder zu erziehen und wirtschaftend zu begleiten, die vielgestaltige Lebensräume bereithalten. Monotone Gleichförmigkeit im Wald ist keine gute Basis für eine hohe Artenvielfalt.

Unser Augenmerk muss darauf gerichtet sein, eine Struktur- und Artenvielfalt in den Wäldern zu erreichen, die es möglichst vielen darauf angewiesenen Arten ermöglicht, dort zu überleben. Die menschliche Nutzung muss dem nicht im Wege stehen! Die gezielte und durch großes fachliches Wissen und handwerkliches Können untermauerte forstliche Nutzung kann, im Gegenteil, die Artenvielfalt in den Wäldern unterstützen und dennoch einen positiven Beitrag zur menschlichen Versorgung leisten.

NATURSCHUTZ IM EIGENEN REVIER

Der wichtigste Bereich, in dem wir Forstleute aktiven Biotop- und Artenschutz betreiben können, ist der Erhalt von Alt- und Totholz. Wobei der Begriff »aktiv« falsch ist, denn im Grunde besteht die einzige Aktivität darin, bewusst die Entscheidung zu treffen, einen bestimmten Baum, eine bestimmte Baumgruppe oder bereits am Boden liegendes Holz genau da zu lassen, wo es ist.

Ich halte es für klug, sich für die Wälder, die man betreut, in dieser Frage eine generelle Richtschnur zurechtzulegen. Das erleichtert das Arbeiten in allen Waldbereichen. So habe ich bereits vor Jahren für mich entschieden, Bäume mit Astausrissen, Spechtlöchern oder Ähnlichem als Biotopbäume einzustufen und ihnen gewissermaßen besondere Aufgaben zuzuweisen: Sie sind und sollen in Zukunft weiterhin Kristallisationspunkte des Artenschutzes sein und darüber hinaus möglichst lang Schatten werfen, Windruhe erzeugen und Saatgut produzieren. Sie ahnen es: Diese Bäume bleiben stehen, solange sie können. Ob sie noch am Leben sind oder bereits abgestorben, ist in diesem Fall nahezu zweitrangig.

Und auch nachdem diese Exemplare umgefallen sind, verbleiben sie genau an diesem Platz und dürfen dort vergehen. Natürlich gibt es dabei eine wichtige Einschränkung, denn von halb toten oder toten Biotopbäumen geht durchaus eine Gefahr aus. Solche Bäume fallen oder brechen unvermittelt auseinander, weshalb wir sie an öffentlichen Straßen und Wegen, in Siedlungsgebieten, entlang von Eisenbahnlinien, auf Spielplätzen oder anderen öffentlichen Plätzen fällen müssen. Doch davon bleibt der eigentliche Entschluss, Biotopbäume innerhalb der Wälder stehen zu lassen, unberührt.

Ich werde in jedem Frühjahr durch den charakteristischen Ruf der Hohltaube daran erinnert, dass der Erhalt gerade dicker, alter Buchen, in die der Schwarzspecht bereits Höhlen gezimmert hat, richtig ist. Und genau an diesem Beispiel, nämlich einer solchen Buche, wollen wir uns einen kleinen Teilbereich dieser Biotopwirkung einmal näher anschauen.

Der größte in Deutschland vorkommende Specht ist nämlich ein Meister des sozialen Wohnungsbaus. Der schwarze Vogel mit der roten Kopfhaube zimmert mit seinem Schnabel meist in durchaus stattliche Bäume beachtlich große Höhlen. Diese können vom Einflugloch aus über einen halben Meter im Stamm nach unten und einige Zentimeter nach oben reichen.

Es ist mir ein Rätsel, wie der Vogel erkennt, dass der Baum an der Stelle, an der die Bruthöhle entstehen soll, schon eine kleine Fäulnis oder Schwäche hat, denn ich bin mir sicher, dass auch Spechte den einfachsten Weg suchen und nicht an einer gesunden und harten Stelle des Baums werkeln. Wenn man die Tiere bei der Arbeit beobachtet, wundert man sich dennoch, warum sie nicht ohnmächtig vom Baum fallen, denn sie entfalten schon eine gewaltige Energie, mit der sie auf das Holz einschlagen. Bitte versuchen Sie nie, mit Ihrem Kopf so heftig auf ein Stück Holz zu hämmern, wie Spechte es tun. Deren Gehirn ist speziell gelagert! Ein Mensch läge ohnmächtig am Boden.

Der Aufwand, den die Spechte beim Bau ihrer Nisthöhle betreiben, ist jedenfalls beeindruckend, und es ist daher nur folgerichtig, dass die Behausung mehrere Jahre hintereinander genutzt wird. In dieser Zeit achten die Tiere durchaus auf ein hohes Maß an Reinlichkeit, doch selbst wenn der Kot der kleinen Jungvögel immer aufmerksam von den Elterntieren aus der Höhle geschafft wird, füllt sich die sichere Behausung, die meist in einer luftigen Höhe von mehr als 5 Metern zu finden ist, von unten mit allerlei Schmutz, und nach einigen Jahren steht ein Neubau an.

Doch die Bruthöhle ist damit für andere Tierarten, die selbst nicht in der Lage sind, eine Höhle anzulegen, von größtem Interesse. Und so sind über 50 verschiedene Tierarten darauf angewiesen, dass Spechte Höhlen anlegen, die sie im Anschluss dann selbst benutzen können. In den Wäldern, für die ich Verantwortung trage, sind neben der bereits erwähnten Hohltaube auch der Waldkauz, diverse Fledermausarten, Baummarder oder auch Hornissen und Wildbienen regelmäßig als Untermieter zu beobachten. So wie verschiedene Baumarten eine Schlüsselfunktion für viele andere Arten haben, sind also auch die Spechte als eine Schlüsselart zu verstehen. Es gibt in unseren Wäldern eine ganze Reihe von Spechtarten, und alle genießen diese besondere Stellung.

Wie schön, dass es bei näherer Betrachtung noch nicht einmal ein Spannungsverhältnis zwischen unserer forstlichen Bewirtschaftung der Wälder und dem wunderbaren Netzwerk rund um die Spechte gibt. Denn die Bäume, die Spechte und alle Folgenutzer beherbergen, sind meist schon vor dem Bau der Nisthöhle in ihrem Holzwert gemindert und lassen nur noch einen geringen Verkaufserlös erwarten. Warum also sollte man einen solchen Baum fällen?

Da nun beileibe nicht jeder Baum eines Buchenwaldes vom Schwarzspecht durchlöchert wird, gelingt also mit etwas Aufmerksamkeit auch in alten Buchenwaldsystemen beides: Naturschutz und forstliche Nutzung! Die Bäume mit hohem Biotopwert bleiben stehen, während man den einen oder anderen Baum ohne Höhlen oder ähnliche Strukturen entnehmen kann, um ihn einer sinnvollen menschlichen Nutzung zuzuführen und dabei auch noch durch den Wirkmechanismus der Durchforstung ein stabiles, vielgestaltiges Bestandsbild zu entwickeln.

Eine aufmerksame Bewirtschaftung, die immer auch den

Naturschutzaspekt im Blick hat, ermöglicht Nutzung und Schutz. Auf großer Waldfläche einfach vollkommen auf die Nutzung zu verzichten und allein auf Totholz zu setzen, wie es vielfach propagiert wird, greift meiner Meinung nach zu kurz. Damit verschließt man die Augen vor den Techniken einer anspruchsvollen Forstwirtschaft, die alle Aspekte miteinander verbinden kann. Erst durch eine naturgemäße Bewirtschaftung und den Schutz bestimmter Elemente wie Totholz oder Biotopbäume auf ganzer Fläche kann die waldtypische Artenvielfalt erhalten werden.

Ähnlich ist es mit den kleinen Lebensräumen, die man am Waldrand schaffen kann: Damit meine ich zum Beispiel den Steinhaufen, der von Bürgern aufgeschichtet wurde. Unbelastete Bruchsteine aus einer Umbaumaßnahme wurden hier an einem sonnigen Platz mit Blick nach Süden so zusammengefügt, dass die Eidechsen im zeitigen Frühjahr bereits ein warmes Plätzchen finden.

Oder der Reisigwall entlang einer Weihnachtsbaumkultur, der sich im Laufe der Jahre zu einer bunten Hecke entwickelt hat. Die Vögel, die im Reisigwall geschützt die Nacht verbracht hatten, ließen den Samen mit ihrem Kot fallen und ein buntes Biotop entstand genau so, wie wir es im Unterricht an der Fachhochschule unter der Überschrift »Benjes-Hecke« gelernt haben. Und selbst wenn solch kleine Maßnahmen einen eher beiläufigen Charakter haben, so wollen sie überlegt und überwacht werden, um zum Erfolg zu führen.

Von den vielen kleinen Feuchtbiotopen, die ich genau wie unzählige andere Förster und Försterinnen immer dann anlegen lasse, wenn ohnehin gerade ein Bagger im Revier eine andere Arbeit ausführt, habe ich ja schon berichtet. Auch diese Maßnahme gehört in die Reihe unserer kleinen Naturschutzaktionen. Ein kurzes Gespräch mit dem Baggerfahrer, und an einer geeigneten Stelle wird ein kleiner Tümpel ausgehoben, in dem sich Wasser sammeln kann. Über einen längeren Zeitraum hinweg haben diese kleinen Handlungen große Wirkung, und im Frühjahr wimmelte es von allerlei Getier im flachen, warmen Wasser.

Doch in den letzten Jahren habe ich oft beobachtet, dass engagierte Bürgerinnen und Bürger Wasser in die Tümpel brachten, da die Trockenheit so früh über unsere Region hereinbrach, dass sich die Kaulquappen der Erdkröten nicht mehr hätten entwickeln können, wenn nicht von außen zusätzlich Wasser herangeschafft worden wäre. Wo sind wir nur gelandet? Dass so etwas nötig ist!

Aber wenn die Blaugrüne Mosaikjungfer – eine prächtige, große Libelle, die sich im Bereich dieser kleinen Biotope entwickelt – um mich herumfliegt, weiß ich, dass sich das Trinkgeld für den Baggerfahrer, der vor Jahren den Tümpel ausgehoben hat, gelohnt hat. Für uns Menschen ist es ein Tümpel, ein feuchtes Loch im Wald. Aber für die Libelle ist es die Welt! Manchmal sollten wir einfach mal die Perspektive ändern.

Wir Förster und Försterinnen im Außendienst sind oft die erste Adresse, wenn es darum geht, nicht nur im, sondern auch außerhalb des Waldes Naturschutzmaßnahmen zu verwirklichen. Dazu haben wir auch immer wieder die Gelegenheit, indem wir in den Revieren kleine oder auch größere Projekte starten, die den Schutz oder die Entwicklung eines Biotops zum Ziel haben, die Lebensbedingungen einer bestimmten Art verbessern sollen oder auch nur besondere Akzente in der Landschaft setzen. Die meisten dieser Maßnahmen sind eher unspektakulär, kosten wenig oder nichts und sind unkompliziert umzusetzen. Dann vernetzen wir als Verantwortliche vor Ort lediglich verschiedene Informationen oder Akteure miteinander – und schon geht's los.

So unspektakulär wie die Maßnahmen selbst, so beeindruckend sind häufig die Ergebnisse: Viele Kolleginnen und Kollegen haben in ihren Revieren wirklich Erstaunliches vollbracht. Bei mir im Revier sind es eher die kleinen Aktionen, die einen Beitrag leisten. Dazu zählt beispielsweise die Pflanzung von Hecken und Einzelbäumen für die umliegenden Gemeinden,

Privatleute oder Firmen. Zum Teil waren die Grundeigentümer durch behördliche Auflagen dazu verpflichtet worden, zum Teil hatten sie selbst den Wunsch, etwas für Natur und Landschaft zu tun. Und das haben wir natürlich sehr gern unterstützt.

Sicherlich verstehen Sie, dass ich zu den Bäumen, die auf diesem Weg in mein Revier gekommen sind, eine besondere Beziehung habe. Jede einzelne Eiche, die Linden einer Allee oder auch die vielen Bäume auf den Streuobstflächen stehen also gewissermaßen unter meinem besonderen Schutz. Schließlich habe ich mich ja bewusst für eine Sommerlinde auf dem Dorfplatz starkgemacht oder an der einen Stelle an der Landstraße eine Traubeneiche in die Diskussion gebracht, weil ich einfach keine Begeisterung für die schmalkronigen, unauffälligen Bäumchen entwickeln kann, die ein Planungsbüro in die Pläne schreibt, weil sie schön straßenverkehrskonform sind.

Die Linde vor unserem Backhaus jedenfalls wirft Schatten auf die Bank, auf der die alten Männer im Sommer so gerne sitzen, um zu erzählen, was schon so oft erzählt wurde. Die Lindenblüten duften kräftig in einer Jahreszeit, in der viele andere Blüten bereits vergangen sind, und sie ernähren Bienen und Hummeln, wenn nirgendwo sonst noch Nektar zu finden ist. Und weil man das alles wusste, hat man diese Baumart bereits vor Jahrhunderten in unseren Siedlungen angepflanzt. Ohne allerdings zu ahnen, wie wertvoll ihr kühlender Schatten einmal sein würde.

Mein Vorgänger hat meiner Heimatgemeinde vor 30 Jahren geraten, auf unserem Platz erneut eine Linde zu pflanzen, nachdem der jahrhundertealte Vorgängerbaum bei einem Sommersturm auseinandergebrochen war. Diesen Faden konnte ich aufnehmen, und im Laufe der Zeit sind eine ganze Menge Linden zusammengekommen, die die Plätze der umliegenden Dörfer beschatten. Umso besorgter stimmt es mich, dass manche dieser Bäume in den letzten Jahren durch die Trockenheit stark in Bedrängnis gekommen sind, obwohl sie liebevoll mit Wasser versorgt wurden.

Zu meinen Aufgaben gehört es auch, die Ortsgemeinden in meinem Revier bei der Pflege von Hecken in der Feldflur zu unterstützen. An kaum einem anderen Beispiel lässt sich besser beschreiben, welches Dilemma der praktische Naturschutz bisweilen zutage fördert. Will man eine Hecke im freien Feld ordentlich pflegen und erhalten, so ist eine gelegentliche Radikalkur angesagt. Das bedeutet, ein Heckenbereich muss bis zur Bodenoberfläche entfernt, also sozusagen »auf den Stock gesetzt« werden.

Da erfordert es dann viele Erklärungen und einige Überredungskunst, bis man die Kritikerinnen und Kritiker überzeugt und die Maßnahme so durchführen kann, wie sie traditionell in Norddeutschland bei der Pflege der »Knicks« angewendet wird. Hier werden im Turnus einiger Jahre ganze Heckenabschnitte komplett heruntergeschnitten und das anfallende Reisigmaterial entfernt, um so die Wurzeln von Haselnussstrauch und Hartriegel, Schwarzdorn und Pfaffenhütchen dazu zu bewegen, wieder kräftige frische Triebe zu entwickeln.

Zu alte Hecken werden hoch und winddurchlässig. Sie erfüllen ihren Zweck nicht mehr, den bodennahen Wind, der im norddeutschen Flachland zur Bodenerosion und Austrocknung führen kann, entsprechend zu bremsen. Obwohl die Bedeutung von Schatten und Windruhe auch in der Landwirtschaft wieder mehr und positiv diskutiert wird, liegt mir hier vor allem viel daran, durch die Verjüngungskur der Sträucher für die Vogelwelt sichere Nistplätze anzubieten.

Im nächsten Frühjahr jedenfalls, wenn aus den Wurzeln erneut ein deutlich verjüngter und dichter Heckenstreifen emporwächst, legt sich mancher Protest aus der Bevölkerung, und das Verständnis wächst. Man sollte bei der Planung solcher Arbeiten aber dennoch umsichtig vorgehen, denn allzu hemdsärmeliges Vorgehen gefährdet die Zustimmung, die man sich womöglich hart erarbeitet hat.

ALLES NATIONALPARK, ODER?

Wahrscheinlich haben Sie bemerkt, dass ich bei der Betrachtung verschiedener Arten, die mir in meinem Revier einen kleinen Einblick in ihre Lebensweise gewähren, durchaus große Begeisterung empfinde. Und es ist auch sicher nachvollziehbar, dass ich manchmal förmlich in Verzückung gerate, wenn ich seltene Arten entdecke. Dass ich das Ziel, gerade ihnen in den von mir betreuten Wäldern gute Entwicklungsmöglichkeiten zu verschaffen, verfolge, versteht sich somit von selbst. Einer großflächigen Unterschutzstellung von Wäldern stehe ich dennoch sehr kritisch gegenüber. Aber gerade die Nationalparkidee wird in vielen Bereichen Deutschlands heute als einzig wahrer Weg zur Erhaltung naturnaher Wälder angesehen. Deshalb muss man sich ein wenig mit der Idee eines Nationalparks auseinandersetzen, um die Einrichtung einer solchen großflächigen Schutzzone zu bewerten.

In Deutschland gibt es derzeit immerhin 16 Nationalparks mit einer Fläche von etwas über 200 000 Hektar an Land. Die Gesamtausdehnung der Parks ist zwar deutlich größer, aber diese Größe ist durch die Meeresfläche der Parks im Schleswig-Holsteinischen und Niedersächsischen Wattenmeer bedingt. Damit stehen 0,6 Prozent der deutschen Landesfläche unter dem Schutz einer Nationalparkverordnung. Eine vergleichsweise kleine Fläche, wenn man bedenkt, dass zum gleichen Zeitpunkt rund 6 Prozent der Landesfläche als Naturschutzgebiet ausgewiesen sind.

Wenn man sich mit dem Gedanken des Nationalparks beschäftigt, landet man unweigerlich in Nordamerika, denn hier stehen nicht nur Berühmtheiten wie der Yosemite-Nationalpark in Kalifornien, hier wurde auch die Idee dazu geboren. Bereits sehr früh im 19. Jahrhundert entstand in Nordamerika der Wunsch, besonders beeindruckende Landschaften großflächig unter Schutz zu stellen und damit jede Form der Nutzung zu unterbinden. 1872 wurde dann mit dem Yellowstone der erste Nationalpark der Welt ins Leben gerufen. Die beeindruckende Landschaft und ihr Naturhaushalt sollten hier generell sich selbst überlassen werden und sich ohne störenden Einfluss vom Menschen entwickeln. Dabei ließ man lässig außer Acht, dass sich auch die amerikanischen Landschaften nie ohne Einfluss des Menschen entwickelt haben, schließlich hatten auch die Ureinwohner Amerikas vor Ankunft des weißen Mannes ihre Spuren hinterlassen.

Zur Definition eines Nationalparks gehören immer der Begriff der Großflächigkeit und das Gebot, dass sich diese Region zukünftig vom Menschen ungestört entwickeln soll. Selbstverständlich unterscheiden sich die Kriterien für die Ausweisung eines Nationalparks je nachdem, wo er liegt, durchaus. Doch müssen nationale Parks, um international anerkannt zu werden, eben auch internationalen Standards entsprechen. Und die relative Großflächigkeit sowie die weitgehende Einstellung der Nutzung sind Kernthemen eines Nationalparks.

Doch während sich der bereits erwähnte Yellowstone-Nationalpark über eine Fläche von über 8900 Quadratkilometer erstreckt, ist der Nationalpark Bayerischer Wald nur 250 Quadratkilometer groß.

Als der erste Nationalpark in Deutschland 1970 im Bayerischen Wald eingerichtet wurde – also rund 100 Jahre nach dem ersten in Nordamerika –, bestanden seit den 1920er-Jahren in Deutschland bereits etliche kleinere Schutzgebiete: die Naturschutzgebiete. Ziel dieser Schutzgebiete ist es, vergleichsweise kleinräumig ein ganz besonderes Biotop, das Vorkommen einer besonderen Art oder ein aus anderen Gründen schützenswertes Gebiet vor unbedachtem menschlichen Handeln zu bewahren.

Dabei kann es eine ziemlich schweißtreibende Angelegenheit sein, ein Naturschutzgebiet zu erhalten und zu pflegen, denn oft müssen in diesen Gebieten besondere historische Bewirtschaftungsformen weiterbetrieben werden, um das Umfeld für eine ganz bestimmte Tier- oder Pflanzenart zu erhalten.

Ein lebendiges Beispiel dafür habe ich in meinem Revier: ein Naturschutzgebiet, das die Erhaltung einer Wacholderheide zum Ziel hat. Mit Schafbeweidung, aber auch viel Handarbeit wird hier versucht, einen nährstoffarmen Zustand zu erhalten, der vielen verschiedenen Pflanzen- und Tierarten als Lebensgrundlage dient. Über Jahrhunderte hinweg hatte man solche Wacholderheiden intensiv mit Schafen beweidet, wodurch dem Boden konstant Nährstoffe entzogen wurden. Dabei bildete sich eine äußerst reichhaltige Artenvielfalt von Pflanzen aus, die genau auf diese Bedingungen spezialisiert sind.

Uns stellt die Pflege dieser Fläche nun vor die schwierig zu handhabende Aufgabe, die Vegetation im Wuchs zu begrenzen. Da die Schafe den Wacholder wegen seiner spitzen Nadeln nicht fressen, müssen wir dafür sorgen, dass er auf der Fläche nicht überhandnimmt. Mit solchen Maßnahmen verfolgen wir in meinem Revier, genauso wie viele Kollegen und Kolleginnen auf zahlreichen anderen Flächen in Deutschland, das Ziel, eine der artenreichsten Lebensgemeinschaften Europas zu erhalten.

Das Instrument des Naturschutzgebiets, das an vielen verschiedenen Punkten in die Landschaft eingebettet ist, zählt zu den Kernelementen des deutschen Naturschutzgesetzes und stellt gewissermaßen ein Werkzeug zum Schutz einer besonderen Fläche dar. Daneben kennt aber das Naturschutzgesetz eine Vielzahl anderer Möglichkeiten, gezielt zum Schutz von Natur und Landschaft tätig zu werden. Darunter fallen der Schutz eines Naturdenkmals oder eines besonderen Landschaftsbestandteils wie einer Quelle.

Aber das Naturschutzgesetz gibt auch Instrumentarien an die Hand wie das Biosphärenreservat oder den Naturpark, in denen sowohl Arten geschützt werden als auch Nutzung durch den Menschen möglich ist. Während es bei der international eingebetteten Idee der Biosphärenreservate um großflächige Gebiete mit einer dreigliedrigen Zielsetzung geht, in der sowohl der Naturschutz als auch ökonomische und soziale

Aspekte im Blick behalten werden müssen, will das nationale Instrument des Naturparks langfristig entstandene Nutzungsräume schützen, in denen durch die menschliche Landnutzung vielfältige Lebensräume für verschiedene Artengemeinschaften entstanden sind.

Und auch die Einbindung der Belange des Naturschutzes in die Land- und Forstwirtschaft oder die Planung von Baumaßnahmen spiegeln die grundsätzliche Ausrichtung des deutschen Naturschutzgedankens wider. Schließlich nehmen die Naturschutzbehörden in Deutschland bei jedem Bauvorhaben Einfluss, um die Auswirkungen auf den Naturhaushalt möglichst gering zu halten oder einen entsprechenden Ausgleich zu schaffen. Das mag nicht allen Bauwilligen sympathisch sein, aber es hat letztlich dazu geführt, dass Deutschland ein weltweit anerkannter Industriestandort und dennoch ungemein grün ist. Darauf könnte man durchaus stolz sein. Und ebenso empfinden manche Land- und Forstwirte die Einwände und Vorgaben der Naturschutzbehörden bisweilen als Gängelei. Dennoch: Schon oft genug konnte so Fehlentwicklungen rechtzeitig entgegengetreten werden. Man verfolgt also einen integrativen Ansatz, der einem Kerngedanken treu bleibt, den ich auch in der Bewirtschaftung meiner Wälder verfolge: das eine zu tun, ohne das andere zu lassen!

Es gilt, diese besondere und sicherlich komplizierte Idee immer wieder mit Leben zu füllen, denn sie ist für ein so dicht besiedeltes Land wie Deutschland der einzig richtige Weg. Eine Trennung von totalem Naturschutz hier und einer ebenso totalen menschlichen Nutzung da, kann für uns kein Erfolg versprechender Ansatz sein. Ich halte die gebetsmühlenhaft vorgetragene Forderung nach Totalschutzgebieten gerade in Wäldern für sehr häufig populistisch motiviert, denn eine lebendige naturschutzfachliche Arbeit auf Basis des bestehenden Naturschutzrechts ist oftmals nicht sehr populär, wenngleich durchaus wirkungsvoll.

UNSER WALD, UNSER LEBEN

Irgendwann im späten April des Jahres 2000 wurden im Nordschwarzwald die Buchen wieder grün, und man hatte wie in jedem Jahr den Eindruck, dies geschehe von heute auf morgen. Auf einmal – zack! – streifte sich der Wald ein zartgrünes Kleid über. Dieses zartgrüne Kleid legte sich damals über die Flächen, die der Sturm Lothar am 26. Dezember 1999 verwüstet hatte und wo nunmehr nichts als Wurzelstöcke in die Höhe ragten.

Dort, wo man schon vor Jahren damit begonnen hatte, Nadelreinbestände durch das Unterpflanzen eines recht lockeren Buchenschleiers zumindest mit dieser Baumart »zu impfen«, sah es etwas anders aus. Ein über Nacht ergrünter Hang erstreckte sich da und sorgte bei dem zuständigen Förster, den meine Mitarbeiter und ich über Monate bei der Arbeit hier unterstützt hatten, für ein Gefühl der Erleichterung: »Wie gut das tut!« Der Wald, den er 35 Jahre lang betreut hatte, war am zweiten Weihnachtsfeiertag 1999 zu großen Teilen zerstört worden, und nach Wochen der Niedergeschlagenheit und der Katastrophenbewältigung waren die kleinen grünen Blätter Balsam für seine Seele.

Jedes Jahr im April oder Mai feiere auch ich innerlich diesen Moment, wenn die Hainbuchen in den Eichenbeständen durch erste Blätter auf sich aufmerksam machen. Manchmal, regelrecht plötzlich, stellt sich der Wald dann um: von Graubraun auf Grün! Und genau wie ich mich auf die ersten frostigen Morgen im November freue, wenn man seinen Atem sieht und der Nebel im Rheintal stehen bleibt, so ist das erste Grün ein Moment, der das Jahr strukturiert, spürbar macht.

Ich habe mit Freunden und Kollegen gesprochen, die in ganz unterschiedlichen Positionen im Wald arbeiten: an der Säge, auf dem Rückeschlepper oder im Holz-Transport-Lkw, worin denn nun die Faszination der Waldarbeit liege. Jeder für sich ist extrem leistungsbereit und belastbar. Manche haben ganz andere Berufe erlernt und könnten ihr Geld auch in beheizten Werkstätten mit Sozialraum und geregeltem Feierabend verdienen, und doch arbeiten sie im Wald, und die wenigsten von ihnen wollen jemals wieder einen Beruf ausüben, in dem sie ein Dach vom freien Himmel trennt.

Einer meiner engsten Freunde erklärte mir: »Es gibt keine Faszination, es ist unser Leben! Und wenn doch, dann enthält jedes dieser Leben eine ganz eigene Faszination für den Wald.« Diese Sätze schließen alles ein, was viele von uns »Waldmenschen« jeden Tag leben. Tagesabläufe, die zwar oft gleich sind, aber sich immer an der Jahreszeit orientieren. Die Pausen, die die Mitarbeiter im Winter in einem oft genug überhitzten Schutzwagen oder einer entsprechenden Hütte verbringen oder halt im Sommer im zurückgelegten Autositz bei weit offenem Fenster. Vielleicht das ursprüngliche Gefühl, im Wald auf die Kraft der eigenen Muskeln angewiesen zu sein und eine brenzlige Situation überstehen zu können, weil man seinem Können und seiner Erfahrung trauen muss.

Dabei meine ich nicht nur den Forstwirt, der mit seiner Säge einen gefährlichen Baum zu Fall bringt, sondern auch den Fahrer des Traktors, der über schmale Wege an einem Steilhang entlangbalanciert und jedes Mal aufs Neue froh ist, wenn er den Lagerplatz wieder erreicht hat. Und selbstverständlich ist es auch ein Unterschied, einen Lkw, mit Rundholz beladen, durch die Wälder zu steuern oder einen Transporter von Speditionshof zu Speditionshof zu lenken.

Doch ist das schon alles, was uns im Wald hält?

Nein, es sind auch die beiden dickfleischigen Keimblätter der winzigen Rotbuche, die ausschauen wie kleine grüne Elefantenohren. Wir sehen und erkennen die Buchenkeimlinge ganz nebenbei. Auf unserem Weg durch den Wald. Und zumindest von mir weiß ich, dass ich in diesem Moment denke: »Na dann mal los!«

Es sind die wenigen, aber umso wertvolleren einzelnen Kirschbäume, die auf unsere alle paar Jahre wiederholten Pflegemaßnahmen reagieren und eine kräftige runde Krone ausgebildet haben. Zur rechten Zeit besucht, sieht man die Insekten in den Kirschenkronen herumfliegen, und auch die eine starke Linde im Revier summt und brummt während der Blütezeit so kräftig, dass man meinen könnte, die vielen Bienen und Hummeln brächten den Baum zum Abheben. Es sind die jungen Füchse, die aus ihrem Bau schauen, wenn man im Frühjahr zum Einsatzort fährt, ebenso wie das Rufen der Hirsche, wenn man im Herbst morgens das Feuer im Ofen des Schutzwagens entzündet. Oder das Kreisen des Rotmilans über unseren Köpfen, wenn wir zur Frühstückspause auf einem Stamm sitzen. Sein Nest hatten wir bei der Arbeit besonders berücksichtigt. Wir retten den Froschlaich aus einer Fahrspur, die mit Sicherheit in den nächsten drei Wochen austrocknen wird, und stellen Arbeitspläne um, um das Brutgeschäft des Wanderfalken auf einem besonderen Felsen im Revier nicht zu gefährden. Und dennoch ernten wir Holz, um es zu verkaufen, unseren eigenen Lohn einzufahren und das Geld für die Wiederbewaldung zu verdienen.

All das umgibt meine Mitarbeiter, Freunde und mich. Jeden Tag. Und oft genug geistern wir Waldmenschen auch an Sonn- und Feiertagen durch die Wälder, weil wir im Grunde nicht davon lassen können, nie genug haben von diesem Großen und Ganzen, dessen Teil wir sind. Wir fühlen uns nicht als bestimmender Teil dieses Organismus, weil wir alle schon allzu oft gelernt haben, dass es dann am Ende im Wald anders kommt als gedacht. Die Sorge um den Wald hat nicht nur mich in manchen Sturmnächten nicht schlafen lassen, und auch die trockenwarmen Sommerabende der letzten Jahre hatten für die meisten von uns einen bitteren Beigeschmack.

Viele von uns sind seit der Kindheit so eng mit dem Wald verbunden, dass sie gar nicht beschreiben können, was sie in den Wald zieht, sondern sie grausen sich höchstens vor der Vorstellung, nicht mehr in den Wald zu dürfen! Von klein auf haben wir gelernt, was man aus diesem Holz und jenem Stamm würde machen können. Den Respekt davor, dass man das schon früher tat und es auch in Zukunft machen wolle, gab es meist gratis dazu, und so begriffen wir das Prinzip der Nachhaltigkeit, bevor das Wort jeden Tag in der Zeitung stand. Respekt vor dem Wald, Liebe zum Holz! Wie auch immer – es sind die Gefühle, die jeden von uns mit dem Wald verbinden.

Und so hoffe ich auf die zahlreichen Waldbesucher, Waldbesitzer, Politiker und all die Menschen, die den tiefen, befreienden Atemzug in klarer Waldluft als ein besonderes Geschenk erleben. Ich hoffe darauf, dass ihr Interesse geweckt ist und in den Mut mündet, mit all denen zu reden, die vor Ort Verantwortung tragen und sich für den Wald und seine Vielfalt einsetzen. Zu pflanzen und zu pflegen, zu lenken und zu beobachten. Zuzuhören und die Stimme deutlich für den Wald, seine Erhaltung und seine schonende Nutzung zu erheben.

Auf der Rückseite des 50-Pfennig-Stücks fand sich einst eine Frau, die eine Eiche pflanzt. Das Bild war Ausdruck großen Respekts und einer tiefen Verbindung mit dem Wald. Und der Zuversicht. Ich wünsche mir von unserer Gesellschaft diese Zuversicht und den Willen, für die Wälder tätig zu werden und dabei auch den eigenen Lebensstil zu hinterfragen. Jeder und jede von uns ist schließlich mit dem Wald verbunden.

Uns Forstleute jedenfalls treibt etwas ganz Besonderes an, wenn wir zum Wohle der Wälder arbeiten: Es ist die Hoffnung, Spuren zu hinterlassen. Kraftvolle Spuren der Vielfalt, deren Grün sich in vielen Jahren nach und nach entfaltet und die Menschen, die unsere Namen nicht mehr kennen werden, umfängt und womöglich entführt in die Welt der sanfteren Farben, der stilleren Geräusche und ins Geheimnis des Ursprünglichen.

MEIN DANK

Seit dem Jahr 2018 reifte in mir der Gedanke, unser forstliches Handwerk in einem Buch darzustellen.

Es war ein weiter Weg bis zu dem vorliegenden Text, und es hat mein privates und berufliches Umfeld oft genug Geduld mit mir gekostet.

Dafür bedanke ich mich bei all meinen Freundinnen und Freunden und ganz besonders bei meinen Mitarbeitern. Sie beweisen tagtäglich mit ihrer Handwerkskunst ihre Verbundenheit zu den Wäldern in unserer Obhut. Ich bedanke mich bei den jungen Kolleginnen und Kollegen, die mich immer wieder ermuntert haben, meine Ideen in die Öffentlichkeit zu tragen.

Ganz besonderer Dank gilt Margret Trebbe-Plath, die sich wunderbar in die Welt der forstlichen Fachbegriffe eingearbeitet und dem Text einen ganz besonderen Schliff gegeben hat. Dafür gehört ihr meine ganze Anerkennung.

Stellvertretend für die Generation junger Menschen, die hoffentlich dereinst den kühlenden Schatten unserer Wälder genießen können, widme ich das Buch Elias.

Oberwallmenach im November 2022